电子信息科学与技术丛书

U0187504

ARM Cortex-M3
嵌入式系统原理及应用

STM32系列微处理器体系结构、编程与项目实战

第2版·微课视频版

冯新宇　林泽鸿　编著

清华大学出版社

北京

内 容 简 介

本书从 Cortex-M3 处理器入手,详细阐述了 STM32 微控制器的用法,从编程软件的使用、STM32 的 I/O 端口配置讲起,深入浅出地介绍了该处理器的重要内容,主要包括基本 I/O 端口、中断、ADC、定时器等重要内容;最后 5 章给出几个经典设计案例,有的来源于学生的电子设计大赛作品,有的来源于科研课题,如平衡车设计、电子秤设计等,它们都较好地诠释了 STM32 的典型应用,可以帮助读者快速入门并且上手操作。读者综合前面的学习,可以自行设计作品,以活学活用。

本书配套全部设计电路图、源代码等素材,可以通过微信公众号、邮件等方式获取,方便读者学习。本书可作为电子、通信及控制等相关专业的参考书,也可作为相关技术人员的技术参考书。

图书在版编目(CIP)数据

ARM Cortex-M3 嵌入式系统原理及应用:STM32 系列微处理器体系结构、编程与项目实战:微课视频版/冯新宇,林泽鸿编著.—2 版.—北京:清华大学出版社,2024.2
(电子信息科学与技术丛书)ISBN 978-7-302-65273-1

Ⅰ.①A… Ⅱ.①冯… ②林… Ⅲ.①微处理器－系统设计 Ⅳ.①TP332.021

中国国家版本馆 CIP 数据核字(2024)第 020926 号

责任编辑:曾 珊
封面设计:李召霞
责任校对:李建庄
责任印制:曹婉颖

出版发行:清华大学出版社
   网 址:https://www.tup.com.cn,https://www.wqxuetang.com
   地 址:北京清华大学学研大厦 A 座   **邮 编:**100084
   社 总 机:010-83470000   **邮 购:**010-62786544
   投稿与读者服务:010-62776969,c-service@tup.tsinghua.edu.cn
   质量反馈:010-62772015,zhiliang@tup.tsinghua.edu.cn
   课件下载:https://www.tup.com.cn,010-83470236

印 装 者:三河市君旺印务有限公司
经 销:全国新华书店
开 本:185mm×260mm **印 张:**18.5   **字 数:**453 千字
版 次:2020 年 6 月第 1 版 2024 年 2 月第 2 版   **印 次:**2024 年 2 月第 1 次印刷
印 数:1~1500
定 价:69.00 元

产品编号:103002-01

高等学校电子信息类专业系列教材

序

FOREWORD

我国电子信息产业占工业总体比重已经超过 10%。电子信息产业在工业经济中的支撑作用凸显,更加促进了信息化和工业化的高层次深度融合。随着移动互联网、云计算、物联网、大数据和石墨烯等新兴产业的爆发式增长,电子信息产业的发展呈现了新的特点,电子信息产业的人才培养面临着新的挑战。

(1) 随着控制、通信、人机交互和网络互联等新兴电子信息技术的不断发展,传统工业设备融合了大量最新的电子信息技术,它们一起构成了庞大而复杂的系统,派生出大量新兴的电子信息技术应用需求。这些"系统级"的应用需求,迫切要求具有系统级设计能力的电子信息技术人才。

(2) 电子信息系统设备的功能越来越复杂,系统的集成度越来越高。因此,要求未来的设计者应该具备更扎实的理论基础知识和更宽广的专业视野。未来电子信息系统的设计越来越要求软件和硬件的协同规划、协同设计和协同调试。

(3) 新兴电子信息技术的发展依赖于半导体产业的不断推动,半导体厂商为设计者提供了越来越丰富的生态资源,系统集成厂商的全方位配合又加速了这种生态资源的进一步完善。半导体厂商和系统集成厂商所建立的这种生态系统,为未来的设计者提供了更加便捷却又必须依赖的设计资源。

教育部 2020 年颁布了新版《高等学校本科专业目录》,将电子信息类专业进行了整合,为各高校建立系统化的人才培养体系,培养具有扎实理论基础和宽广专业技能的、兼顾"基础"和"系统"的高层次电子信息人才给出了指引。

传统的电子信息学科专业课程体系呈现"自底向上"的特点,这种课程体系偏重对底层元器件的分析与设计,较少涉及系统级的集成与设计。近年来,国内很多高校对电子信息类专业课程体系进行了大力度的改革,这些改革顺应时代潮流,从系统集成的角度,更加科学合理地构建了课程体系。

为了进一步提高普通高校电子信息类专业教育与教学质量,推动教育与教学高质量发展,教育部高等学校电子信息类专业教学指导委员会开展了"高等学校电子信息类专业课程体系"的立项研究工作,并启动了《高等学校电子信息类专业系列教材》(教育部高等学校电子信息类专业教学指导委员会规划教材)的建设工作。其目的是推进高等教育内涵式发展,提高教学水平,满足高等学校对电子信息类专业人才培养、教学改革与课程改革的需要。

本系列教材定位于高等学校电子信息类专业的专业课程,适用于电子信息类的电子信息工程、电子科学与技术、通信工程、微电子科学与工程、光电信息科学与工程、信息工程及其相近专业。经过编审委员会与众多高校多次沟通,初步拟定分批次建设约 100 门核心课程教材。本系列教材将力求在保证基础的前提下,突出技术的先进性和科学的前沿性,体现创新教学和工程实践教学；将重视系统集成思想在教学中的体现，鼓励推陈出新，采用"自顶向下"的方法编写教材；将注重反映优秀的教学改革成果，推广优秀的教学经验与理念。

为了保证本系列教材的科学性、系统性及编写质量，本系列教材设立顾问委员会及编审委员会。顾问委员会由教指委高级顾问、特约高级顾问和国家级教学名师担任，编审委员会由教育部高等学校电子信息类专业教学指导委员会委员和一线教学名师组成。同时，清华大学出版社为本系列教材配置优秀的编辑团队，力求高水准出版。本系列教材的建设，不仅有众多高校教师参与，也有大量知名的电子信息类企业支持。在此，谨向参与本系列教材策划、组织、编写与出版的广大教师、企业代表及出版人员致以诚挚的感谢，并殷切希望本系列教材在我国高等学校电子信息类专业人才培养与课程体系建设中发挥切实的作用。

吕志伟 教授

第2版前言

PREFACE

电子技术的发展日新月异,推动着半导体行业的发展。物联网、大数据、AI 等从概念到产品,无不改变着我们的生活。STM32 作为 Cortex-M3 重要的一员,是目前消费电子产品中应用较多的一款芯片,也是目前基础微控制器的主流产品。

本书适合没有学习过电路课程、没有软件编程基础的读者学习。前 4 章较为详尽地描述开发工具、编程方法,以及软硬件调试的步骤。初学者可以反复多次练习前 4 章内容,其他类型的微控制器开发方法类似。较好地掌握前 4 章内容对于后续章节乃至控制方法的学习至关重要。串口、DMA、ADC 以及 CAN 总线等内容十分重要,尤其是总线,读者在学习的过程中应举一反三,尝试做一些小作品,体会总线的使用方法。后面章节特别涉及最小系统设计、电源设计、电机驱动设计等,从全书看是有一些是重复的,但是作为独立的设计,这种重复还是有必要的,希望读者理解。

本书第 1~9 章基本结构如下。

- 本章导读:重点介绍主要内容和知识点;
- 知识讲解:从基础知识开始讲解,由浅入深,循序渐进;
- 综合实例:引入本章内容相关的典型案例,并配有电子版的源代码供读者参考学习;
- 本章小结:综述本章重要内容;
- 习题:帮助读者巩固加强学习的内容,有必要多做多练。

第 10~14 章为 5 个综合设计案例,从设计指标、设计思路、设计步骤、设计结论给出了全面的设计过程。

本书涉及最小系统、数码管显示电路、键盘模块、巡线模块、各种驱动电源模块,都已经做成了标准的 PCB,也都在实际教学实验中使用,读者可以方便修改制作。读者为更好地交流学习,可以关注"嵌入式系统及应用"微信公众号,其中会发布与本书相关的学习内容。

本书第 1~8 章由哈尔滨学院林泽鸿编写,第 9~14 章由冯新宇编写。在本书的编写过程中得到了黑龙江省"十三五"教育科学规划重点课题(GJB1320173)的大力支持和参与。该项目的专家们提供了宝贵的建议,对书中内容进行了深入的审查和修改。参与本书编写的还有蒋洪波、沈显庆、张学飞、张凯、李民杰、张成照、梁亮等。

作　者

2023 年 12 月

第1版前言
PREFACE

STM32 作为 Cortex-M3 重要的一员,也是现在应用较多的一款芯片。从 51 单片机,到如今嵌入式、物联网、大数据、人工智能等的出现,电子技术的发展日新月异,推动着半导体行业的发展,改变着我们的生活。

现在我们已经更习惯把单片机相关的开发统称为嵌入式开发。高校的授课仍以 51 单片机为主,有少数学校的相关专业开设 Cortex-M3 的选修课,STM32 作为其重要家族成员,正慢慢地被越来越多的人学习。

本书是在《ARM Cortex-M3 体系结构与编程》的基础上改编整理而成的,特别适合大一、大二刚接触 STM32 编程的学生学习。本书前 4 章,较为详尽地描述了开发工具、编程方法及软硬件调试的步骤。第 5～9 章,分别介绍了串口、DMA、ADC 以及 CAN 总线等重要内容。读者在认真学习前 4 章入门基础后能很快地掌握这些内容,并能独立进行设计。后面章节介绍的内容特别是涉及最小系统电路设计、电源电路设计、电机驱动电路设计等,从全书看有一些是重复的,但是作为独立的设计,这种重复还是有必要的,希望读者理解。

本书第 1～9 章基本结构安排如下。

本章导读:重点介绍本章主要内容和知识点;

知识讲解:从基础知识开始讲解,由浅入深,循序渐进;

综合实例:引入本章内容相关的典型案例,并配有电子版的源代码供读者参考学习;

本章小结:综述本章重要内容;

习题:作为读者的巩固加强内容,读者有必要多做多练。

第 10～14 章为 5 个综合设计案例,从本章导读、设计要求、设计分析、设计步骤,最后到本章小结给出了完整的设计过程。

在本书的编写过程中得到了很多老师和同学的帮助,在此表示感谢! 参与本书编写的还有蒋洪波、张学飞、张凯、李民杰、张成照、梁亮等。

本书涉及的最小系统、数码管显示电路、键盘模块、巡线模块、各种驱动电源模块,都已经做成了标准的 PCB,并已在实际教学实验中使用,可以方便读者修改制作。

本书完成较匆忙,书中难免有疏漏之处,恳请读者批评指正。

作 者

2020 年 3 月

微课视频清单

视频名称	时长/min	位置
视频 1　STM32 学习介绍	23	1.1 节节首
视频 2　MDK 软件安装	10	2.2 节节首
视频 3　新建工程	48	2.3 节节首
视频 4　仿真调试	9	2.4 节节首
视频 5　基本 I/O 控制说明	49	3.4 节节首
视频 6　时钟树	12	3.5 节节首
视频 7　时钟使能寄存器	12	3.5.3 节节首
视频 8　I/O 端口配置	21	3.6 节节首
视频 9　I/O 端口库函数操作初步	30	3.7 节节首
视频 10　数码管操作实例	33	3.8 节节首
视频 11　按键操作	17	3.9 节节首
视频 12　中断基础知识	26	4.2 节节首
视频 13　外部中断	16	4.4 节节首
视频 14　外部中断实例	25	4.5 节节首
视频 15　串口通信基础知识	20	5.2 节节首
视频 16　串口通信寄存器方式	26	5.3.1 节节首
视频 17　串口通信库函数方式	16	5.3.2 节节首
视频 18　串口通信操作步骤	10	5.3.3 节节首
视频 19　串口通信操作实例	25	5.4 节节首
视频 20　DMA 基础知识	14	6.2 节节首
视频 21　DMA 寄存器方式	16	6.3.1 节节首
视频 22　DMA 库函数方式	20	6.3.2 节节首
视频 23　DMA 设置步骤	11	6.3.3 节节首
视频 24　DMA 操作实例	22	6.4 节节首
视频 25　ADC 基础知识	17	7.2 节节首
视频 26　ADC 寄存器方式	30	7.3.1 节节首
视频 27　ADC 库函数方式	20	7.3.2 节节首
视频 28　ADC 设置步骤	6	7.3.3 节节首
视频 29　ADC 操作实例	31	7.4 节节首
视频 30　定时器基础知识	20	8.2 节节首
视频 31　定时器寄存器方式	19	8.3.1 节节首
视频 32　定时器库函数方式	18	8.3.2 节节首
视频 33　定时器设置步骤	5	8.3.3 节节首
视频 34　定时器操作实例	13	8.4 节节首
视频 35　CAN 基础知识	39	9.2 节节首
视频 36　CAN 寄存器方式	20	9.3.1 节节首
视频 37　CAN 库函数方式	20	9.3.2 节节首
视频 38　CAN 设置步骤	6	9.3.3 节节首
视频 39　CAN 操作实例	22	9.4 节节首

目 录
CONTENTS

第1章 ARM Cortex-M3 核介绍

CHAPTER 1

1.1 本章导读

视频讲解

通过本章学习,读者可以了解以下信息。

(1) Cortex-M3 的应用领域:医疗、工业、消费电子等。

(2) Cortex-M3 的重要特性:三级流水线、哈佛结构、串行口调试、32 位硬件除法和单周期乘法等。

(3) 典型 Cortex-M3 控制器——STM32F103X 的特性:命名方法、产品功能、外设配置等。

1.2 主要应用

Cortex-M3 采用 ARM V7 构架,不仅支持 Thumb-2 指令集,而且拥有很多新特性。较之 ARM7 TDMI,Cortex-M3 拥有更优的性能、更高的代码密度、可嵌套中断、低成本、低功耗等众多优势。

国内 Cortex-M3 市场,ST(意法半导体)公司的 STM32 无疑是最大赢家,无论在市场占有率方面,还是技术支持方面,都远超竞争对手。在 Cortex-M3 芯片的选择上,STM32 无疑是大家的首选,而且购买方便。目前,Cortex-M3 在以下领域有较广泛的应用。

(1) 医疗和手持设备。

(2) 游戏机外设和 GPS 平台。

(3) 工业应用中可编程控制器(PLC)、变频器、打印机和扫描仪等。

(4) 警报系统、视频对讲和暖气通风空调系统等。

1.3 Cortex-M3 主要特性

Cortex-M3 是 ARM 公司在 ARM V7 架构的基础上设计出来的一款新型的芯片内核。相对于其他 ARM 系列的微控制器,Cortex-M3 内核拥有以下优势和特点。

1. 三级流水线和分支预测

现代处理器中,大多数都采用了指令预存及流水线技术,来提高处理器的指令运行速度。执行指令的过程中,如果遇到了分支指令,由于执行的顺序也许会发生改变,指令预取队列和流水线中的一些指令就可能作废,需要重新取相应的地址,这样会使得流水线出现"断流现象",处理器的性能会受到影响。尤其在 C 语言程序中,分支指令的比例能达到

10%～20%，这对于处理器来说无疑是一件很恐怖的事情。因此，现代高性能的流水线处理器都会有一些分支预测的部件，在处理器从存储器预取指令的过程中，当遇到分支指令时，处理器能自动预测跳转是否会发生，然后才从预测的方向进行相应的取值，从而让流水线能连续地执行指令，保证它的性能。

2. 哈佛结构

哈佛结构的处理器采用独立的数据总线和指令总线，处理器可以同时进行对指令和数据的读写操作，使处理器的运行速度得以提高。

3. 内置嵌套向量中断控制器

Cortex-M3首次在内核部分采用了嵌套向量中断控制器，即NVIC。也正是采用了中断嵌套的方式，使得Cortex-M3能将中断延迟减小到12个时钟周期（一般，ARM7需要24～42个时钟周期）。Cortex-M3不仅采用了NVIC技术，还采用了尾链技术，从而使中断响应时间减小到了6个时钟周期。

4. 支持位绑定操作

在Cortex-M3内核出现之前，ARM内核是不支持位操作的，而是要用逻辑与、或的操作方式来屏蔽对其他位的影响。这样的结果带来的是指令的增加和处理时间的增加。Cortex-M3采用了位绑定的方式让位操作成为可能。

5. 支持串行调试（SWD）

一般的ARM处理器采用的都是JTAG调试接口，但是JTAG接口占用的芯片I/O端口过多，这对于一些引脚少的处理器来说很浪费资源。Cortex-M3在原来的JTAG接口的基础上增加了SWD模式，只需要两个I/O端口即可完成仿真，节约了调试占用的引脚。

6. 支持低功耗模式

Cortex-M3内核在原来的只有运行/停止的模式上增加了休眠模式，使得Cortex-M3的运行功耗也很低。

7. 拥有高效的Thumb2 16/32位混合指令集

原有的ARM7、ARM9等内核使用的都是不同的指令，例如32位的ARM指令和16位的Thumb指令。Cortex-M3使用了更高效的Thumb2指令来实现接近Thumb指令的代码尺寸，达到ARM编码的运行性能。Thumb2是一种高效的、紧凑的新一代指令集。

8. 32位硬件除法和单周期乘法

Cortex-M3内核加入了32位的除法指令，弥补了一些除法密集型运用中性能不好的问题。

同时，Cortex-M3内核也改进了乘法运算的部件，使得32位乘32位的乘法在运行时间上减少到了一个时钟周期。

9. 支持存储器非对齐模式访问

Cortex-M3内核的MCU一般用的内部寄存器都是32位编址。如果处理器只能采用对齐的访问模式，那么有些数据就必须被分配，占用一个32位的存储单元，这是一种浪费的现象。为了解决这个问题，Cortex-M3内核采用了支持非对齐模式的访问方式，从而提高了存储器的利用率。

10. 内部定义了统一的存储器映射

在ARM7、ARM9等内核中没有定义存储器的映射，不同的芯片厂商需要自己定义存储器的映射，这使得芯片厂商之间存在不统一的现象，给程序的移植带来了麻烦。Cortex-M3则采用了统一的存储器映射的分配，使得存储器映射得到了统一。

11. 极高的性价比

Cortex-M3 内核的 MCU 相对于其他的 ARM 系列的 MCU 性价比高许多。

1.4　典型 M3 核处理器特性

以 STM32F103xxx 为例,介绍其主要特性。中等容量增强型处理器的主要特性如下。

1. 内核：ARM 32 位的 Cortex-M3 CPU

(1) 最高 72MHz 工作频率,在存储器的 0 等待周期访问时,可达到 1.25DMIPS/MHz。

(2) 单周期乘法和硬件除法。

2. 存储器

(1) 64～128KB 的闪存程序存储器。

(2) 高达 20KB 的 SRAM。

3. 时钟、复位和电源管理

(1) 2.0～3.6V 电压和 I/O 引脚。

(2) 上电/断电复位(POR/PDR)、可编程电压监测器(PVD)。

(3) 4～16MHz 晶体振荡器。

(4) 内嵌经出厂调校的 8MHz 的 RC 振荡器。

(5) 内嵌带校准的 40kHz 的 RC 振荡器。

(6) 产生 CPU 时钟的 PLL。

(7) 带校准功能的 32kHz RTC 振荡器。

4. 低功耗

(1) 休眠、停机和待机模式。

(2) VBAT 为 RTC 和后备寄存器供电。

5. 两个 12 位模数转换器,1μs 转换时间(多达 16 个输入通道)

(1) 转换范围为 0～3.6V。

(2) 双采样和保持功能。

(3) 温度传感器。

6. DMA

(1) 7 通道 DMA 控制器。

(2) 支持的外设包括定时器、ADC、SPI、I2C 和 USART。

7. 多达 80 个快速 I/O 端口

(1) 26/37/51/80 个 I/O 端口,所有 I/O 端口都可以映射到。

(2) 16 个外部中断,几乎所有端口均可承受 5V 电压信号。

8. 调试模式

采用串行单线调试(SWD)和 JTAG 接口。

9. 7 个定时器

(1) 3 个 16 位定时器,每个定时器有多达 4 个用于输入捕获/输出比较/PWM 或脉冲计数的通道和增量编码器输入。

(2) 1 个 16 位带死区控制和紧急刹车的,用于电机控制的 PWM 高级控制定时器。

(3) 2 个看门狗定时器(独立的和窗口型的)。

（4）1 系统时间定时器，即 24 位自减型计数器。

10. 9 个通信接口

（1）2 个 I2C 接口（支持 SMBus/PMBus）。

（2）3 个 USART 接口（支持 ISO7816 接口，LIN、IrDA 接口和调制解调控制）。

（3）2 个 SPI 接口（18Mb/s）。

（4）1 个 CAN 接口（2.0B 主动）。

（5）1 个 USB 2.0 全速接口。

1.4.1　命名规则

STM32 的命名规则如图 1-1 所示。

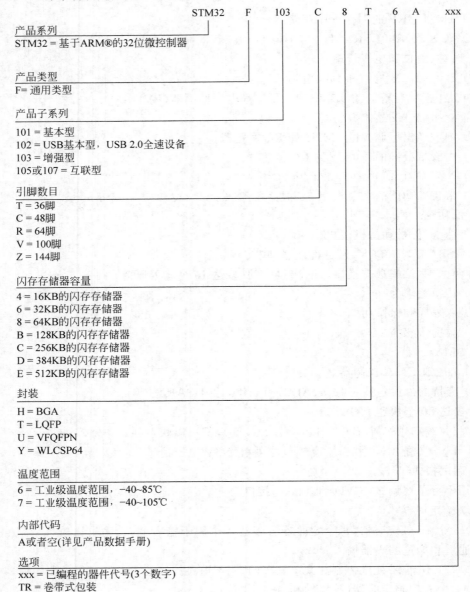

图 1-1　STM32 的命名规则

1.4.2　产品功能和外设配置

STM32F103xx 中等容量产品功能和外设配置如表 1-1 所示。

表 1-1　STM32F103xx 中等容量产品功能和外设配置

外　设		STM32F103Tx	STM32F103Cx		STM32F103Rx		STM32F103Vx	
闪存/KB		64	64	128	64	128	64	128
SRAM/KB		20	20	20	20		20	
定时器	通用	3 个(TIM2、TIM3、TIM4)						
	高级控制	1 个(TIM1)						
通信接口	SPI	1 个(SPI1)	2 个(SPI1、SPI2)					
	I2C	1 个(I2C1)	2 个(I2C1、I2C2)					
	USART	2 个 USART1、USART2)	3 个(USART1、USART2、USART3)					
	USB	1 个(USB 2.0 全速)						
	CAN	1 个(2.0B)						
GPIO 端口		26	37		51		80	
12 位 ADC 模块(通道数)		2(10)	2(10)		2(16)		2(16)	
CPU 频率		72MHz						
工作电压		2.0～3.6V						
工作温度		环境温度：−40～+85℃/−40～+105℃ 结温度：−40～+125℃						
封装形式		LQFP64	TFBGA64		LQFP100 VFQFPN36		LFBGA100 LQFP48	

1.5　本章小结

本章是 Cortex-M3 开篇，介绍 STM32 的应用领域，如医疗、工业、消费电子等领域，系统地阐述 Cortex-M3 的重要特性及与传统的控制器之间的区别，并介绍了 STM32 家族重要芯片的命名规则、产品功能、外设配置等内容。

1.6　习题

（1）Cortex-M3 处理器与传统 ARM7 和 ARM9 处理器相比，有哪些改进？
（2）STM32 的器件如何命名？STM32f103RC 中的 R、C 代表什么含义？
（3）STM32F103Tx、STM32F103Cx、STM32F103Rx、STM32F103Vx 等 STM32 家族成员芯片主要的区别是什么？

第 2 章

CHAPTER 2

开发环境搭建

2.1 本章导读

通过本章学习,读者可以了解到以下重要信息:

(1) STM32 开发工具 MDK(Keil 软件)安装,本书以 MDK-ARM V5.11a 版本为例讲解安装过程,其他不同版本软件安装方法一致。

(2) MDK 软件的使用方法,通过新建一个 DEMO 工程,详细讲解建立工程、配置工程的详细步骤。

(3) 通过 ST-Link 仿真器,说明采用硬件调试下载的方法,其他不同的仿真器设置方法大同小异,学会举一反三。

视频讲解

2.2 MDK 安装

在编写代码之前需要安装 MDK 软件,STM32 常用的开发工具是 Keil,本书使用的软件版本是 5.11a,在安装完成之后可以在工具栏 Help→about μVision 选项卡中查看版本信息。读者可通过官方网站下载最新的版本: https://www.keil.com/download/product/下载/。

打开安装包,会看到 MDK 安装包图标,如图 2-1 所示。

(1) 单击 mdk511a.exe,弹出 MDK 安装界面,如图 2-2 所示。

图 2-1 安装包

图 2-2 安装启动界面

（2）单击 Next>> 按钮，弹出安装 License Agreement 界面，如图 2-3 所示。

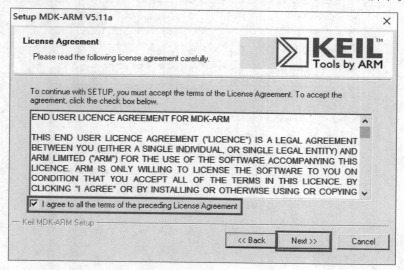

图 2-3　License Agreement 界面

（3）勾选 I agree to…，单击 Next>> 按钮，选择安装路径，默认路径如图 2-4 所示，若改变安装路径，选择英文路径。

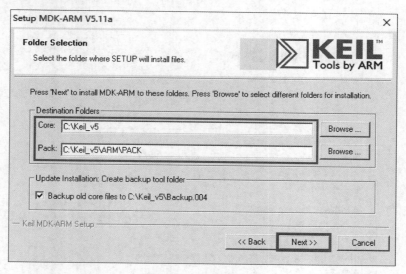

图 2-4　安装路径设置

（4）单击 Next>> 按钮，弹出 Customer Information 定制信息，如图 2-5 所示。按要求填写名称、公司名称、电子邮件等信息。

（5）单击 Next>> 按钮，软件开始安装，弹出 Setup Status 对话框，如图 2-6 所示。

（6）软件安装完成，对话框如图 2-7 所示。

（7）安装完 MDK 开发环境后，会提示是否安装各种器件库，如图 2-8 所示，读者可以根据实际需要安装各种器件库，也可以下载离线包安装器件库，使用试用版软件在编译程序时有存储器的大小代码限制，读者可以通过购买正版软件或者其他方式获取更多的信息。

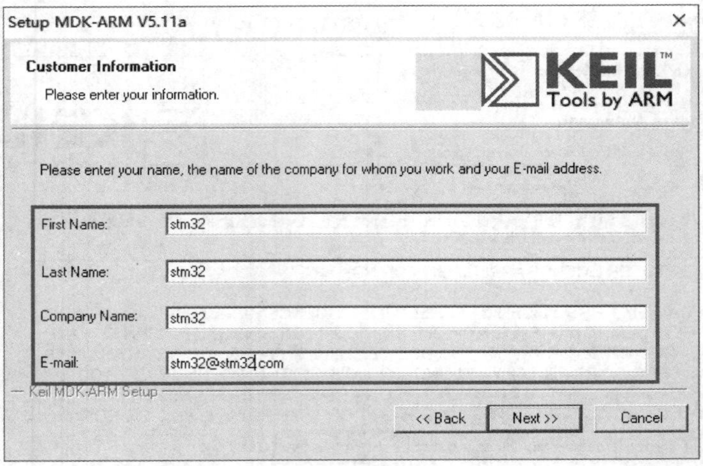

图 2-5　Customer Information 定制信息对话框

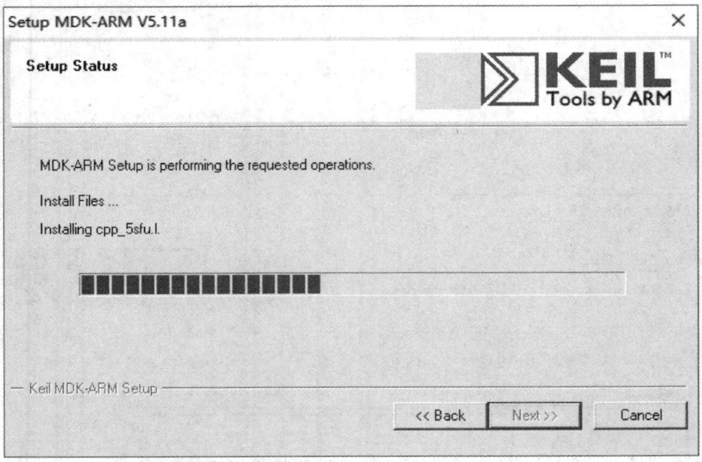

图 2-6　Setup Status 对话框

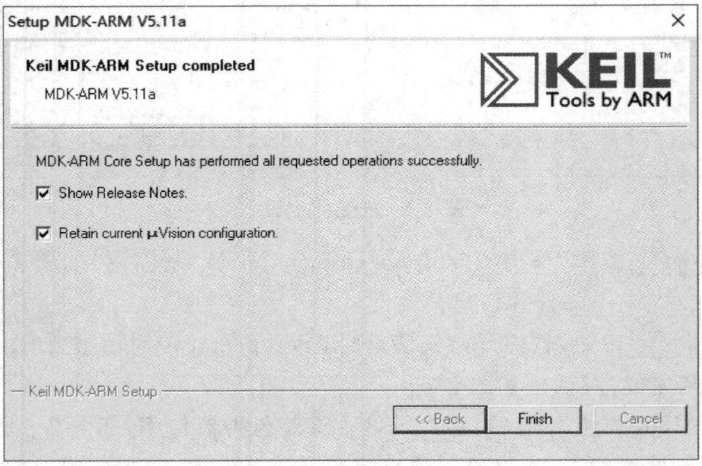

图 2-7　软件安装完成对话框

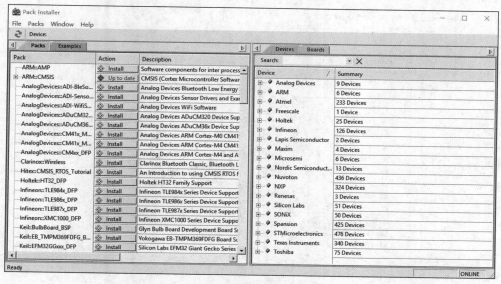

图 2-8 器件库安装对话框

2.3 新建工程初探

视频讲解

单击桌面 图标,启动软件。该软件和一般编程工具区别不大,本书不详细说明,读者可以通过该软件自带的 Help 文件了解详细信息。新建工程的方法不完全一致,主要考虑设计方便,符合自己常用的习惯。下面简单介绍创建工程的步骤。在 F 盘新建一个文件夹,如"F:\新建工程",解压 STM32 官方库。

(1) 将 V3.5 版本的库文件解压,把 Libraries 库文件复制到该文件夹下。

(2) 建立一个存放工程的文件夹,例如 GPIO。

(3) 在这个文件夹下建立两个文件夹,例如 Project 和 User。

其中,User 文件夹存放用户程序,一般包括以下几个文件:

```
main.c
stm32f10x_conf.h
stm32f10x_it.c
stm32f10x_it.h
```

在 STM32 官方库解压缩后,读者可以找到这个文件夹,ST 公司定制的模板:
\STM32F10x_StdPeriph_Lib_V3.5.0\Project\STM32F10x_StdPeriph_Template,通过这个模板可以复制这几个文件到 User 文件夹下。

(4) 在该文件夹下建立 LIST 和 OBJ 子文件夹,这两个文件夹主要用来存放编译时生成的文件。

(5) 现在打开 Keil5 软件,建立一个工程,可以取名为 DEMO,并选择芯片,如STM32F103RC,如图 2-9 所示。

(6) 单击 OK 按钮,弹出如图 2-10 所示的窗口,在线添加库文件,这里可以根据实际需要选择,对于初学者,暂时不选择任何文件。

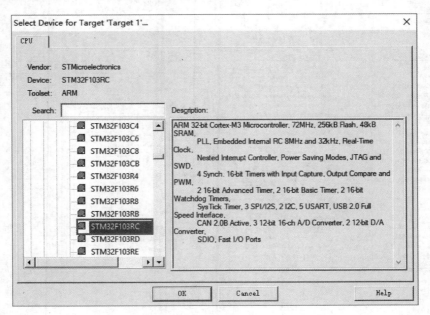

图 2-9　选择器件

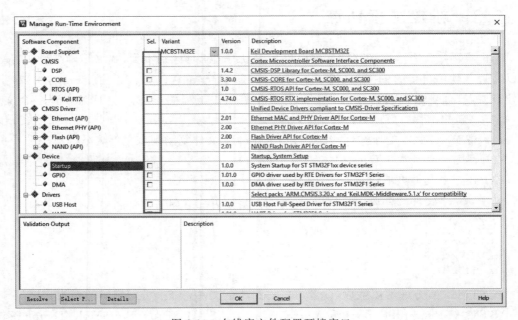

图 2-10　在线库文件配置环境窗口

（7）单击 OK 按钮，弹出新的工程界面，如图 2-11 所示。

（8）在图 2-11 中单击工程管理设置图标 🛠 进行工程管理设置，然后建立几个文件夹，如图 2-12 所示，注意：USER、CMSIS、STARTUP、DOC、DRIVER 相当于标签，若工程文件夹内未单独建立文件夹，则该工程下不会体现。

（9）建立相关文件，并包含进相应的文件夹里。

① 在 USER 文件夹下建立（也可以复制现成的）下面几个常用文件，并将这个文件包含

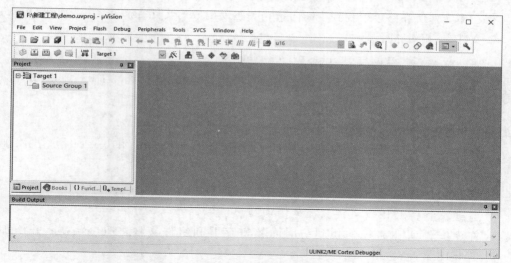

图 2-11　新的工程界面

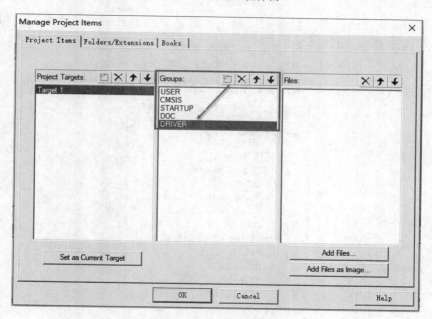

图 2-12　工程管理配置

进 User 文件夹。

```
main.c
stm32f10x_it.c
```

② 建立一个 STARTUP 文件夹。

在库文件所在路径下找到启动文件(startup_stm32f10x_hd.s),并添加到 STARTUP 文件夹,启动文件相对路径是:

\Libraries\CMSIS\CM3\DeviceSupport\ST\STM32F10x\startup\arm\startup_stm32f10x_hd.s

③ 建立一个 DRIVER 文件夹,添加常用驱动文件。

- 在库文件所在路径下找到中断向量相关驱动函数的文件 misc.c，并添加到 DRIVER 文件夹，相对路径是：

  \Libraries\STM32F10x_StdPeriph_Driver\src\misc.c

- 在库文件所在路径下找到外设端口操作的相关函数文件 stm32f10x_gpio.c，并添加到 DRIVER 文件夹，相对路径是：

  \Libraries\STM32F10x_StdPeriph_Driver\src\stm32f10x_gpio.c

- 在库文件所在路径下找到时钟配置函数文件 src\stm32f10x_rcc.c，并添加到 DRIVER 文件夹，相对路径是：

  \Libraries\STM32F10x_StdPeriph_Driver\src\stm32f10x_rcc.c

④ 建立一个 CMSIS 文件夹。

- 在库文件所在路径下找到访问内核寄存器和组件文件 core_cm3.c，并添加到 CMSIS 文件夹，相对路径是：

  \Libraries\CMSIS\CM3\CoreSupport\core_cm3.c

- 在库文件所在路径下找到系统初始化和配置文件 system_stm32f10x.c，并添加到 CMSIS 文件夹，相对路径是：

  \Libraries\CMSIS\CM3\DeviceSupport\ST\STM32F10x\system_stm32f10x.c

全部建立并包含完文件后的工程文件结构如图 2-13 所示。

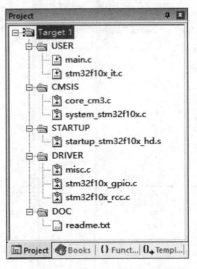

图 2-13　建立完的工程项目

（10）单击主菜单工程配置按钮 ⚒，弹出如图 2-14 所示对话框。鼠标滑动到图标上的时候，旁边会提示 `Target Options... / Configure target options` 字样，工程所有配置文件都在该菜单下。

（11）单击 Output 选项卡，并单击 `Select Folder for Objects...` 按钮，在弹出的界面中再次选择矩形框框选的 OBJ 文件夹，目的是把编译过程中生成的文件放到该目录下，如图 2-15 所示。

（12）单击 Listing 选项卡，并单击 `Select Folder for Listings...` 按钮，在弹出的界面中再次选择

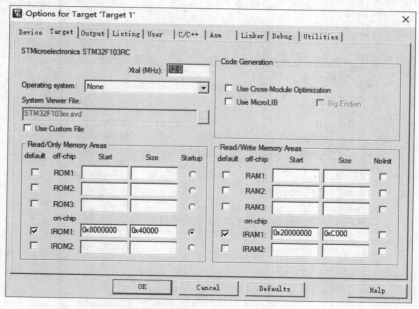

图 2-14 Options for Target 对话框

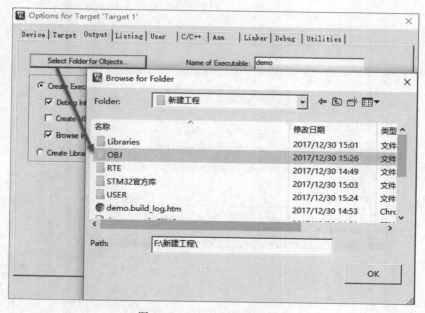

图 2-15 Output 选项卡配置

矩形框框选的 LIST 文件夹，存放编译器编译时产生的链接列表清单文件，如图 2-16 所示。

（13）单击 C/C++选项卡，如图 2-17 所示。完成 Preprocessor Symbols 设置，在 Define 栏中输入

STM32F10X_HD,USE_STDPERIPH_DRIVER

这是预处理的宏名，在图中单击文件路径选择按钮，添加几个重要头文件的路径，相对路径如下：

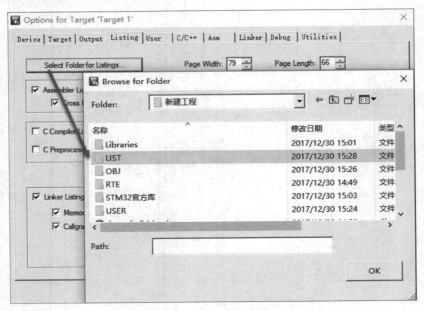

图 2-16　Listing 选项卡配置

~Libraries\STM32F10x_StdPeriph_Driver\inc
~Libraries\CMSIS\CM3\CoreSupport
~Libraries\CMSIS\CM3\DeviceSupport\ST\STM32F10x
.\USER

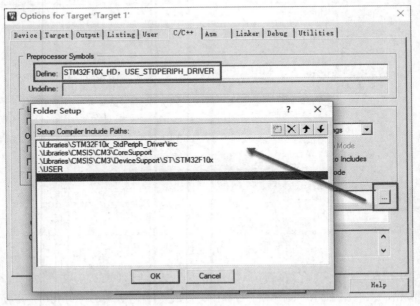

图 2-17　C/C++选项卡配置

（14）编写程序代码。在 main.c 中输入程序，然后单击图 2-18 中的"编译"按钮，即可编译代码。

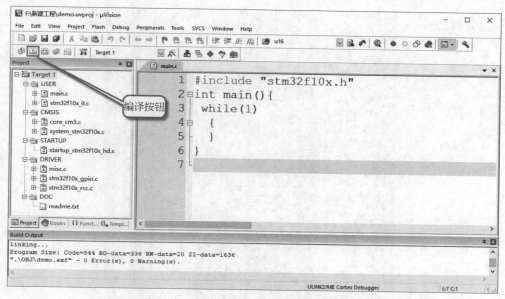

图 2-18　编译程序范例

2.4　仿真调试

视频讲解

关于硬件仿真部分,本书使用 Altium Designer 9 制版软件设计了 STM32 核心版,读者可以试着动手制作,在本书附带的资料中有该开发板的资料,爱好者可直接制作或经过简单的修改,添加自己所需的功能,即可很快完成一个工程实例的设计。

该开发系统支持串口、ST-Link 及 J-Link 等下载调试方式。完成代码的调试,软件和硬件都要完成相应的设置,缺一不可。STM32F10X 系列开发套件中的核心板如图 2-19 所示(Altium Designer 9 的 3D 投影图)。硬件调试需要重点注意以下几点。

(1) 采用 ST-Link 调试时,首先将 RST 短路,然后插 ST-Link 可以完成基本的仿真调试过程。

(2) 在配置 MDK 软件时,打开已经新建的工程文件,对该工程进行设置,单击配置图标,打开设置对话框,首先设置 Device 选项卡,选择开发板对应的处理器(本工程选择 STM32F103RC),如图 2-20 所示。

(3) 配置 Debug,如图 2-21 所示,图 2-21 中,选中 Use Simulator 是软件仿真,框选项是采用硬件仿真的方式,这里选择 ST-Link Debugger。

(4) 单击图 2-21 中的 Settings 按钮,如图 2-22 所示,配置 Flash Download,单击 Add 按钮,弹出 Add Flash Programming Algorithm 对话框,选择合适器件的 Flash,如图 2-23 所示。

(5) 单击图 2-23 中的 Add 按钮,配置 Flash 完成,如图 2-24 所示框线的部分。

软件安装,工程设置完毕之后,学过 51 单片机的读者可能会迫不及待地想试验一下流水灯的程序。学习一款处理器几乎都是从流水灯开始的,那么就从新建一个工程项目开始吧。

图 2-19　STM32 核心板

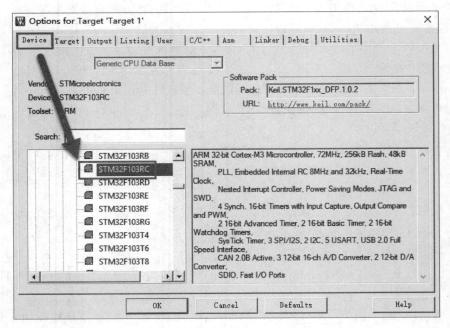

图 2-20　配置 Device 界面

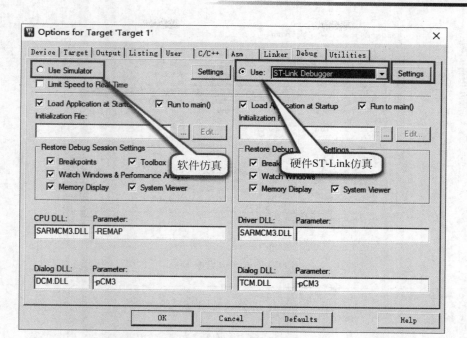

图 2-21 配置 Debug 菜单

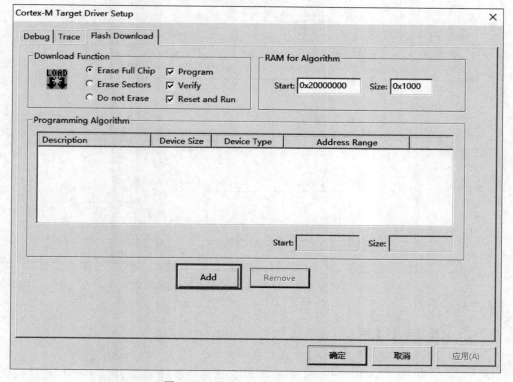

图 2-22 配置 Flash Download 界面

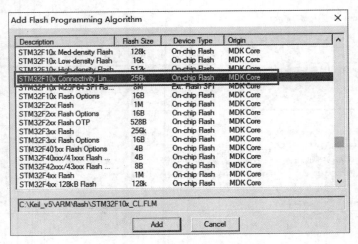

图 2-23　选择适当的 Flash

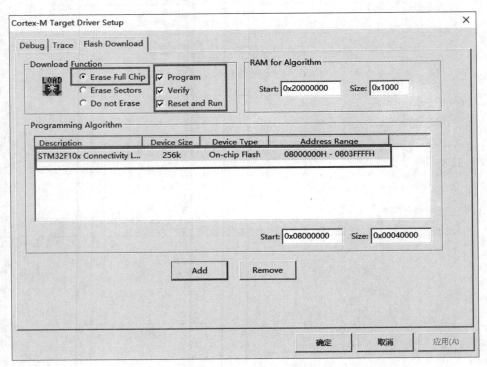

图 2-24　配置 Flash Download 重点注意的几项

2.5　本章小结

本章是 STM32 入门的重要环节，读者需要主要掌握软件安装、建立工程、软件调试设置等内容。

本书开发工具采用 MDK-ARM V5.11a 版本，软件安装方法没有特殊要求，按提示安装即可，需要提醒读者的是，尽量采用默认路径安装，如果更改路径，请采用英文路径安装！

在此基础上通过新建一个工程来说明软件的使用方法，MDK-ARM V5.11a 和其他版本软件的使用方法没有区别，和一般的单片机开发也极为相似。读者可通过多次建立工程，设置重要选项，熟练掌握该内容。本章通过 ST-Link 仿真器来说明采用硬件调试下载的方法，其他不同仿真器的设置方法大同小异，读者要学会举一反三。

2.6　习题

（1）通过官网 http://www.keil.com/下载 MDK 软件，安装在 PC 上。

（2）练习 MDK 建立工程的步骤和方法。

（3）选择一款 STM32 的开发板，练习用 ST-Link 或者 J-Link 配置和调试硬件。

第 3 章

基本 I/O 端口控制

3.1 本章导读

从基本 I/O 操作开始学习,读者可以了解到以下重要信息:

(1) 通过流水灯的例子进一步强化通过 MDK 建立工程的方法,配置的详细步骤。

(2) 掌握直接寄存器控制 I/O 的步骤和方法,认识时钟树的概念,对 STM32 的时钟系统有初步的了解。

(3) 认识 I/O 端口,掌握 I/O 端口的 8 种工作模式和各种模式对应应用的场合,以及如何采用寄存器配置各种模式。

(4) 了解库函数,通过库函数操作流水灯,总结寄存器方法和库函数方法的区别和共同点。

(5) 通过数码管和简单按键操作两个典型案例,进一步掌握库函数编程的方法和 I/O 端口控制的步骤。

3.2 新建工程进阶

单击桌面 Keil μVision5 图标 ,启动软件。如果是第一次使用,会打开一个自带的工程文件,可以通过菜单栏 Project→Close Project 选项把它关掉。

新建的工程文件保存在一个文件夹中。首先新建一个名为"流水灯"的文件夹,把第 2 章建立好的工程复制到该文件夹下,可以参考书中附带的例子,从例子中添加这些代码,后续会陆续解释其含义。"流水灯"工程的子文件夹如图 3-1 所示。

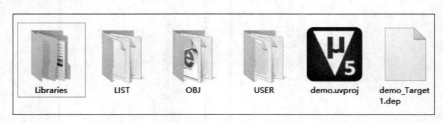

Libraries   LIST   OBJ   USER   demo.uvproj   demo_Target 1.dep

图 3-1 "流水灯"工程的子文件夹

Libraries 文件夹用来存放 ST 库里最核心的文件,其中包含两个子文件夹:STM32F10x_

StdPeriph_Driver 和 CMSIS。

- STM32F10x_StdPeriph_Driver 文件夹用来存放 STM32 库里面芯片上的所有驱动。inc 和 src 两个文件夹也是直接从 ST 的库里面复制过来的。
  ✓ inc 文件夹里面是 ST 片上资源的驱动的头文件,如要用到某个资源,则必须把相应的头文件包含进来。
  ✓ src 文件夹里面是 ST 片上资源的驱动的源文件,这些驱动文件涉及了大量的 C 语言的知识,是学习库函数的重点。
- CMSIS 文件夹用来存放库自带的启动文件和一些 M3 系列通用的文件。CMSIS 里面存放的文件适用于任何 M3 内核的单片机。CMSIS 的全称为 Cortex Microcontroller Software Interface Standard,是 ARM Cortex 微控制器软件接口标准,是 ARM 公司为芯片厂商提供的一套通用的且独立于芯片厂商的处理器软件接口。

LIST 文件夹用来保存编译后生成的链接列表清单文件。

OBJ 文件夹用来存放软件编译后输出的文件和编译过程中产生的文件。

USER 文件夹用来存放用户写的驱动文件,里面的 readme. txt 文件可以作为说明文档。

用户开始使用该软件时,建立工程相对困难,可以直接将 demo. uvproj 改为"流水灯. uvproj"。打开后重新编译,可以正常使用,这样就避免了工程名称都是 demo 的情况,便于管理。

打开工程后,可将 Target 1 工程名改为"流水灯",这样更方便管理和阅读,如图 3-2 所示,以后类似工程的建立都可采用此方法,不用反复建立工程。

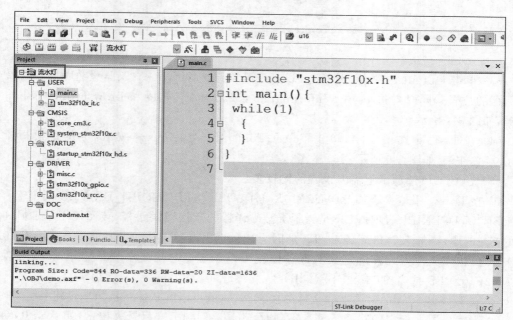

图 3-2 修改工程

3.3　MDK 工程配置

MDK 工程配置步骤如下。

（1）单击工具栏中的魔术棒按钮 ✦ ，弹出配置菜单，可以看到配置菜单关于 Device、Target、Output、Listing、User、C/C++、Asm、Linker、Debug 和 Utilities 选项的设置。

（2）Device 在新建工程时已经选定了器件，单击 Target 选项卡，勾选微库，这样是为了后面的串口例程可以使用 printf 函数，如图 3-3 所示。

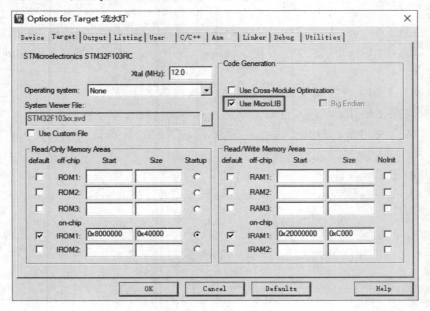

图 3-3　Target 选项卡

（3）单击 Output 选项卡，再单击 Select Folder for Objects…按钮，设置编译后输出文件保存的位置。同时勾选 Debug Information、Create HEX File 和 Browse Information 复选框，如图 3-4 所示。

（4）在 Listing 选项卡中，单击 Select Folder for Listings…按钮，定位到模板中的 Listing 文件夹，如图 3-5 所示。

（5）在 C/C++选项卡上需要设置的比较多。

① 在 Define 里输入添加 STM32F10X_HD、USE_STDPERIPH_DRIVER 两个宏。添加 USE_STDPERIPH_DRIVER 是为了屏蔽编译器的默认搜索路径，转而使用添加到工程中的 ST 的库，添加 STM32F10X_HD 是因为用的芯片是大容量的，添加了 STM32F10X_HD 宏之后，库文件为大容量定义的寄存器就可以用了。芯片是小或中容量时，宏要换成 STM32F10X_LD 或者 STM32F10X_MD。

② 在 Include Paths 栏添加库文件的搜索路径，就可以屏蔽掉默认的搜索路径。

③ 当编译器在指定的路径下搜索不到时，还是会回到标准目录去搜索，如 ANSIC C 的库文件，例如 stdin.h、stdio.h。

库文件路径修改成功之后，如图 3-6 所示。

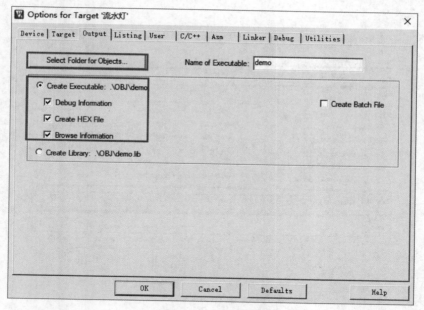

图 3-4　Output 选项卡

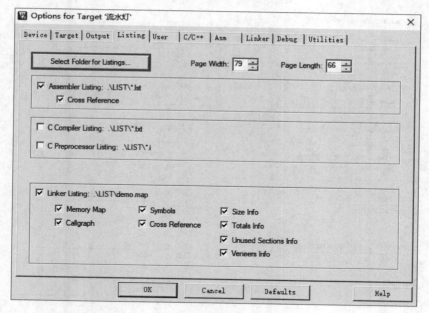

图 3-5　Listing 选项卡

（6）单击 Debug 选项卡，选择 Use Simulator，软件仿真设置完成，如图 3-7 所示。

（7）单击菜单栏中的编译按钮，对该工程进行编译，弹出编译信息，编译成功。

```
Build target '流水灯'
compiling main.c...
compiling stm32f10x_it.c...
compiling core_cm3.c...
compiling system_stm32f10x.c...
assembling startup_stm32f10x_hd.s...
```

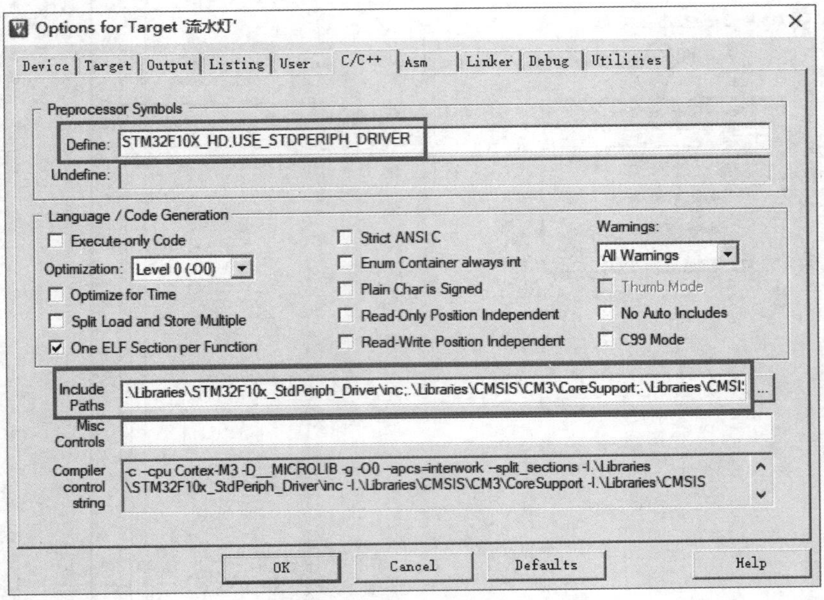

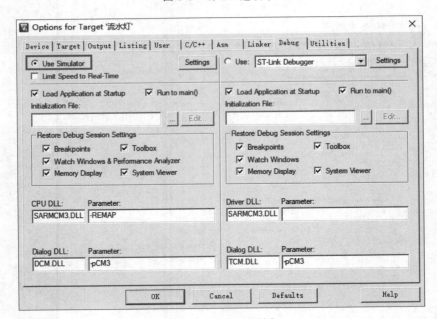

图 3-6   C/C++选项卡

图 3-7   Debug 选项卡

```
compiling misc.c...
compiling stm32f10x_gpio.c...
compiling stm32f10x_rcc.c...
linking...
Program Size: Code = 484 RO-data = 320 RW-data = 0 ZI-data = 1024
FromELF: creating hex file...
".\OBJ\demo.axf" - 0 Error(s), 0 Warning(s).
```

3.4　寄存器操作

STM32编程主要有两种方法:寄存器法和库函数法。寄存器法类似于单片机内部寄存器直接控制单片机,库函数法是通过调用ST公司提供的标准库控制单片机,两种方法各有千秋。以流水灯设计为例,其中发光二极管接到STM32的GPIOB口的8~15号引脚,电路如图3-8所示。

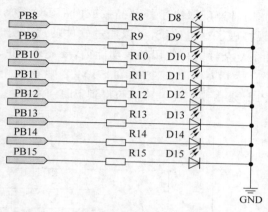

图 3-8　流水灯电路

在main.c文件里输入以下代码,实现流水灯的闪烁现象。有单片机编程经验的人很容易看懂这段代码,它主要涉及几个寄存器:RCC-> APB2ENR,GPIOB-> CRH 和 GPIOB-> ODR。STM32 的普通 I/O 端口的使用配置过程为:

① 先开启对应 I/O 端口时钟(RCC-> APB2ENR)(代码第 5 行);

② 配置 I/O 端口(GPIOB-> CRH)(代码第 6 行);

③ 给 I/O 端口赋值(GPIOB-> ODR)(代码第 9 行和第 11 行)。

这 3 步完成一个 I/O 端口的基本操作,代码如下(后面会详述)。

```
1.   # include "stm32f10x.h"
2.   void Delay(__IO u32 nCount);
3.   int main(void)
4.   {
5.   RCC -> APB2ENR | = (1 << 3);
6.   GPIOB -> CRH = 0X22222222;
7.   while (1)
8.   {
9.   GPIOB -> ODR = 0X0000;
10.  Delay(0x0FFFEF);
11.  GPIOB -> ODR = 0XFFFF;
12.  Delay(0x0FFFEF);
13.  }
14.  }
15.  void Delay(__IO u32 nCount)
16.  {
17.  for(; nCount != 0; nCount -- );
18.  }
```

3.5 时钟配置

STM32 的时钟系统功能完善，布局清晰，针对性更强。传统的 51 单片机外接晶振后，其他寄存器就可以使用，但 STM32 针对不同的功能要相应地设置其时钟。

3.5.1 时钟树

在使用 51 单片机时，时钟速度取决于外部晶振或内部 RC 振荡电路的频率，是不可以改变的。而 ARM 的出现打破了这个传统，可以通过软件随意改变时钟速度。这让设计更加灵活，但也给设计增加了复杂性。在使用某一功能前，要先对其时钟进行初始化。图 3-9 是它的时钟树，不同的外设对应不同的时钟，在 STM32 中有 5 个时钟源，分别为 HSI、HSE、LSI、LSE、PLL。PLL 是由锁相环电路倍频得到 PLL 时钟。

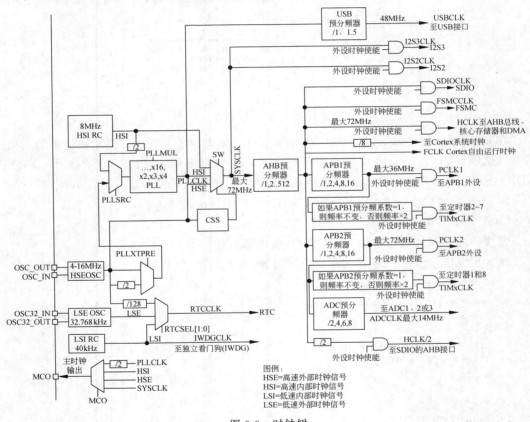

图 3-9 时钟树

（1）HSI 是高速内部时钟，RC 振荡器，频率为 8MHz。

（2）HSE 是高速外部时钟，可接石英/陶瓷谐振器，或者接外部时钟源，频率范围为 4~16MHz。

（3）LSI 是低速内部时钟，RC 振荡器，频率为 40kHz。

（4）LSE 是低速外部时钟，接频率为 32.768kHz 的石英晶体。

(5) PLL 为锁相环倍频输出,其时钟输入源可选择为 HSI/2、HSE 或者 HSE/2。倍频可选择为 2～16 倍,但是其输出频率最高不得超过 72MHz。

其中,40kHz 的 LSI 供独立看门狗 IWDG 使用,另外它还可以选择为实时时钟 RTC 的时钟源。另外,实时时钟 RTC 的时钟源还可以选择 LSE,或者是 HSE 的 128 分频。RTC 的时钟源通过 RTCSEL[1:0]来选择。

STM32 中有一个全速功能的 USB 模块,其串行接口引擎需要一个频率为 48MHz 的时钟源。该时钟源只能从 PLL 输出端获取,可以选择为 1.5 分频或者 1 分频。也就是说,当需要使用 USB 模块时,PLL 必须使能,并且时钟频率配置为 48MHz 或 72MHz。

另外,STM32 还可以选择一个时钟信号输出到 MCO 引脚(PA8)上,可以选择为 PLL 输出的 2 分频、HSI、HSE 或者系统时钟。

3.5.2 时钟源

系统时钟 SYSCLK 是供 STM32 中绝大部分功能工作的时钟源。系统时钟可选择为 PLL 输出、HSI 或者 HSE。系统时钟最大频率为 72MHz,通过 AHB 分频器分频后送给各模块使用,AHB 分频器可选择 1、2、4、8、16、64、128、256、512 分频。其中,AHB 分频器输出的时钟送给 5 大模块使用。

(1) 送给 AHB 总线、内核、内存和 DMA 使用的 HCLK 时钟。

(2) 通过 8 分频后送给 Cortex 的系统定时器时钟。

(3) 直接送给 Cortex 的空闲运行时钟 FCLK。

(4) 送给 APB1 分频器。APB1 分频器可选择 1、2、4、8、16 分频,其输出一路供 APB1 外设使用(PCLK1,最大频率 36MHz),另一路送给定时器 2、3、4 倍频器使用。该倍频器可选择 1 或者 2 倍频,时钟输出供定时器 2、3、4 使用。

(5) 送给 APB2 分频器。APB2 分频器可选择 1、2、4、8、16 分频,其输出一路供 APB2 外设使用(PCLK2,最大频率 72MHz),另一路送给定时器 1 倍频器使用。该倍频器可选择 1 或者 2 倍频,时钟输出供定时器 1 使用。另外,APB2 分频器还有一路输出供 ADC 分频器使用,分频后送给 ADC 模块使用。ADC 分频器可选择为 2、4、6、8 分频。

在以上的时钟输出中,有很多是带使能控制的,例如 AHB 总线时钟、内核时钟、各种 APB1 外设、APB2 外设等。当需要使用某模块时,一定要先使能对应的时钟。

需要注意定时器的倍频器,当 APB 的分频为 1 时,它的倍频值为 1;否则它的倍频值就为 2。

连接在 APB1(低速外设)上的设备有电源接口、备份接口、CAN、USB、I2C1、I2C2、UART2、UART3、SPI2、窗口看门狗、Timer2、Timer3、Timer4。注意,USB 模块虽然需要一个单独的 48MHz 时钟信号,但它不是供 USB 模块工作的时钟,只是提供给串行接口引擎(SIE)使用的时钟。USB 模块工作的时钟应该是由 APB1 提供的。

连接在 APB2(高速外设)上的设备有 UART1、SPI1、Timer1、ADC1、ADC2、所有普通 I/O 端口(PA～PE)、第二功能 I/O 端口。

通过对时钟树的简单了解,明确了不同的功能对应不同的时钟关系。知道了普通 I/O 端口连接在 APB2 设备上,需要初始化 APB2 的时钟,即时钟控制(RCC)的 APB2 的对应使能寄存器。

视频讲解

3.5.3　APB2 外设时钟使能寄存器（RCC_APB2ENR）

外设通常无访问等待周期。但在 APB2 总线上的外设被访问时，将插入等待状态直到 APB2 的外设访问结束。它的寄存器格式如图 3-10 所示。各位对应含义如表 3-1 所示。

31	30	29	28	27	26	25	24	23	22	21	20	19	18	17	16
保留															
rw	rw	rw	rw	rw	rw	rw	rw	rw	rw	rw	rw	rw	rw	rw	rw

15	14	13	12	11	10	9	8	7	6	5	4	3	2	1	0
保留	USART1 EN	保留	SPI1 EN	TIM1 EN	ADC2 EN	ADC1 EN	保留		IOPE EN	IOPD EN	IOPC EN	IOPB EN	IOPA EN	保留	AFIO EN
rw	rw	rw	rw	rw	rw	rw	rw	rw	rw	rw	rw	rw	rw	rw	rw

图 3-10　APB2 外设时钟使能寄存器格式

表 3-1　使能寄存器位置功能表

位	描　　　述
位 31:15	保留,始终读为 0
位 14 USART1EN	USART1 时钟使能,由软件置 1 或清 0 0: USART1 时钟关闭 1: USART1 时钟开启
位 13	保留,始终读为 0
位 12 SPI1EN	SPI1 时钟使能,由软件置 1 或清 0 0: SPI1 时钟关闭 1: SPI1 时钟开启
位 11 TIM1EN	TIM1 定时器时钟使能,由软件置 1 或清 0 0: TIM1 定时器时钟关闭 1: TIM1 定时器时钟开启
位 10 ADC2EN	ADC2 接口时钟使能,由软件置 1 或清 0 0: ADC2 接口时钟关闭 1: ADC2 接口时钟开启
位 9 ADC1EN	ADC1 接口时钟使能,由软件置 1 或清 0 0: ADC1 接口时钟关闭 1: ADC1 接口时钟开启
位 8:7	保留,始终读为 0
位 6 IOPEEN	I/O 端口 E 时钟使能,由软件置 1 或清 0 0: I/O 端口 E 时钟关闭 1: I/O 端口 E 时钟开启
位 5 IOPDEN	I/O 端口 D 时钟使能,由软件置 1 或清 0 0: I/O 端口 D 时钟关闭 1: I/O 端口 D 时钟开启
位 4 IOPCEN	I/O 端口 C 时钟使能,由软件置 1 或清 0 0: I/O 端口 C 时钟关闭 1: I/O 端口 C 时钟开启

续表

位	描　　述
位 3 IOPBEN	I/O 端口 B 时钟使能,由软件置 1 或清 0
	0:I/O 端口 B 时钟关闭
	1:I/O 端口 B 时钟开启
位 2 IOPAEN	I/O 端口 A 时钟使能,由软件置 1 或清 0
	0:I/O 端口 A 时钟关闭
	1:I/O 端口 A 时钟开启
位 1	保留,始终读为 0
位 0 AFIOEN	辅助功能 I/O 时钟使能,由软件置 1 或清 0
	0:辅助功能 I/O 时钟关闭
	1:辅助功能 I/O 时钟开启

例如,开启 PB 口时钟的寄存器操作为

RCC->APB2ENR |= (1 << 3); //开启 PB 口的时钟

请读者思考采用"|="赋值的原因。

3.6 I/O 端口配置

除配置时钟,I/O 在使用之前也需要进行配置,通过 PB 口的使用,说明它的一般配置过程。

3.6.1 I/O 基本情况

每个 GPIO 端口有:

(1) 两个 32 位配置寄存器(GPIOx_CRL,GPIOx_CRH);

(2) 两个 32 位数据寄存器(GPIOx_IDR,GPIOx_ODR);

(3) 一个 32 位置位/复位寄存器(GPIOx_BSRR);

(4) 一个 16 位复位寄存器(GPIOx_BRR);

(5) 一个 32 位锁定寄存器(GPIOx_LCKR)。

根据数据手册中列出的每个 I/O 端口的特定硬件特征,GPIO 端口的每个位可以由软件分别配置成多种模式。

STM32 的 I/O 端口可以由软件配置成如下 8 种模式,包括 4 种输入模式和 4 种输出模式。

(1) 浮空输入。

(2) 上拉输入。

(3) 下拉输入。

(4) 模拟输入。

(5) 开漏输出。

(6) 推挽输出。

(7) 复用开漏输出。

(8) 复用推挽输出。

每个 I/O 端口可以自由编程,但 I/O 端口寄存器必须要按 32 位访问。STM32 的很多

I/O 端口都是兼容 5V 的，这些 I/O 端口在与 5V 电压的外设连接时很有优势，具体哪些 I/O 端口是兼容 5V 的，可以从该芯片的数据手册引脚描述章节查到。

STM32 的每个 I/O 端口都有 7 个寄存器来控制。常用的 I/O 端口寄存器有 4 个，分别为 CRL、CRH、IDR、ODR。CRL 和 CRH 控制着每个 I/O 端口的模式及输出速率。STM32 的 I/O 端口位配置如表 3-2 所示。

表 3-2　STM32 的 I/O 端口位配置表

配置模式		CNF1	CNF0	MODE1	MODE0	PxODR 寄存器
通用输出	推挽式输出	0	0	01（最大输出速率 10MHz）10（最大输出速率 2MHz）11（最大输出速率 50MHz）		0 或 1
	开漏输出	0	1			0 或 1
复用功能输出	推挽式输出	1	0			不使用
	开漏输出	1	1			不使用
输入	模拟输入	0	0	00（保留）		不使用
	浮空输入	0	1			不使用
	下拉输入	1	0			0
	上拉输入	1	0			1

为了方便，在对寄存器的描述中使用了下列缩写，具体含义如下。

- rw(read/write)：软件能读写此位。
- r(read-only)：软件只能读此位。
- w(write-only)：软件只能写此位，读此位将返回复位值。
- rc_w1(read/clear)：软件可以读此位，也可以通过写"1"清除此位，写"0"对此位无影响。
- rc_w0(read/clear)：软件可以读此位，也可以通过写"0"清除此位，写"1"对此位无影响。
- rc_r(read/clear by read)：软件可以读此位；读此位将自动地将它清除为"0"，写"0"对此位无影响。
- rs(read/set)：软件可以读也可以设置此位，写"0"对此位无影响。
- rt_w(read-only write trigger)：软件可以读此位；写"0"或"1"触发一个事件，但对此位数值没有影响。
- t(toggle)：软件只能通过写"1"来翻转此位，写"0"对此位无影响。
- Res.(Reserved)：保留位，必须保持默认值不变。

3.6.2　GPIO 配置寄存器描述

(1) 端口配置低寄存器(GPIOx_CRL)(x=A,B,…,E)，如图 3-11 所示。各位对应关系如表 3-3 所示。

31	30	29	28	27	26	25	24	23	22	21	20	19	18	17	16
CNF7[1:0]		MODE7[1:0]		CNF6[1:0]		MODE6[1:0]		CNF5[1:0]		MODE5[1:0]		CNF4[1:0]		MODE4[1:0]	
rw	rw	rw	rw	rw	rw	rw	rw	rw	rw	rw	rw	rw	rw	rw	rw

15	14	13	12	11	10	9	8	7	6	5	4	3	2	1	0
CNF3[1:0]		MODE3[1:0]		CNF2[1:0]		MODE2[1:0]		CNF1[1:0]		MODE1[1:0]		CNF0[1:0]		MODE0[1:0]	
rw	rw	rw	rw	rw	rw	rw	rw	rw	rw	rw	rw	rw	rw	rw	rw

图 3-11　端口配置低寄存器格式

表 3-3 GPIO 端口配置低寄存器配置方式

位	描 述
位 31:30 27:26 23:22 19:18 15:14 11:10 7:6 3:2	**CNFy[1:0]**：端口 x 配置位(y = 0,1,…,7) 软件通过这些位配置相应的 I/O 端口 在输入模式(MODE[1:0]=00)： 在输出模式(MODE[1:0]>00)： 00：模拟输入模式 00：通用推挽输出模式 01：浮空输入模式(复位后的状态) 01：通用开漏输出模式 10：上拉/下拉输入模式 10：复用功能推挽输出模式 11：保留 11：复用功能开漏输出模式
位 29:28 25:24 21:20 17:16 13:12 9:8 5:4 1:0	**MODEy[1:0]**：端口 x 的模式位(y=0,1,…,7) 软件通过这些位配置相应的 I/O 端口 00：输入模式(复位后的状态) 01：输出模式,最大速度 10MHz 10：输出模式,最大速度 2MHz 11：输出模式,最大速度 50MHz

（2）端口配置高寄存器(GPIOx_CRH)(x=A,B,…,E),如图 3-12 所示。各位对应关系如表 3-4 所示。

31 30	29 28	27 26	25 24	23 22	21 20	19 18	17 16
CNF15[1:0]	MODE15[1:0]	CNF14[1:0]	MODE14[1:0]	CNF13[1:0]	MODE13[1:0]	CNF12[1:0]	MODE12[1:0]
rw rw	rw rw	rw rw	rw rw	rw rw	rw rw	rw rw	rw rw

15 14	13 12	11 10	9 8	7 6	5 4	3 2	1 0
CNF11[1:0]	MODE11[1:0]	CNF10[1:0]	MODE10[1:0]	CNF9[1:0]	MODE9[1:0]	CNF8[1:0]	MODE8[1:0]
rw rw	rw rw	rw rw	rw rw	rw rw	rw rw	rw rw	rw rw

图 3-12 端口配置高寄存器格式

表 3-4 GPIO 端口配置高寄存器配置方式

位	描 述
位 31:30 27:26 23:22 19:18 15:14 11:10 7:6 3:2	**CNFy[1:0]**：端口 x 配置位(y=8,9,…,15) 软件通过这些位配置相应的 I/O 端口 在输入模式(MODE[1:0]=00)： 在输出模式(MODE[1:0]>00)： 00：模拟输入模式 00：通用推挽输出模式 01：浮空输入模式(复位后的状态) 01：通用开漏输出模式 10：上拉/下拉输入模式 10：复用功能推挽输出模式 11：保留 11：复用功能开漏输出模式

续表

位	描　　述
位	**MODEy[1:0]**：端口 x 的模式位（y＝8,9,…,15）
29:28	软件通过这些位配置相应的 I/O 端口
25:24	00：输入模式（复位后的状态）
21:20	01：输出模式,最大速度 10MHz
17:16	10：输出模式,最大速度 2MHz
13:12	11：输出模式,最大速度 50MHz
9:8	
5:4	
1:0	

例如,控制的是 LED 小灯,可以选择通用推挽输出模式,设置速度为 2MHz,实现代码为

```
GPIOB -> CRH = 0X22222222;
```

3.6.3　端口输出数据寄存器

端口输出数据寄存器（GPIOx_ODR）（x＝A,B,…,E）,如图 3-13 所示。各位对应关系如表 3-5 所示。

31	30	29	28	27	26	25	24	23	22	21	20	19	18	17	16
						保留									
rw	rw	rw	rw	rw	rw	rw	rw	rw	rw	rw	rw	rw	rw	rw	rw
15	14	13	12	11	10	9	8	7	6	5	4	3	2	1	0
ODR15	ODR14	ODR13	ODR12	ODR11	ODR10	ODR9	ODR8	ODR7	ODR6	ODR5	ODR4	ODR3	ODR2	ODR1	ODR0
rw	rw	rw	rw	rw	rw	rw	rw	rw	rw	rw	rw	rw	rw	rw	rw

图 3-13　端口输出数据寄存器格式

表 3-5　端口输出数据寄存器各位含义

位	描　　述
位 31:16	保留,始终读为 0
位 15:0	ODRy[15:0]：端口输出数据（y＝0,1,…,15）,这些位可读可写并只能以字节（16 位）的形式操作 注：对 GPIOx_BSRR（x＝A,B,…,E）,可以分别对各个 ODR 位进行独立地设置/清除

例如：

```
GPIOB -> ODR = 0X0000;   //灯灭
GPIOB -> ODR = 0XFFFF;   //灯亮
```

视频讲解

3.7　库函数操作

采用库函数控制流水灯,程序的可读性增强,代码维护方便,且操作简便。在主程序中输入以下代码：

```
1.  # include "stm32f10x.h"
2.  void Delay(__IO u32 nCount);
3.  int main(void)
4.  {
```

```
5.  GPIO_InitTypeDef GPIO_InitStructure;
6.  RCC_APB2PeriphClockCmd(RCC_APB2Periph_GPIOB, ENABLE);
7.  GPIO_InitStructure.GPIO_Pin = GPIO_Pin_All;
8.  GPIO_InitStructure.GPIO_Mode = GPIO_Mode_Out_PP;
9.  GPIO_InitStructure.GPIO_Speed = GPIO_Speed_50MHz;
10. GPIO_Init(GPIOB, &GPIO_InitStructure);
11. while (1)
12. {
13. GPIO_Write(GPIOA, 0xFFFF);
14. Delay(0x0FFFEF);
15. GPIO_Write(GPIOA, 0x0000);
16. Delay(0x0FFFEF);
17. }
18. }
19. void Delay(__IO u32 nCount)
20. {
21. for(; nCount != 0; nCount -- );
22. }
```

这段代码在完成了 LED 初始化后实现了小灯的闪烁。LED 初始化实际是库函数操作的核心,采用库函数来配置时钟、工作模式等与寄存器操作比较,库函数法的可读性增强了。

3.7.1 GPIO_Init 函数

在 main 文件中,第 10 行代码调用了 GPIO_Init 函数。通过《STM32F101xx 和 STM32F103xx 固件函数库》手册找到该库函数的原型,表 3-6 为函数 GPIO_Init 的具体说明。

表 3-6　函数 GPIO_Init

函　数　名	GPIO_Init
函数原型	Void GPIO_Init(GPIO_TypeDef * GPIOx,GPIO_InitTypeDef * GPIO_InitStruct)
功能描述	根据 GPIO_InitStruct 中指定的参数初始化外设 GPIOx 寄存器
输入参数 1	GPIOx: x 可以是 A、B、C、D 或者 E,用来选择 GPIO 外设
输入参数 2	GPIO_InitStruct:指向结构 GPIO_InitTypeDef 的指针,包含了外设 GPIO 的配置信息
输出参数	无
返回值	无
先决条件	无
被调用函数	无

第 5 行代码利用库定义了一个 GPIO_InitStructure 的结构体,结构体的类型为 GPIO_InitTypeDef;它是利用 typedef 定义的新类型。追踪其定义原型,知道它位于 stm32f10x_gpio.h 文件中,代码为

```
typedef struct
{
  uint16_t GPIO_Pin;
  GPIOSpeed_TypeDef GPIO_Speed;
  GPIOMode_TypeDef GPIO_Mode;
}GPIO_InitTypeDef;
```

通过这段代码可知,GPIO_InitTypeDef 类型的结构体有 3 个成员,分别为 uint16_t 类

型的 GPIO_Pin、GPIOSpeed_TypeDef 类型的 GPIO_Speed 及 GPIOMode_TypeDef 类型的
GPIO_Mode，下面分别解释这 3 个成员的含义。

1. GPIO_Pin

该参数选择待设置的 GPIO 引脚，使用操作符"|"可以一次选中多个引脚。可以使用
表 3-7 中的数据任意组合。

表 3-7　GPIO_Pin 值

GPIO_Pin	描　述
GPIO_Pin_None	无引脚被选中
GPIO_Pin_0	选中引脚 0
GPIO_Pin_1	选中引脚 1
GPIO_Pin_2	选中引脚 2
GPIO_Pin_3	选中引脚 3
GPIO_Pin_4	选中引脚 4
GPIO_Pin_5	选中引脚 5
GPIO_Pin_6	选中引脚 6
GPIO_Pin_7	选中引脚 7
GPIO_Pin_8	选中引脚 8
GPIO_Pin_9	选中引脚 9
GPIO_Pin_10	选中引脚 10
GPIO_Pin_11	选中引脚 11
GPIO_Pin_12	选中引脚 12
GPIO_Pin_13	选中引脚 13
GPIO_Pin_14	选中引脚 14
GPIO_Pin_15	选中引脚 15
GPIO_Pin_All	选中全部引脚

这些宏的值，就是允许给结构体成员 GPIO_Pin 赋的值，例如给 GPIO_Pin 赋值为宏
GPIO_Pin_0，表示选择了 GPIO 端口的第 0 个引脚，在后面会通过一个函数把这些宏的值
进行处理，设置相应的寄存器，实现对 GPIO 端口的配置。

2. GPIOSpeed

GPIOSpeed_TypeDef 库定义的新类型，GPIOSpeed_TypeDef 原型如下：

```
typedef enum
{
  GPIO_Speed_10MHz = 1,
  GPIO_Speed_2MHz,
  GPIO_Speed_50MHz
}GPIOSpeed_TypeDef;
```

这是一个枚举类型，定义了 3 个枚举常量，GPIO_Speed 值如表 3-8 所示。

表 3-8　GPIO_Speed 值

GPIO_Speed	描　述
GPIO_Speed_10MHz	最高输出速率为 10MHz
GPIO_Speed_2MHz	最高输出速率为 2MHz
GPIO_Speed_50MHz	最高输出速率为 50MHz

这些常量可用于标识 GPIO 引脚配置成的各自最高速度，所以在为结构体中的 GPIO_

Speed 赋值时,就可以直接用这些含义清晰地枚举标识符。

3. GPIOMode

GPIOMode_TypeDef 也是一个枚举类型定义符,具体含义如表 3-9 所示,其原型如下:

```
typedef enum
{
GPIO_Mode_AIN = 0x0,
  GPIO_Mode_IN_FLOATING = 0x04,
  GPIO_Mode_IPD = 0x28,
  GPIO_Mode_IPU = 0x48,
  GPIO_Mode_Out_OD = 0x14,
  GPIO_Mode_Out_PP = 0x10,
  GPIO_Mode_AF_OD = 0x1C,
  GPIO_Mode_AF_PP = 0x18
}GPIOMode_TypeDef;
```

表 3-9　GPIO_Mode 值

GPIO_Mode	描述
GPIO_Mode_AIN	模拟输入
GPIO_Mode_IN_FLOATING	浮空输入
GPIO_Mode_IPD	下拉输入
GPIO_Mode_IPU	上拉输入
GPIO_Mode_Out_OD	开漏输出
GPIO_Mode_Out_PP	推挽输出
GPIO_Mode_AF_OD	复用开漏输出
GPIO_Mode_AF_PP	复用推挽输出

这个枚举类型也定义了很多含义清晰的枚举常量,用来帮助配置 GPIO 引脚的模式,例如,GPIO_Mode_AIN 为模拟输入,GPIO_Mode_IN_FLOATING 为浮空输入模式。可以明白 GPIO_InitTypeDef 类型结构体的作用,整个结构体包含 GPIO_Pin、GPIO_Speed、GPIO_Mode 3 个成员,这 3 个成员赋予不同的数值可以对 GPIO 端口进行不同的配置,这些可配置的数值已经由 ST 的库文件封装成见名知义的枚举常量,这使编写代码变得非常简便。

3.7.2　RCC_APB2PeriphClockCmd

GPIO 所用的时钟 PCLK2 采用的默认值为 72MHz。采用默认值可以不修改分频器,但外设时钟默认处在关闭状态,所以外设时钟一般会在初始化外设时设置为开启,开启和关闭外设时钟采用封装好的库函数 RCC_APB2PeriphClockCmd(),该函数如表 3-10 所示。

表 3-10　RCC_APB2PeriphClockCmd()库函数

函　数　名	RCC_APB2PeriphClockCmd()
函数原型	void RCC_APB2PeriphClockCmd(u32 RCC_APB2Periph,FunctionalState NewState)
功能描述	使能或者失能 APB2 外设时钟
输入参数 1	RCC_APB2Periph:门控 APB2 外设时钟
输入参数 2	NewState:指定外设时钟的新状态
	这个参数可以取 ENABLE 或者 DISABLE

续表

函　数　名	RCC_APB2PeriphClockCmd()
输出参数	无
返回值	无
先决条件	无
被调用函数	无

该参数为门控的 APB2 外设时钟，可以取表 3-11 中的一个或者多个值的组合作为该参数的值。

表 3-11　APB2 外设时钟的取值参数

RCC_AHB2Periph	描　　述
RCC_APB2Periph_AFIO	功能复用
RCC_APB2Periph_GPIOA	GPIOA
RCC_APB2Periph_GPIOB	GPIOB
RCC_APB2Periph_GPIOC	GPIOC
RCC_APB2Periph_GPIOD	GPIOD
RCC_APB2Periph_GPIOE	GPIOE
RCC_APB2Periph_ADC1	ADC1
RCC_APB2Periph_ADC2	ADC2
RCC_APB2Periph_TIM1	TIM1
RCC_APB2Periph_SPI1	SPI1
RCC_APB2Periph_USART1	USART1
RCC_APB2Periph_ALL	全部

例如，使能 GPIOA、GPIOB 和 SPI1 时钟，代码为

```
RCC_APB2PeriphClockCmd(RCC_APB2Periph_GPIOA|RCC_APB2Periph_GPIOB|RCC_APB2Periph_SPI1,
ENABLE);//开放对应功能的时钟
```

3.7.3　控制 I/O 输出电平

前面选择好了引脚，配置了其功能及开启了相应的时钟，终于可以正式控制 I/O 端口的电平高低，从而实现控制 LED 灯的亮与灭。

要控制 GPIO 引脚的电平高低，只要在 GPIOx_BSRR 寄存器相应的位写入控制参数即可。ST 库也提供了具有这样功能的函数，可以分别用 GPIO_SetBits()（见表 3-12）控制输出高电平和 GPIO_ResetBits()（见表 3-13）控制输出低电平。GPIO_Write()可以向指定 GPIO 数据端口写入数据，如表 3-14 所示。

表 3-12　函数 GPIO_SetBits

函　数　名	GPIO_SetBits
函数原型	void GPIO_SetBits(GPIO_TypeDef * GPIOx, u16 GPIO_Pin)
功能描述	设置指定的数据端口位
输入参数 1	GPIOx：x 可以是 A、B、C、D 或者 E，用来选择 GPIO 外设
输入参数 2	GPIO_Pin：待设置的端口位
	该参数可以取 GPIO_Pin_x(x 可以是 0~15)的任意组合

续表

函 数 名	GPIO_SetBits
输出参数	无
返回值	无
先决条件	无
被调用函数	无

表 3-13　函数 GPIO_ResetBits

函 数 名	GPIO_ResetBits
函数原型	void GPIO_ResetBits(GPIO_TypeDef * GPIOx, u16 GPIO_Pin)
功能描述	清除指定的数据端口位
输入参数 1	GPIOx：x 可以是 A、B、C、D 或者 E，用来选择 GPIO 外设
输入参数 2	GPIO_Pin：待清除的端口位
	该参数可以取 GPIO_Pin_x(x 可以是 0～15)的任意组合
输出参数	无
返回值	无
先决条件	无
被调用函数	无

表 3-14　函数 GPIO_Write

函 数 名	GPIO_Write
函数原形	void GPIO_Write(GPIO_TypeDef * GPIOx, u16 PortVal)
功能描述	向指定 GPIO 数据端口写入数据
输入参数 1	GPIOx：x 可以是 A、B、C、D 或者 E，用来选择 GPIO 外设
输入参数 2	PortVal：待写入端口数据寄存器的值
输出参数	无
返回值	无
先决条件	无
被调用函数	无

例如，设置 GPIOA 端口引脚 10 和引脚 15 为高电平，代码为

```
GPIO_SetBits(GPIOA, GPIO_Pin_10 | GPIO_Pin_15);
```

例如，设置 GPIOA 端口引脚 10 和引脚 15 为低电平，代码为

```
GPIO_ResetBits(GPIOA,GPIO_Pin_10 | GPIO_Pin_15);
```

例如，设置 GPIOA 口，代码为

```
GPIO_Write(GPIOA, 0x1101);
```

3.8　数码管操作实例

视频讲解

通过数码管的例子，进一步说明 I/O 的使用方法。常用 GPIO 库函数，如表 3-15 所示，这些函数在以后的 I/O 控制中会陆续使用到。

表 3-15　GPIO 库函数

函　数　名	描　　述
GPIO_DeInit	将外设 GPIOx 寄存器重设为默认值
GPIO_AFIODeInit	将复用功能（重映射事件控制和 EXTI 设置）重设为默认值
GPIO_Init	根据 GPIO_InitStruct 中指定的参数初始化外设 GPIOx 寄存器
GPIO_StructInit	把 GPIO_InitStruct 中的每一个参数按默认值填入
GPIO_ReadInputDataBit	读取指定端口引脚的输入
GPIO_ReadInputData	读取指定的 GPIO 端口输入
GPIO_ReadOutputDataBit	读取指定端口引脚的输出
GPIO_ReadOutputData	读取指定的 GPIO 端口输出
GPIO_SetBits	设置指定的数据端口位
GPIO_ResetBits	清除指定的数据端口位
GPIO_WriteBit	设置或者清除指定的数据端口位
GPIO_Write	向指定 GPIO 数据端口写入数据
GPIO_PinLockConfig	锁定 GPIO 引脚设置寄存器
GPIO_EventOutputConfig	选择 GPIO 引脚用作事件输出
GPIO_EventOutputCmd	使能或者失能事件输出
GPIO_PinRemapConfig	改变指定引脚的映射
GPIO_EXTILineConfig	选择 GPIO 引脚用作外部中断线路

3.8.1　数码管基础知识

（1）一个数码管有 8 段，分别为 A、B、C、D、E、F、G、DP，即由 8 个发光二极管组成，如图 3-14 所示。

图 3-14　数码管示意图

（2）发光二极管导通的方向是一定的（导通电压一般取 1.7V），这 8 个发光二极管的公共端有两种，可以接+5V（即为共阳极数码管）或接地（即为共阴极数码管）。

（3）可分共阳极（公共端接高电平或+5V 电压）和共阴极（共低电平或接地）两种数码管。

① 共阳极数码管编码表。位选为高电平（即 1）选中数码管，各段选为低电平选中各数码段亮，由 0 到 f 的编码为

```
uchar code table[] = {0xc0,0xf9,0xa4,0xb0,0x99,0x92,0x82,
```

```
               0xf8,0x80,0x90,0x88,0x83,0xc6,0xa1,
               0x86,0x8e};
```

② 共阴极数码管编码表。位选为低电平(即 0)选中数码管,各段选为高电平选中各数码段亮,由 0 到 f 的编码为

```
uchar code table[ ] = {0x3f,0x06,0x5b,0x4f,0x66,0x6d,0x7d,
               0x07,0x7f,0x6f,0x77,0x7c,0x39,0x5e,
               0x79,0x71};
```

(4) 其中,每个段均有 0(不导通)和 1(导通发光)两种状态,但共阳极数码管和共阴极数码管显然是不同的。

(5) 它在程序中的应用是用一个 8 位二进制数表示,A 为最低位,……,F 为最高位(第 8 位)。

3.8.2 硬件电路设计

如图 3-15 所示的电路使用共阳极数码管,段选端接到 PB0～PB7,位选端接到 PB8～PB15,通过 PNP 三极管实现电流的放大,增加驱动能力,提高显示的亮度,当位选端为低电平时,三极管导通,段选端输入正确的数据,数码管就能实现正确的显示。

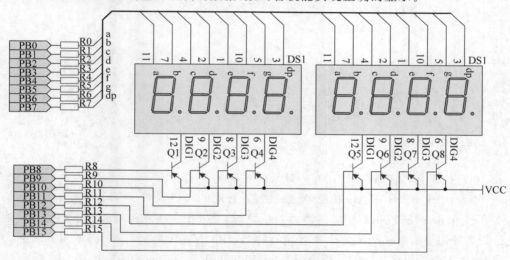

图 3-15 数码管接口电路

通过这个例子进一步了解 I/O 端口的库函数操作方法,以及 I/O 复用端口的设置问题。

3.8.3 软件说明

下面这段代码简单实现了数码管从 1～F 的亮灭,这里使用 RCC_APB2Periph_AFIO、GPIO_PinRemapConfig 的配置。下面对程序进行解释和说明。

STM32F10x 系列的 MCU 复位后,PA13/14/15 和 PB3/4 默认配置为 JTAG 功能。有时为了充分利用 STM32 I/O 端口的资源,会把这些端口设置为普通 I/O 端口。STM32 的 PB3、PB4 分别是 JTAG 的 JTDO 和 NJTRST 引脚,在没关闭 JTAG 功能之前,程序中配置不了这些引脚的功能。要配置这些引脚,首先要开启 AFIO 时钟,然后在 AFIO 中设置释放

这些引脚。

```
1.  # include "stm32f10x.h"
2.  void Delay(__IO u32 nCount);
3.  u8 table[] = {0xc0,0xf9,0xa4,0xb0,0x99,0x92,0x82,0xf8,\
4.  0x80,0x90,0x88,0x83,0xc6,0xa1,0x86,0x8e};
5.  u8 i;
6.  int main(void)
7.  {
8.
9.  GPIO_InitTypeDef GPIO_InitStructure;
10. RCC_APB2PeriphClockCmd(RCC_APB2Periph_AFIO | RCC_APB2Periph_GPIOB , ENABLE);
11. GPIO_PinRemapConfig(GPIO_Remap_SWJ_Disable,ENABLE);
12. GPIO_InitStructure.GPIO_Pin = GPIO_Pin_All;
13. GPIO_InitStructure.GPIO_Mode = GPIO_Mode_Out_PP;
14. GPIO_InitStructure.GPIO_Speed = GPIO_Speed_50MHz;
15. GPIO_Init(GPIOB, &GPIO_InitStructure);
16. while (1)
17. {
18. for(i = 0;i < 16;i++)
19. {
20. GPIO_Write(GPIOB, table[i]);
21. Delay(0x0FFFEF5);
22. if(i == 15) i = 0;
23. }
24. }
25. }
26. void Delay(__IO u32 nCount)
27. {
28. for(;nCount != 0; nCount -- );
29. }
30. void Delay(__IO u32 nCount)
31. {
32. for(; nCount != 0; nCount -- );
33. }
```

第 10 行代码：开启 AFIO 时钟和 GPIOB 的时钟。

第 11 行代码：禁用 JTAG 功能，重新映射为普通的 I/O 端口。

为了优化 64 引脚或 100 引脚封装的外设数目，可以把一些复用功能重新映射到其他引脚上。设置复用重映射和调试 I/O 配置寄存器（AFIO_MAPR）可实现引脚的重新映射。这时，复用功能不再映射到它们的原始分配上。GPIO_PinRemapConfig 函数如表 3-16 所示。

表 3-16　函数 GPIO_PinRemapConfig

函　数　名	GPIO_PinRemapConfig
函数原型	void GPIO_PinRemapConfig(u32 GPIO_Remap，FunctionalState NewState)
功能描述	改变指定引脚的映射
输入参数 1	GPIO_Remap：选择重映射的引脚
输入参数 2	NewState：引脚重映射的新状态
	这个参数可以取 ENABLE 或者 DISABLE
输出参数	无
返回值	无
先决条件	无
被调用函数	无

第12～15行：设置I/O的工作为推挽输出工作模式，速度为50MHz。

第26～33行：延时子程序。

第20行：把数码管对应的赋值给PB0～PB7口。注意：这里赋值是8位数据，PB8～PB15并没有给赋值，相当于高8位为低电平，根据图3-15可知，代码运行8个数码管，同时显示相同的数字。

参数GPIO_Remap用以选择用作事件输出的GPIO端口。表3-17给出了该参数可取的值。

表 3-17　GPIO_Remap

GPIO_Remap	描　述
GPIO_Remap_SPI1	SPI1复用功能映射
GPIO_Remap_I2C1	I2C1复用功能映射
GPIO_Remap_USART1	USART1复用功能映射
GPIO_PartialRemap_USART3	USART2复用功能映射
GPIO_FullRemap_USART3	USART3复用功能完全映射
GPIO_PartialRemap_TIM1	USART3复用功能部分映射
GPIO_FullRemap_TIM1	TIM1复用功能完全映射
GPIO_PartialRemap1_TIM2	TIM2复用功能部分映射1
GPIO_PartialRemap2_TIM2	TIM2复用功能部分映射2
GPIO_FullRemap_TIM2	TIM2复用功能完全映射
GPIO_PartialRemap_TIM3	TIM3复用功能部分映射
GPIO_FullRemap_TIM3	TIM3复用功能完全映射
GPIO_Remap_TIM4	TIM4复用功能映射
GPIO_Remap1_CAN	CAN复用功能映射1
GPIO_Remap2_CAN	CAN复用功能映射2
GPIO_Remap_PD01	PD01复用功能映射
GPIO_Remap_SWJ_NoJTRST	除JTRST外SWJ完全使能(JTAG+SW-DP)
GPIO_Remap_SWJ_JTAGDisable	JTAG-DP失能+SW-DP使能
GPIO_Remap_SWJ_Disable	SWJ完全失能(JTAG+SW-DP)

3.9　简单按键操作实例

视频讲解

显示模块I/O端口都是作为输出使用控制显示模块，本节通过简单按键控制，配合LED小灯，了解I/O端口的输入使用方法。按键被按下，LED小灯熄灭。图3-16为按键电路图。

主程序如下：

```
1.  # include "stm32f10x. h"
2.  # include "led. h"
3.  # include "key. h"
4.  int main(void)
5.  {
6.      LED_GPIO_Config();
7.      LED5(ON);
```

```
 8.        Key_GPIO_Config();
 9.        while(1)
10.        {
11.            if(Key_Scan(GPIOA,GPIO_Pin_0) == KEY_ON)
12.            {
13.                LED5(OFF);
14.            }
15.        }
16.    }
```

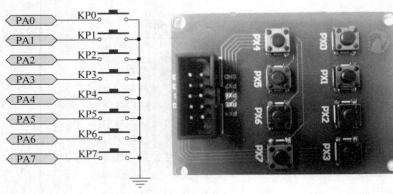

图 3-16　按键电路图

第 6 行代码配置 LED,和 3.7 节使用方法一致。

第 7 行代码是点亮 LED,采用对 I/O 端口的位操作函数实现,这里封装成一个函数 LED5(),就增强了程序的可读性。该函数定义在编写的 led.h 文件中,led.h 文件中代码如下:

```
17.  # ifndef __LED_H
18.  # define __LED_H

19.  # include "stm32f10x.h"
20.  # define ON 0
21.  # define OFF 1
22.  # define LED5(a)  if (a)  \
23.          GPIO_SetBits(GPIOB,GPIO_Pin_5);\
24.          else  \
25.          GPIO_ResetBits(GPIOB,GPIO_Pin_5)
26.  # define LED6(a)  if (a)  \
27.          GPIO_SetBits(GPIOB,GPIO_Pin_6);\
28.          else  \
29.          GPIO_ResetBits(GPIOB,GPIO_Pin_6)
30.  # define LED7(a)  if (a)  \
31.          GPIO_SetBits(GPIOB,GPIO_Pin_7);\
32.          else  \
33.          GPIO_ResetBits(GPIOB,GPIO_Pin_7)
34.  void LED_GPIO_Config(void);
35.  # endif
```

第 23~25 行代码实现了 LED 小灯的亮灭,是通过位操作函数 GPIO_SetBits(GPIOB, GPIO_Pin_5) 和 GPIO_ResetBits(GPIOB,GPIO_Pin_5)实现的。同理,第 26~33 行实现

了另外 2 个 LED 小灯的控制,这么做的好处是在主程序中代码可读性强,程序也便于维护。

第 8 行代码初始化按键操作子程序,具体代码为第 36~44 行。

第 11 行代码按键识别程序,检测 PA0 是否被按下,如果被按下,LED5 小灯熄灭。具体实现过程为第 45~60 行代码。

按键配置代码如下:

```
36.    void Key_GPIO_Config(void)
37.    {
38.        GPIO_InitTypeDef GPIO_InitStructure;
39.        RCC_APB2PeriphClockCmd(RCC_APB2Periph_GPIOA,ENABLE);
40.        GPIO_InitStructure.GPIO_Pin = GPIO_Pin_0;
41.        GPIO_InitStructure.GPIO_Speed = GPIO_Speed_10MHz;
42.        GPIO_InitStructure.GPIO_Mode = GPIO_Mode_IPU;
43.        GPIO_Init(GPIOA, &GPIO_InitStructure);
44.    }
```

按键初始化与 LED 初始化类似,其中第 42 行代码设置 PA 口为上拉输入模式。

按键识别代码如下:

```
45.    uint8_t Key_Scan(GPIO_TypeDef * GPIOx,u16 GPIO_Pin)
46.    {
47.        if(GPIO_ReadInputDataBit(GPIOx,GPIO_Pin) == KEY_ON)
48.        {
49.          Delay(10000);
50.            if(GPIO_ReadInputDataBit(GPIOx,GPIO_Pin) == KEY_ON)
51.            {
52.                while(GPIO_ReadInputDataBit(GPIOx,GPIO_Pin) == KEY_ON);
53.                    return KEY_ON;
54.            }
55.            else
56.                return KEY_OFF;
57.        }
58.        else
59.            return KEY_OFF;
60.    }
```

第 47 行代码利用 GPIO_ReadInputDataBit()函数读取输入数据,若从相应引脚读取的数据等于(KEY_ON),为低电平,表明可能有按键按下,调用延时函数;否则返回 KEY_OFF,表示按键没有被按下。

第 50 行代码,延时之后再次利用 GPIO_ReadInputDataBit()函数读取输入数据,若依然为低电平,则表明确实有按键被按下;否则返回 KEY_OFF,表示没有按键被按下。

第 52 行代码,循环调用 GPIO_ReadInputDataBit()函数(见表 3-18),一直检测按键的电平,直至按键被释放。释放后,返回表示按键被按下的标志 KEY_ON。

表 3-18　函数 GPIO_ReadInputDataBit

函　数　名	GPIO_ReadInputDataBit
函数原型	u8 GPIO_ReadInputDataBit(GPIO_TypeDef * GPIOx, u16 GPIO_Pin)
功能描述	读取指定端口引脚的输入

续表

函　数　名	GPIO_ReadInputDataBit
输入参数 1	GPIOx：x 可以是 A、B、C、D 或者 E，来选择 GPIO 外设
输入参数 2	GPIO_Pin：待读取的端口位
输出参数	无
返回值	输入端口引脚值
先决条件	无
被调用函数	无

3.10　本章小结

本章通过流水灯的例子进一步强化通过 MDK 建立工程的方法，配置的详细步骤。采用两种方法编程：寄存器法和库函数法。两种方法控制 I/O 的步骤和方法一致，寄存器法有助于帮助学习者更好地了解 STM32 的内部结构，而库函数法能让学习者更方便地编程。不管哪种方法，包括后面的应用，始终要遵循配置 I/O 的如下步骤。

（1）配置时钟。

（2）配置 I/O 工作模式，常用的工作模式为推挽输出模式和上拉输入模式。

（3）操作 I/O 端口（赋值或者读入数据）。

后期的串口操作，定时器操作，DMA 操作等部分内容，均是在这三步的基础上的扩展。这三步是配置的核心。

配置时钟，核心是了解时钟树，常用的功能主要用 APB2 和 APB1 时钟树相关联的库函数，常规操作 I/O 端口工作模式均用推挽输出模式和上拉输入模式，涉及总线操作用浮空模式，涉及模拟输入采用模拟输入模式，对于 I/O 端口的操作和一般微处理器操作没有不同，通过数码管操作实例和简单按键操作实例进一步强化 I/O 的使用步骤和方法。

3.11　习题

（1）简述通过 MDK 建立工程的方法。

（2）直接库函数操作和寄存器操作有哪些区别？

（3）分析 STM32 的时钟数结构。

（4）通用 GPIO 的初始化过程是什么？

（5）采用查询法编写按键识别代码。

（6）编写复杂流水灯程序，灯光闪烁的频率为一首歌曲的频率。

（7）利用数码管编写程序，动态显示 12345678。

（8）利用数码管和简单按键操作实例编写万年历代码，如 23-11-30，表示 2023 年 11 月 30 日，通过按键可以切换显示 10-30-45，表示 10 点 30 分 45 秒，可以通过按键修改时钟。

第4章

CHAPTER 4

中　　断

4.1　本章导读

中断是微控制器的核心,也是比较难入门的知识点,STM32有庞大的中断系统,通过中断向量管理器实现对中断的管理,通过本章学习,读者可以:

(1) 了解 STM32 中断和异常向量,常用的中断类型。

(2) 了解中断的基础知识,如中断优先级、中断控制器 NVIC、优先级分组等。

(3) 重点掌握外部中断的控制方法和步骤,了解每个步骤所代表的具体含义。

(4) 学习按键中断的控制方法。

4.2　STM32 中断和异常

视频讲解

ARM Cortex_M3 内核支持 256 个中断(16 个内核中断和 240 个外部中断)和可编程 256 级中断优先级的设置。然而,STM32 并没有全部使用 ARM Cortex-M3 内核,STM32 目前支持 84 个中断(16 个内核中断加上 68 个外部中断)及 16 级可编程中断优先级的设置。

由于 STM32 只能管理 16 级中断的优先级,所以只使用到中断优先级寄存器的高4位。

表 4-1 给出了 STM32F10xxx 产品的中断向量表,从该表中可以看出,优先级-3~6 为系统异常中断,7~56 为外部中断,这些中断使用方便灵活,是开发 STM32 的重点。

表 4-1　STM32F10xxx 产品的中断向量表(小容量、中容量和大容量)

位置	优先级	优先级类型	名　　称	说　　明	地　　址
—	—	—	—	保留	0x0000_0000
	-3	固定	Reset	复位	0x0000_0004
	-2	固定	NMI	不可屏蔽中断,RCC 时钟安全系统(CSS)连接到 NMI 向量	0x0000_0008
	-1	固定	HardFault	所有类型的失效	0x0000_000C
	0	可设置	MemManage	存储器管理	0x0000_0010
	1	可设置	BusFault	预取指失败,存储器访问失败	0x0000_0014

续表

位置	优先级	优先级类型	名 称	说 明	地址
	2	可设置	UsageFault	未定义的指令或非法状态	0x0000_0018
	—			保留	0x0000_001C
	3	可设置	SVCall	通过 SWI 指令的系统服务调用	0x0000_002C
	4	可设置	DebugMonitor	调试监控器	0x0000_0030
	—	—		保留	0x0000_0034
	5	可设置	PendSV	可挂起的系统服务	0x0000_0038
	6	可设置	SysTick	系统嘀嗒定时器	0x0000_003C
0	7	可设置	WWDG	窗口定时器中断	0x0000_0040
1	8	可设置	PVD	连到 EXTI 的电源电压检测(PVD)中断	0x0000_0044
2	9	可设置	TAMPER	侵入检测中断	0x0000_0048
3	10	可设置	RTC	实时时钟(RTC)全局中断	0x0000_004C
4	11	可设置	FLASH	闪存全局中断	0x0000_0050
5	12	可设置	RCC	复位和时钟控制(RCC)中断	0x0000_0054
6	13	可设置	EXTI0	EXTI 线 0 中断	0x0000_0058
7	14	可设置	EXTI1	EXTI 线 1 中断	0x0000_005C
8	15	可设置	EXTI2	EXTI 线 2 中断	0x0000_0060
9	16	可设置	EXTI3	EXTI 线 3 中断	0x0000_0064
10	17	可设置	EXTI4	EXTI 线 4 中断	0x0000_0068
11	18	可设置	DMA1 通道 1	DMA1 通道 1 全局中断	0x0000_006C
12	19	可设置	DMA1 通道 2	DMA1 通道 2 全局中断	0x0000_0070
13	20	可设置	DMA1 通道 3	DMA1 通道 3 全局中断	0x0000_0074
14	21	可设置	DMA1 通道 4	DMA1 通道 4 全局中断	0x0000_0078
15	22	可设置	DMA1 通道 5	DMA1 通道 5 全局中断	0x0000_007C
16	23	可设置	DMA1 通道 6	DMA1 通道 6 全局中断	0x0000_0080
17	24	可设置	DMA1 通道 7	DMA1 通道 7 全局中断	0x0000_0084
18	25	可设置	ADC1_2	ADC1 和 ADC2 的全局中断	0x0000_0088
19	26	可设置	USB_HP_CAN_TX	USB 高优先级或 CAN 发送中断	0x0000_008C
20	27	可设置	USB_LP_CAN_RX0	USB 低优先级或 CAN 接收 0 中断	0x0000_0090
21	28	可设置	CAN_RX1	CAN 接收 1 中断	0x0000_0094
22	29	可设置	CAN_SCE	CAN SCE 中断	0x0000_0098
23	30	可设置	EXTI9_5	EXTI 线[9:5]中断	0x0000_009C
24	31	可设置	TIM1_BRK	TIM1 刹车中断	0x0000_00A0
25	32	可设置	TIM1_UP	TIM1 更新中断	0x0000_00A4
26	33	可设置	TIM1_TRG_COM	TIM1 触发和通信中断	0x0000_00A8
27	34	可设置	TIM1_CC	TIM1 捕获比较中断	0x0000_00AC
28	35	可设置	TIM2	TIM2 全局中断	0x0000_00B0
29	36	可设置	TIM3	TIM3 全局中断	0x0000_00B4
30	37	可设置	TIM4	TIM4 全局中断	0x0000_00B8
31	38	可设置	I2C1_EV	I2C1 事件中断	0x0000_00BC
32	39	可设置	I2C1_ER	I2C1 错误中断	0x0000_00C0
33	40	可设置	I2C2_EV	I2C2 事件中断	0x0000_00C4

续表

位置	优先级	优先级类型	名　称	说　明	地址
34	41	可设置	I2C2_ER	I2C3 错误中断	0x0000_00C8
35	42	可设置	SPI1	SPI1 全局中断	0x0000_00CC
36	43	可设置	SPI2	SPI2 全局中断	0x0000_00D0
37	44	可设置	USART1	USART1 全局中断	0x0000_00D4
38	45	可设置	USART2	USART2 全局中断	0x0000_00D8
39	46	可设置	USART3	USART3 全局中断	0x0000_00DC
40	47	可设置	EXTI15_10	EXTI 线[15:10]中断	0x0000_00E0
41	48	可设置	RTCAlarm	连到 EXTI 的 RTC 闹钟中断	0x0000_00E4
42	49	可设置	USB 唤醒	连到 EXTI 的从 USB 待机唤醒中断	0x0000_00E8
43	50	可设置	TIM8_BRK	TIM8 刹车中断	0x0000_00EC
44	51	可设置	TIM8_UP	TIM8 更新中断	0x0000_00F0
45	52	可设置	TIM8_TRG_COM	TIM8 触发和通信中断	0x0000_00F4
46	53	可设置	TIM8_CC	TIM8 捕获比较中断	0x0000_00F8
47	54	可设置	ADC3	ADC3 全局中断	0x0000_00FC
48	55	可设置	FSMC	FSMC 全局中断	0x0000_0100
49	56	可设置	SDIO	SDIO 全局中断	0x0000_0104
50	57	可设置	TIM5	TIM5 全局中断	0x0000_0108
51	58	可设置	SPI3	SPI3 全局中断	0x0000_010C
52	59	可设置	UART4	UART4 全局中断	0x0000_0110
53	60	可设置	UART5	UART5 全局中断	0x0000_0114
54	61	可设置	TIM6	TIM6 全局中断	0x0000_0118
55	62	可设置	TIM7	TIM7 全局中断	0x0000_011C
56	63	可设置	DMA2 通道 1	DMA2 通道 1 全局中断	0x0000_0120
57	64	可设置	DMA2 通道 2	DMA2 通道 2 全局中断	0x0000_0124
58	65	可设置	DMA2 通道 3	DMA2 通道 3 全局中断	0x0000_0128
59	66	可设置	DMA2 通道 4_5	DMA2 通道 4 和 DMA2 通道 5 全局中断	0x0000_012C

4.3　STM32 中断相关的基本概念

STM32 的中断系统很复杂且内容很多,微处理器中断的概念和使用方法很接近,本节主要介绍 STM32 中断最为重要的两个概念,即中断优先级和中断向量的优先级组。

4.3.1　中断优先级

STM32 中有两个中断优先级,分别为抢占优先级和响应优先级。

具有高抢占优先级的中断可以在具有低抢占优先级的中断处理过程中响应,即中断嵌套,或者说高抢占优先级的中断可以嵌套低抢占优先级的中断。响应优先级也称作亚优先级或副优先级,每个中断源都需要指定这两种优先级。

当两个中断源的抢占优先级相同时,这两个中断没有嵌套关系,当一个中断到达后,如果正在处理另一个中断,那么这个后到达的中断就要等前一个中断处理完之后才能被处理。

如果两个中断同时到达,则中断控制器根据响应优先级的高低来决定先处理哪一个;如果抢占优先级和响应优先级相等,则根据它们在中断表中的排位顺序决定先处理哪一个。

（1）抢占优先级的库函数设置为

```
NVIC_InitStructure.NVIC_IRQChannelPreemptionPriority = x
```

其中,x 为 0~15,具体要看优先级组别的选择。

（2）响应优先级的库函数设置为

```
NVIC_InitStructure.NVIC_IRQChannelSubPriority= x
```

其中,x 为 0~15,具体要看优先级组别的选择。

注意　（1）优先级编号越小,其优先级别越高。

（2）只有抢占优先级高才可以抢占当前中断,如果抢占优先级编号相同,则先到达的先执行,后到达的即使响应优先级高也只能等着。只有同时到达时,才先执行高响应优先级的中断。

4.3.2　中断控制器 NVIC

STM32 的中断很多,通过中断控制器 NVIC 进行管理。当使用中断时,首先要进行 NVIC 的初始化,定义一个 NVIC_InitTypeDef 结构体类型,NVIC_InitTypeDef 定义于文件"stm32f10x_nvic.h"中。

```
1. typedef struct
2. {
3. u8 NVIC_IRQChannel;
4. u8 NVIC_IRQChannelPreemptionPriority;
5. u8 NVIC_IRQChannelSubPriority;
6. FunctionalState NVIC_IRQChannelCmd;
7. }NVIC_InitTypeDef
```

NVIC_InitTypeDef 结构体有 4 个成员。

第 3 行代码,NVIC_IRQChannel 为需要配置的中断向量,可设置的值如表 4-2 所示。

第 4 行代码,NVIC_IRQChannelPreemptionPriority 为配置中断向量的抢占优先级。

第 5 行代码,NVIC_IRQChannelSubPriority 为配置中断向量的响应优先级。

第 6 行代码,NVIC_IRQChannelCmd 使能或者关闭响应中断向量的中断响应。

表 4-2　NVIC_IRQChannel 值

NVIC_IRQChannel	描　　述
WWDG_IRQChannel	窗口看门狗中断
PVD_IRQChannel	PVD 通过 EXTI 探测中断
TAMPER_IRQChannel	篡改中断
RTC_IRQChannel	RTC 全局中断
FlashItf_IRQChannel	Flash 全局中断
RCC_IRQChannel	RCC 全局中断

NVIC_IRQChannel	描　述
EXTI0_IRQChannel	外部中断线 0 中断
EXTI1_IRQChannel	外部中断线 1 中断
EXTI2_IRQChannel	外部中断线 2 中断
EXTI3_IRQChannel	外部中断线 3 中断
EXTI4_IRQChannel	外部中断线 4 中断
DMAChannel1_IRQChannel	DMA 通道 1 中断
DMAChannel2_IRQChannel	DMA 通道 2 中断
DMAChannel3_IRQChannel	DMA 通道 3 中断
DMAChannel4_IRQChannel	DMA 通道 4 中断
DMAChannel5_IRQChannel	DMA 通道 5 中断
DMAChannel6_IRQChannel	DMA 通道 6 中断
DMAChannel7_IRQChannel	DMA 通道 7 中断
ADC_IRQChannel	ADC 全局中断
USB_HP_CANTX_IRQChannel	USB 高优先级或者 CAN 发送中断
USB_LP_CAN_RX0_IRQChannel	USB 低优先级或者 CAN 接收 0 中断
CAN_RX1_IRQChannel	CAN 接收 1 中断
CAN_SCE_IRQChannel	CAN SCE 中断
EXTI9_5_IRQChannel	外部中断线 9-5 中断
TIM1_BRK_IRQChannel	TIM1 暂停中断
TIM1_UP_IRQChannel	TIM1 刷新中断
TIM1_TRG_COM_IRQChannel	TIM1 触发和通信中断
TIM1_CC_IRQChannel	TIM1 捕获比较中断
TIM2_IRQChannel	TIM2 全局中断
TIM3_IRQChannel	TIM3 全局中断
TIM4_IRQChannel	TIM4 全局中断
I2C1_EV_IRQChannel	I2C1 事件中断
I2C1_ER_IRQChannel	I2C1 错误中断
I2C2_EV_IRQChannel	I2C2 事件中断
I2C2_ER_IRQChannel	I2C2 错误中断
SPI1_IRQChannel	SPI1 全局中断
SPI2_IRQChannel	SPI2 全局中断
USART1_IRQChannel	USART1 全局中断
USART2_IRQChannel	USART2 全局中断
USART3_IRQChannel	USART3 全局中断
EXTI15_10_IRQChannel	外部中断线 15-10 中断
RTCAlarm_IRQChannel	RTC 闹钟通过 EXTI 线中断
USBWakeUp_IRQChannel	USB 通过 EXTI 线从悬挂唤醒中断

4.3.3　NVIC 的中断向量优先级组

配置优先级时,还要注意一个很重要的问题——中断种类的数量,表 4-3 为中断向量优先级分组。NVIC 只可以配置 16 种中断向量的优先级,也就是说,抢占优先级和响应优先级的数量由一个 4 位的数字来决定,把这个 4 位数字的位数分配成抢占优先级部分和响应优先级部分。

表 4-3 中断向量优先级分组

NVIC_PriorityGroup	中断向量 抢占优先级	中断向量 响应优先级	描　　述
NVIC_PriorityGroup_0	0	0~15	抢占优先级 0 位,响应优先级 4 位
NVIC_PriorityGroup_1	1~0	0~7	抢占优先级 1 位,响应优先级 3 位
NVIC_PriorityGroup_2	3~0	0~3	抢占优先级 2 位,响应优先级 2 位
NVIC_PriorityGroup_3	7~0	0~1	抢占优先级 3 位,响应优先级 1 位
NVIC_PriorityGroup_4	15	0	抢占优先级 4 位,响应优先级 0 位

若选中 NVIC_PriorityGroup_0,则参数 NVIC_IRQChannelPreemptionPriority 对中断通道的设置不产生影响。

若选中 NVIC_PriorityGroup_4,则参数 NVIC_IRQChannelSubPriority 对中断通道的设置不产生影响。

假如选择了第 3 组,那么抢占优先级就从 000~111 这 8 个中选择,在程序中给不同的中断以不同的抢占优先级,号码范围是 0~7;而响应优先级只有 1 位,所以即使要设置 3、4 个甚至最多的 16 个中断,在响应优先级这一项也只能赋予 0 或 1。

所以,8 个抢占优先级×2 个响应优先级＝16 种优先级,这与上文所述的 STM32 只能管理 16 级中断的优先级相符。

4.4　外部中断

视频讲解

对于互联型产品,外部中断/事件控制器由 20 个产生事件/中断请求的边沿检测器组成,对于其他产品,则有 19 个能产生事件/中断请求的边沿检测器。每个输入线可以独立配置输入类型(脉冲或挂起)和对应的触发事件(上升沿或下降沿或者双边沿都触发)。每个输入线都可以独立地屏蔽。挂起寄存器保持着状态线的中断请求。

4.4.1　外部中断基本情况

STM32 中,每一个 GPIO 都可以触发一个外部中断,GPIO 的中断是以组为单位的,同组间的外部中断同一时间只能使用一个。例如,PA0、PB0、PC0、PD0、PE0、PF0 和 PG0 为一组,如果使用 PA0 作为外部中断源,那么别的就不能够再使用,在此情况下,只能使用类似于 PB1、PC2 这种末端序号不同的外部中断源。外部中断通用 I/O 映像,如图 4-1 所示。

每一组使用一个中断标志 EXTIx。EXTI0~EXTI4 这 5 个外部中断有着各自单独的中断响应函数,EXTI5~EXTI9 共用一个中断响应函数,EXTI10~EXTI15 共用一个中断响应函数。

通过 AFIO_EXTICRx 配置 GPIO 线上的外部中断/事件,必须先使能 AFIO 时钟。另外 4 个 EXTI 线的连接方式如下。

(1) EXTI 线 16 连接到 PVD 输出。

在AFIO_EXTICR1寄存器的EXTI0[3:0]

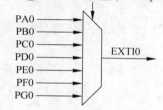

在AFIO_EXTICR1寄存器的EXTI1[3:0]

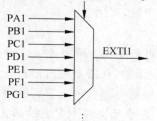

在AFIO_EXTICR1寄存器的EXTI15[3:0]

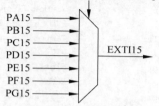

图 4-1　外部中断通用 I/O 映像

（2）EXTI 线 17 连接到 RTC 闹钟事件。

（3）EXTI 线 18 连接到 USB 唤醒事件。

（4）EXTI 线 19 连接到以太网唤醒事件（只适用于互联型产品）。

4.4.2　使用外部中断的基本步骤

下面以外部中断为例，说明配置外部中断方法和步骤。

（1）使能 EXTIx 线的时钟和第二功能 AFIO 时钟。

AFIO（Alternate-Function IO）指 GPIO 端口的复用功能，GPIO 除了普通的输入输出功能（主功能）外，还可以作为片上外设的复用输入输出口，如串口、ADC，这些就是复用功能。大多数 GPIO 都有一个默认复用功能，有的 GPIO 还有重映射功能。重映射功能是指把原来属于 A 引脚的默认复用功能，转移到 B 引脚进行使用，前提是 B 引脚具有这个重映射功能。当把 GPIO 用作 EXTI 外部中断或使用重映射功能时，必须开启 AFIO 时钟，而在使用默认复用功能时，不必开启 AFIO 时钟。

（2）配置 EXTIx 线的中断优先级。

（3）配置 EXTI 中断线 I/O。

（4）选定要配置为 EXTI 的 I/O 端口线。

（5）配置 EXTI 中断线工作模式。

（6）编写中断服务代码。

```
void EXTI0_IRQHandler(void)
{
    if(EXTI_GetITStatus(EXTI_Line0) != RESET)      //确保是否产生了 EXTI Line0 中断
    {
        ……
        EXTI_ClearITPendingBit(EXTI_Line0);      //清除中断标志位 EXTI_Line0
    }
}
```

其内容比较容易理解，进入中断后，调用库函数 EXTI_GetITStatus()来重新检查是否产生了 EXTI_Line 中断，操作完毕后，调用 EXTI_ClearITPendingBit()清除中断标志位再退出中断服务函数。

stm32f10x_it.c 文件是专门用来存放中断服务函数的。文件中默认只有几个关于系统异常的中断服务函数，而且都是空函数，在需要的时候自行编写。那么中断服务函数名是不是可以自己定义呢？不可以。中断服务函数的名字必须要与启动文件 startup_stm32f10x_hd.s 中的中断向量表定义一致。在启动文件中定义的部分向量表见代码：

```
; External Interrupts
        DCD   WWDG_IRQHandler              ; Window Watchdog
        DCD   PVD_IRQHandler               ; PVD through EXTI Line detect
        DCD   TAMPER_IRQHandler            ; Tamper
        DCD   RTC_IRQHandler               ; RTC
        DCD   FLASH_IRQHandler             ; Flash
        DCD   RCC_IRQHandler               ; RCC
        DCD   EXTI0_IRQHandler             ; EXTI Line 0
        DCD   EXTI1_IRQHandler             ; EXTI Line 1
        DCD   EXTI2_IRQHandler             ; EXTI Line 2
        DCD   EXTI3_IRQHandler             ; EXTI Line 3
        DCD   EXTI4_IRQHandler             ; EXTI Line 4
        DCD   DMA1_Channel1_IRQHandler     ; DMA1 Channel 1
        DCD   DMA1_Channel2_IRQHandler     ; DMA1 Channel 2
        DCD   DMA1_Channel3_IRQHandler     ; DMA1 Channel 3
        DCD   DMA1_Channel4_IRQHandler     ; DMA1 Channel 4
        DCD   DMA1_Channel5_IRQHandler     ; DMA1 Channel 5
        DCD   DMA1_Channel6_IRQHandler     ; DMA1 Channel 6
        DCD   DMA1_Channel7_IRQHandler     ; DMA1 Channel 7
        DCD   ADC1_2_IRQHandler            ; ADC1 & ADC2
        DCD   USB_HP_CAN1_TX_IRQHandler    ; USB High Priority or CAN1 TX
        DCD   USB_LP_CAN1_RX0_IRQHandler   ; USB Low Priority or CAN1 RX0
        DCD   CAN1_RX1_IRQHandler          ; CAN1 RX1
        DCD   CAN1_SCE_IRQHandler          ; CAN1 SCE
        DCD   EXTI9_5_IRQHandler           ; EXTI Line 9..5
        DCD   TIM1_BRK_IRQHandler          ; TIM1 Break
        DCD   TIM1_UP_IRQHandler           ; TIM1 Update
        DCD   TIM1_TRG_COM_IRQHandler      ; TIM1 Trigger and Commutation
        DCD   TIM1_CC_IRQHandler           ; TIM1 Capture Compare
        DCD   TIM2_IRQHandler              ; TIM2
        DCD   TIM3_IRQHandler              ; TIM3
        DCD   TIM4_IRQHandler              ; TIM4
        DCD   I2C1_EV_IRQHandler           ; I2C1 Event
        DCD   I2C1_ER_IRQHandler           ; I2C1 Error
        DCD   I2C2_EV_IRQHandler           ; I2C2 Event
```

```
DCD   I2C2_ER_IRQHandler          ; I2C2 Error
DCD   SPI1_IRQHandler             ; SPI1
DCD   SPI2_IRQHandler             ; SPI2
DCD   USART1_IRQHandler           ; USART1
DCD   USART2_IRQHandler           ; USART2
DCD   USART3_IRQHandler           ; USART3
DCD   EXTI15_10_IRQHandler        ; EXTI Line 15..10
DCD   RTCAlarm_IRQHandler         ; RTC Alarm through EXTI Line
DCD   USBWakeUp_IRQHandler        ; USB Wakeup from suspend
DCD   TIM8_BRK_IRQHandler         ; TIM8 Break
DCD   TIM8_UP_IRQHandler          ; TIM8 Update
DCD   TIM8_TRG_COM_IRQHandler     ; TIM8 Trigger and Commutation
DCD   TIM8_CC_IRQHandler          ; TIM8 Capture Compare
DCD   ADC3_IRQHandler             ; ADC3
DCD   FSMC_IRQHandler             ; FSMC
DCD   SDIO_IRQHandler             ; SDIO
DCD   TIM5_IRQHandler             ; TIM5
DCD   SPI3_IRQHandler             ; SPI3
DCD   UART4_IRQHandler            ; UART4
DCD   UART5_IRQHandler            ; UART5
DCD   TIM6_IRQHandler             ; TIM6
DCD   TIM7_IRQHandler             ; TIM7
DCD   DMA2_Channel1_IRQHandler    ; DMA2 Channel1
DCD   DMA2_Channel2_IRQHandler    ; DMA2 Channel2
DCD   DMA2_Channel3_IRQHandler    ; DMA2 Channel3
DCD   DMA2_Channel4_5_IRQHandler  ; DMA2 Channel4 & Channel5
```

4.5 单个按键中断操作实例

视频讲解

本例通过采用外部中断来识别按键的方法,进一步掌握中断的使用方法,编程采用 Top-Down(自上向下)方法,先写结构,然后一点一点填充。

中断程序经常用到的文件如下。

- stm32f10x_exti.c:包含支持 EXTI 配置和操作的相关库函数;
- misc.c:包含 NVIC 的配置函数;
- stm32f10x_it.c:编写中断服务函数。

顶层设计:main 函数前是函数声明,main 函数体中都是调用初始化配置函数,然后进入死循环,等待中断响应,EXTI_PA0_Config()是中断配置的子程序,一般通过 PA0 实现外部中断的配置(图 3-16 为按键电路,PA0 对应其中一个按键)。

下面是中断处理代码,结合第 3 章介绍的按键和 LED 电路,采用中断的方式,实现按键的基本功能。

主程序如下:

```
1.  # include "stm32f10x.h"
2.  # include "led.h"
3.  # include "exti.h"
4.  int main(void)
5.  {
6.    LED_GPIO_Config();
```

```
7.   LED1_ON;
8.   EXTI_PA0_Config();
9.   while(1)
10.  {
11.  }
12. }
```

第 6 行 LED 初始化。

第 7 行点亮一盏 LED 小灯，读者注意与第 3 章的 LED5（ON）的不同，通过阅读源码比较。

第 8 行采用外部中断来配置按键。

EXTI_PA0_Config()代码：

```
13. void EXTI_PA0_Config(void)
14. {
15. GPIO_InitTypeDef GPIO_InitStructure;
16. EXTI_InitTypeDef EXTI_InitStructure;
17. NVIC_InitTypeDef NVIC_InitStructure;
```

步骤 1：使能 EXTIx 线的时钟和第二功能 AFIO 时钟。

```
18. RCC_APB2PeriphClockCmd(RCC_APB2Periph_GPIOA|RCC_APB2Periph_AFIO,ENABLE);
```

步骤 2：配置 EXTIx 线的中断优先级。

```
19. NVIC_PriorityGroupConfig(NVIC_PriorityGroup_1);
20. NVIC_InitStructure.NVIC_IRQChannel = EXTI0_IRQn;
21. NVIC_InitStructure.NVIC_IRQChannelPreemptionPriority = 0;
22. NVIC_InitStructure.NVIC_IRQChannelSubPriority = 0;
23. NVIC_InitStructure.NVIC_IRQChannelCmd = ENABLE;
24. NVIC_Init(&NVIC_InitStructure);
```

第 19 行配置 NVIC 为优先级组 1。

第 20 行配置中断源，外部中断 0。

第 21 行配置抢占优先级 0。

第 22 行配置响应优先级 0。

第 23 行使能中断通道。

步骤 3：配置 EXTI 中断线 I/O。

```
25. GPIO_InitStructure.GPIO_Pin = GPIO_Pin_0;
26. GPIO_InitStructure.GPIO_Mode = GPIO_Mode_IPU;
27. GPIO_Init(GPIOA,&GPIO_InitStructure);
```

第 25 行选择按键用的 I/O 端口，这里选择 O 口。

第 26 行设置 I/O 工作模式，上拉输入模式。

步骤 4：选定要配置为 EXTI 的 I/O 端口线。

```
28. GPIO_EXTILineConfig(GPIO_PortSourceGPIOA,GPIO_PinSource0);
```

步骤 5：EXTI 中断线工作模式配置。

```
29. EXTI_InitStructure.EXTI_Line = EXTI_Line0;
30. EXTI_InitStructure.EXTI_Mode = EXTI_Mode_Interrupt;
31. EXTI_InitStructure.EXTI_Trigger = EXTI_Trigger_Falling;
```

```
32.    EXTI_InitStructure.EXTI_LineCmd = ENABLE;
33.    EXTI_Init(&EXTI_InitStructure);
34.    }
```

第 29 行选择 EXTI 信号源。

第 30 行设置 EXTI 为中断模式。

第 31 行设置中断触发方式,下降沿触发。

第 32 行使能中断。

步骤 6:编写中断服务程序。

当产生中断后,通过小灯状态的变化来判断按键是否被按下,STM32 不像 C51 单片机那样,可以用 interrupt 关键字来定义中断响应函数,STM32 的中断响应函数接口存在中断向量表中,是由启动代码给出的。默认的中断响应函数在 stm32f10x_it.c 中。因此需要把这个文件加入到工程中。

```
void EXTI0_IRQHandler(void)
{
        //点亮 LED 灯等之类的代码
        GPIO_SetBits(GPIOB,GPIO_Pin_6);
        //清空中断标志位,防止持续进入中断
        EXTI_ClearITPendingBit(EXTI_Line0);
}
```

4.6 多个按键中断操作实例

多个按键中断方法和单个按键中断方法类似,但是多个按键中断涉及优先级的问题,在这里再举一个例子,读者在学习本节内容之后,可以结合个人实际,编写一个类似的代码。

仍然从主程序开始编写代码,当按键响应后,可以执行任何一个表征这个中断实现的功能,如 LED 的亮灭,或者对应按键,数码管显示对应数字,原理都是一样的。本案例采用中断实现 4 个按键的识别,当"1"号按键按下时,对应数码管显示 1,以此类推。

首先编写主要程序,分析一下,需要有数码管对应 I/O 的配置子函数和数码管对应显示数字的子程序,为了便于管理这两个子程序,单独新建一个 smg.c 文件,当然还应该对应一个 smg.h 文件,当新建了一个 .h 文件,应该在软件中设置这个 .h 文件的路径,否则在编译过程中会出现找不到对应的函数的错误,如图 4-2 所示,添加一个新的文件路径。

把按键外部中断配置的相关函数也单独放在一个文件中,如可以命名为 exti.c 和 exti.h,以此类推。采用模块化编程的好处是便于工程管理和调试,也利于维护工程项目。经过这样分析,会发现一共需要以下几个文件。

- stm32f10x_exti.c:包含支持 EXTI 配置和操作的相关库函数。
- misc.c:包含 NVIC 的配置函数。
- stm32f10x_it.c:编写中断服务函数。
- main.c:主程序。
- exti.c:按键中断相关的函数代码。
- smg.c:数码管相关的函数代码。

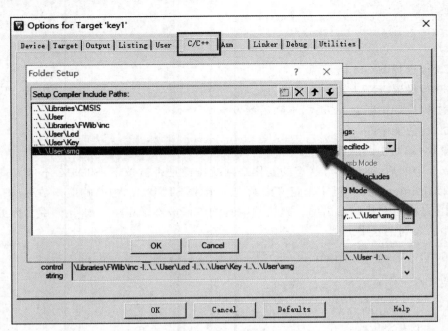

图 4-2　添加文件路径

　　把这个工程完善起来，然后一点一点编写代码。这样编写代码的好处就是条理特别清楚。当然，还少不了其他几个重要库函数，如 stm32f10x_rcc.c、stm32f10x_gpio.c 等，如图 4-3 所示。

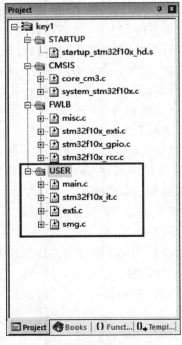

图 4-3　软件结构

真正需要编写的就是 USER 目录下的几个文件,这也是建立工程为什么把.c 文件划分出这么多层次的原因,这样做的目的是方便管理和使用,软件主界面如图 4-4 所示。

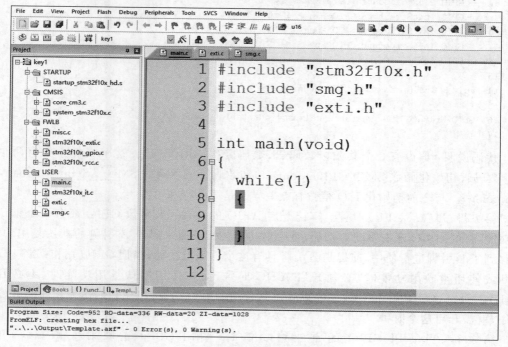

图 4-4　软件主界面

虽然还没有真正开始编写 exti.c 和 smg.c 文件,但是要先把主程序框架建立起来。大家会发现在主程序的头文件中并没有包含 stm32f10x_rcc.h 头文件,这是因为时钟都是通过子程序调用的,在 exti.c 和 smg.c 两个文件中需要包含该文件,main.c 文件里面的头文件♯include "smg.h"和♯include "exti.h"非常重要,重要的函数都是通过这两个自建的头文件来实现的。编译后,发现工程没有错误。养成边写代码边编译的好习惯,小的错误能及时发现,当熟悉了编程,就不用这么麻烦了,可以一气呵成! 这里重点编写 3 个函数:exit.c、smg.c、stm32f10x_it.c,而 main.c 主要就是实现函数的调用,相当于总体架构。下面具体分析每个函数以及都需要编写哪些子程序。

(1) smg.c:数码管初始化子程序和显示子程序。

(2) exit.c:中断初始化子程序和按键初始化子程序(按键初始化子程序也可以单独建立一个 key.c 文件)。

(3) stm32f10x_it.c:4 个中断的子程序。

smg.c 代码如下:

```
1.    # include "stm32f10x.h"
2.    u16 duantable[] = {0x00c0,0x00f9,0x00a4,0x00b0,0x0099,0x0092,0x0082,0x00f8,
                    0x0080,0x0090,0x0088,0x0083,0x00c6,0x00a1,0x0086,0x008e};
3.    u16 weitable[] = {0x7f00,0xbf00,0xdf00,0xef00,0xf700,0xfb00,0xfd00,0xfe00};
4.    void SMG_GPIO_Config(void)
5.    {
6.      GPIO_InitTypeDef GPIO_InitStructure;
```

```
7.    RCC_APB2PeriphClockCmd(RCC_APB2Periph_AFIO |
                              RCC_APB2Periph_GPIOB, ENABLE);
8.    GPIO_PinRemapConfig(GPIO_Remap_SWJ_Disable,ENABLE);
9.    GPIO_InitStructure.GPIO_Pin = GPIO_Pin_All;
10.   GPIO_InitStructure.GPIO_Mode = GPIO_Mode_Out_PP;
11.   GPIO_InitStructure.GPIO_Speed = GPIO_Speed_50MHz;
12.   GPIO_Init(GPIOB, &GPIO_InitStructure);
13.   }
14.   void SMG_XS( int weixuan, int duanxuan)
15.   {
16.   GPIO_Write(GPIOB, weitable[weixuan]|duantable[duanxuan]);
17.   }
```

代码说明：假设有 8 个共阳极数码管，数码管接 GPIOB 口。这个文件主要有两个函数：数码管初始化函数 SMG_GPIO_Config() 和数码管显示函数 SMG_XS(int weixuan,int duanxuan)。与之前初始化 I/O 稍微有点差异的是第 9 行和第 10 行。

第 7 行，开启了 AFIO 时钟。牢记开启 AFIO 的条件：大多数 GPIO 都有一个默认复用功能，有的 GPIO 还有重映射功能，重映射功能是指把原来属于 A 引脚的默认复用功能，转移到了 B 引脚进行使用，前提是 B 引脚具有这个重映射功能，当把 GPIO 用作 EXTI 外部中断或使用重映射功能时，必须开启 AFIO 时钟，而在使用默认复用功能时，不必开启 AFIO 时钟。这里 PB3 和 PB4 本身默认不是普通的 I/O 功能，想让它们作为普通的 I/O 来使用，就需开启这个时钟。

第 8 行，当使用 GPIO 的重映射功能时，调用 GPIO 重映射库函数 GPIO_PinRemapConfig() 开启此功能。如表 4-4 所示是官方的数据手册给出的 PB3 和 PB4 端口说明。

表 4-4　PB3 和 PB4 端口说明

引 脚 编 号						引脚 名称	类 型	I/O 电平	主功能 (复位后)	可选的复用功能	
LFBGA100	LQFP48	TFBGA64	LQFP64	LQFP100	VFQFPN36					默认复用功能	重定义功能
C6	—	—	—	87	—	PD6	I/O	FT	PD6		USART2_RX
C6	—	—	—	88	—	PD7	I/O	FT	PD7		USART2_CK
A7	39	A5	55	89	30	PB3	I/O	FT	JTDO		PB3/ TRACESWO TIM2_CH2/ SPI1_SCK
A6	40	A4	56	90	31	PB4	I/O	FT	NJTRST		PB4/TIM3_ CH1/SPI1_ MISO
C5	41	C4	57	91	32	PB5	I/O		PB5	I2C1_SMBAI	TIM3_CH2/ SPI1_MOSI

第 14 行代码，数码管显示函数，如第 5 位显示 1，可以直接调用函数 SMG_XS(5,1)，这样使用起来方便。

第 16 行代码，就是给端口赋值，由于 STM32 是 16 位端口，所以做了一个按位或运算，直接一次性给 B 口赋值即可。对应 smg.h 文件如下：

```
1.    #ifndef __SMG_H
2.    #define __SMG_H
```

```
3.    # include "stm32f10x. h"
4.    void SMG_GPIO_Config(void);
5.    void SMG_XS( int weixuan, int duanxuan);
6.    extern  u16   duantable[ ];
7.    extern  u16   weitable[ ];
8.    # endif
```

第1、2、8行参考STM32本身系统库函数头文件的写法,是为了防止被重复引用的一种表述。

第4、5、6、7行,是声明函数和数组,这样通过引用.h文件就可以直接调用smg.c的函数。

exit.c 代码如下:

```
1.    # include "stm32f10x. h"
2.    void KEY_Init(void)
3.    {
4.        GPIO_InitTypeDef GPIO_InitStructure;
5.        RCC_APB2PeriphClockCmd(RCC_APB2Periph_GPIOA,ENABLE);
6.        GPIO_InitStructure.GPIO_Pin = GPIO_Pin_0|GPIO_Pin_1|GPIO_Pin_2|GPIO_Pin_3;
7.        GPIO_InitStructure.GPIO_Mode = GPIO_Mode_IPU;
8.        GPIO_Init(GPIOA, &GPIO_InitStructure);
9.    }
10.   void EXTIX_Init(void)
11.   {
12.       EXTI_InitTypeDef EXTI_InitStructure;
13.       NVIC_InitTypeDef NVIC_InitStructure;
14.       NVIC_PriorityGroupConfig(NVIC_PriorityGroup_2);
15.       KEY_Init();
16.       RCC_APB2PeriphClockCmd(RCC_APB2Periph_AFIO,ENABLE);
17.       GPIO_EXTILineConfig(GPIO_PortSourceGPIOA,GPIO_PinSource0);
18.       EXTI_InitStructure.EXTI_Line = EXTI_Line0;          //KEY0
19.       EXTI_InitStructure.EXTI_Mode = EXTI_Mode_Interrupt;
20.       EXTI_InitStructure.EXTI_Trigger = EXTI_Trigger_Falling;
21.       EXTI_InitStructure.EXTI_LineCmd = ENABLE;
22.       EXTI_Init(&EXTI_InitStructure);
23.       GPIO_EXTILineConfig(GPIO_PortSourceGPIOA,GPIO_PinSource1);
24.       EXTI_InitStructure.EXTI_Line = EXTI_Line1;
25.       EXTI_Init(&EXTI_InitStructure);
26.       GPIO_EXTILineConfig(GPIO_PortSourceGPIOA,GPIO_PinSource2);
27.       EXTI_InitStructure.EXTI_Line = EXTI_Line4;
28.       EXTI_Init(&EXTI_InitStructure);
29.       GPIO_EXTILineConfig(GPIO_PortSourceGPIOA,GPIO_PinSource3);
30.       EXTI_InitStructure.EXTI_Line = EXTI_Line3;
31.       EXTI_Init(&EXTI_InitStructure);
32.       NVIC_InitStructure.NVIC_IRQChannel = EXTI0_IRQn;
33.       NVIC_InitStructure.NVIC_IRQChannelPreemptionPriority = 0x02;
34.       NVIC_InitStructure.NVIC_IRQChannelSubPriority = 0x03;
35.       NVIC_InitStructure.NVIC_IRQChannelCmd = ENABLE;
36.       NVIC_Init(&NVIC_InitStructure);
37.       NVIC_InitStructure.NVIC_IRQChannel = EXTI1_IRQn;
38.       NVIC_InitStructure.NVIC_IRQChannelPreemptionPriority = 0x02;
39.       NVIC_InitStructure.NVIC_IRQChannelSubPriority = 0x02;
40.       NVIC_InitStructure.NVIC_IRQChannelCmd = ENABLE;
```

```
41.    NVIC_Init(&NVIC_InitStructure);
42.    NVIC_InitStructure.NVIC_IRQChannel = EXTI2_IRQn;
43.    NVIC_InitStructure.NVIC_IRQChannelPreemptionPriority = 0x02;
44.    NVIC_InitStructure.NVIC_IRQChannelSubPriority = 0x01;
45.    NVIC_InitStructure.NVIC_IRQChannelCmd = ENABLE;
46.    NVIC_Init(&NVIC_InitStructure);
47.    NVIC_InitStructure.NVIC_IRQChannel = EXTI3_IRQn;
48.    NVIC_InitStructure.NVIC_IRQChannelPreemptionPriority = 0x02;
49.    NVIC_InitStructure.NVIC_IRQChannelSubPriority = 0x00;
50.    NVIC_InitStructure.NVIC_IRQChannelCmd = ENABLE;
51.    NVIC_Init(&NVIC_InitStructure);
52. }
53. void delay_ms(u16 nms)
54. {
55.  int i,j,k;
56.   for(i = 0;i < nms;i++)
57.     for(j = 0;j < 40;j++)
58.       for(k = 0;k < 200;k++);
59. }
```

第 2 行～第 9 行，初始化按键的 I/O 端口，这里使用 PA 口的 0～3 号引脚。

第 14 行，设置 NVIC 中断分组 2，2 位的抢占优先级，2 位的响应优先级。

第 18～31 行，配置中断线及中断初始化配置，下降沿触发。

第 32～51 行，设置中断优先级，子优先级设置为 4 级。

第 53～58 行，延时子程序，用于按键消除抖动。

exti. h 文件代码如下：

```
1.  # ifndef __EXTI_H
2.  # define __EXTI_H
3.  # include "stm32f10x. h"
4.  # define KEY0 GPIO_ReadInputDataBit(GPIOA,GPIO_Pin_3)
5.  # define KEY1 GPIO_ReadInputDataBit(GPIOA,GPIO_Pin_2)
6.  # define KEY2 GPIO_ReadInputDataBit(GPIOA,GPIO_Pin_1)
7.  # define KEY3 GPIO_ReadInputDataBit(GPIOA,GPIO_Pin_0)
8.  void EXTIX_Init(void);
9.  void delay_ms(u16 nms);
10. # endif
```

stm32f10x_it. c 代码如下：

```
1.  # include "stm32f10x_it. h"
2.  # include "exti. h"
3.  # include "smg. h"
4.  void EXTI0_IRQHandler(void)
5.  {
6.   delay_ms(10);
7.    if(KEY3 == 1)
8.    {
9.        SMG_XS(1,3);
10.   }
11.  EXTI_ClearITPendingBit(EXTI_Line0);
12. }
13. void EXTI2_IRQHandler(void)
14. {
```

```
15.    delay_ms(10);
16.    if(KEY2 == 0)
17.    {
18.    SMG_XS(1,2);
19.    }
20.    EXTI_ClearITPendingBit(EXTI_Line2);
21.    }
22.    void EXTI3_IRQHandler(void)
23.    {
24.    delay_ms(10);
25.    if(KEY1 == 0)
26.    {
27.    SMG_XS(1,1);
28.    }
29.    EXTI_ClearITPendingBit(EXTI_Line3);
30.    }
31.    void EXTI4_IRQHandler(void)
32.    {
33.    delay_ms(10);
34.    if(KEY0 == 0)
35.    {
36.    SMG_XS(1,0);
37.    }
38.    EXTI_ClearITPendingBit(EXTI_Line4);
39.    }
```

第 4～38 行,4 个按键的中断子程序,与 4 个按键代码一致。

第 6、15、24、33 行,按键消抖程序。

第 11、20、29、38 行,清除中断标志位。

第 9、18、27、36 行,对应数码管显示按键的数值。

main.c 主程序代码如下:

```
1.    # include "stm32f10x.h"
2.    # include "smg.h"
3.    # include "exti.h"
4.    int main(void)
5.    {
6.    SMG_GPIO_Config();
7.    EXTIX_Init();
8.    while(1)
9.    {
10.   }
11.   }
```

主程序核心就是第 6 行和第 7 行,数码管初始化和外部中断初始化后,等待中断执行。这样模块化编程思路清晰,方便调试和修改。

4.7 本章小结

本章主要讲解 STM32 的中断系统、中断系统的基本概念和中断向量控制器等,重点就是掌握外部中断的控制方法,主要分为 6 步。

（1）使能 EXTIx 线的时钟和第二功能 AFIO 时钟。

（2）配置 EXTIx 线的中断优先级。

（3）配置 EXTI 中断线 I/O。

（4）选定要配置为 EXTI 的 I/O 端口线。

（5）配置 EXTI 中断线工作模式配置。

（6）编写中断服务代码。

通过第 3 章学习的初始化 I/O 端口步骤，即配置时钟配置→I/O 端口的模式选择→I/O 端口的赋值操作，结合本章中断的介绍，大家会发现 STM32 中断功能也是在这三步的基础上通过扩展完成其他功能配置的，如外部中断的六步配置，这些都需要读者深入领会。

4.8　习题

（1）简述响应优先级和抢占优先级的区别，以及中断向量优先级如何分组。

（2）使用外部中断要注意哪些事项？

（3）外部中断使用初始化的步骤是什么？

（4）试编写多按键中断程序代码，采用 4 个外部中断来实现。

第 5 章

串 口 通 信

5.1 本章导读

串口通信在实际中有着广泛的应用,很多设备的数据传输通过串口和上位机进行通信。在实际应用中,对于需要大量处理的数据,可以通过上位机处理后,通过串口发送给下位机,本章从串行通信的基本概念开始,说明 STM32 的串口通信过程,读者可以获取到以下信息:

(1) 串口通信的基本概念,常用串行接口分类及接线方式。

(2) STM32 串口操作的方式。

(3) 采用寄存器方法和库函数方法操作串口通信的详细步骤。

5.2 串口通信基础

视频讲解

串口是计算机中的一种通用设备通信的协议,也是仪器仪表设备通用的通信协议,很多 GPIB 兼容的设备也带有 RS232 口。同时,串口通信协议也可以用来获取远程采集设备的数据。

5.2.1 基本概念

1. 计算机通信方式

并行通信与串行通信是计算机常用的两种通信方式。并行通信指数据的各位同时进行传送(发送或接收)的通信方式。其优点是通信速度快;缺点是设备之间的数据线多,通信距离短。例如,打印机与计算机之间的通信一般都采用并行通信方式。串行通信指数据是一位一位按顺序传送的通信方式。虽然通信速率低,但实现的方法及连线简单。

串行通信有同步和异步两种方式,同步通信时相互通信的设备之间需要时钟同步,必须有同步信号,实现复杂。异步通信时相互通信的设备之间不需要同步,只要求通信的接口方式及速率相同,以起始位和停止位为标志表示数据发送的开始和结束。监控系统中常采用串行异步通信方式实现智能设备或采集器与监控主机之间的通信。

2. 通信协议

异步通信时数据一帧一帧地传送,帧的格式和通信速率一起称为通信协议。帧的格式由起始位、数据位、校验位和停止位组成,如图 5-1 所示。起始位都只有一位;数据位长为1~8 位;校验位只有一位或没有,常用的校验方式为 3 种,偶校验记为 e,奇校验记为 o,无校验位记为 n;停止位为 1 位或 2 位。一个数据帧的长度称为字长,字长＝起始位＋数据位＋校验位＋停止位。

起始位 (1位)	数据位 (1~8位)	校验位 (0位或1位)	停止位 (1位或2位)

图 5-1　一个数据帧

波特率用于描述串行通信的速率,一般单位为"位/秒",记为 b/s。常用的异步串行通信波特率有 1200b/s、2400b/s、4800b/s、9600b/s、19200b/s 等。

在通信系统中,为了指明两台设备之间的通信协议,需要对通信端口进行设置,端口设置的格式为"波特率,校验位,数据位位数,停止位位数"。例如,某一个串口的端口设置为"9600,n,8,1",表示该串口的通信速率为 9600b/s,没有校验位,数据位的长度为 8,停止位为 1 位,字长为 10。又如"2400,e,7,1",由通信协议的定义易知,字长也为 10。

设置具体的通信协议时,常遇到"流控制"这一概念,设置了流控制,设备串口的通信速率可以自动调整,不致发生数据的溢出或丢失。流控制一般有两种可选的方式,"硬件流控制"指用串口的两个引脚之间的电压差做流控信号,需要硬件设备的支持,监控系统中遇到的采集器和智能设备一般不支持硬件流控制;"软件流控制"指用两个特殊的 ASCII 字符 Xon 和 Xoff 做流控信号,由于监控系统中涉及的设备之间传输时大多为二进制数据,里面很有可能刚好含有字符 Xon 和 Xoff,为了不至于引起设备的误解而导致传输错误,不能使用软件流控制。因此在设置通信串口时,一般不设置流控制,即选择"无流控制信号"。

5.2.2　常用的串行通信接口

串行通信有多种接口方式,通信系统中常用的有 RS232、RS422、RS485 这 3 种接口方式,下面分别对它们进行简要的介绍。

1. RS232 串行通信接口

RS232 是 RS232-C 接口的简称,RS232-C 是一种广泛使用的串行通信标准接口,例如计算机上的串行接口(简称串口)COM1,COM2。

1) RS232 定义

RS232 的机械接口有 DB9、DB25 两种形式,有公头(针)、母头(孔)之分,常用的 DB9 接口外形及针脚序号如图 5-2 所示。DB9 及 DB25 两种串行接口的引脚信号定义如表 5-1所示。

图 5-2　RS232 常用接口

表 5-1 RS232 接口中 DB9、DB25 引脚信号定义

9针	25针	信号名称	信号流向	简称	信号功能
3	2	发送数据	DTE→DCE	TxD	DTE 发送串行数据
2	3	接收数据	DTE←DCE	RxD	DTE 接收串行数据
7	4	请求发送	DTE→DCE	RTS	DTE 请求切换到发送方式
8	5	清除发送	DTE←DCE	CTS	DCE 已切换到准备接收
6	6	数据设备就绪	DTE←DCE	DSR	DCE 准备就绪可以接收
5	7	信号地		GND	公共信号地
1	8	载波检测	DTE←DCE	DCD	DCE 已接收到远程载波
4	20	数据终端就绪	DTE→DCE	DTR	DTE 准备就绪可以接收
9	22	振铃指示	DTE←DCE	RI	通知 DTE,通信线路已接通

设备分为两种:一种是数据终端设备,简称为 DTE,例如计算机、采集器、智能设备等;另一种是数据电路设备(通信设备),简称 DCE,例如调制解调器、数据端接设备(DTU)、数据服务单元/通道服务单元(DCU/DSU)等。对于大多数设备,通常只用到 TxD、RxD、GND 3 个针脚。注意表 5-1 中的信号流向,对于 DTE,TxD 是 DTE 向对方发送数据;而对于 DCE,TxD 是对方向自己发送数据。RS232 电气标准中采用负逻辑,逻辑"1"电平为$-3\sim-15$V,逻辑"0"电平为$+3\sim+15$V,可以通过测量 DTE 的 TxD(或 DCE 的 RxD)和 GND 之间的电压了解串口的状态,空载状态下,它们之间应有-10V 左右($-5\sim-15$V)的电压,否则该串口可能已损坏或驱动能力弱。

按照 RS232 标准,传输速率一般不超过 20kb/s,传输距离一般不超过 15m。实际使用时,传输速率最高可达 115.2kb/s。

2) RS232 串行接口基本接线原则

设备之间的串行通信接线方法,取决于设备接口的定义。设备间采用 RS232 串行电缆连接时有两类连接方式。

(1) 直通线:相同信号(RxD 对 RxD、TxD 对 TxD)相连,用于 DTE(数据终端设备)与 DCE(数据通信设备)相连。例如计算机与 Modem(或 DTU)相连。

(2) 交叉线:不同信号(RxD 对 TxD、TxD 对 RxD)相连,用于 DTE 与 DTE 相连。例如计算机与计算机、计算机与采集器之间相连。

以上两种连接方法可以认为同种设备相连采用交叉线连接,不同种设备相连采用直通线连接。少数情况下会出现两台具有 DCE 接口的设备需要串行通信的情况,此时也用交叉方式连接。当一台设备本身是 DTE,但它的串行接口按 DCE 接口定义时,应按 DCE 接线。例如,艾默生网络能源有限公司生产的一体化采集器 IDA 采集模块上的调测接口是按 DCE 接口定义的,当计算机与 IDA 采集模块的调测口连接时,就要采用直通串行电缆。

一般来说,RS232 接口若为公头,则该接口按 DTE 接口定义;若为母头,则该接口按 DCE 接口定义。但也有反例,不能一概而论。一些 DTE 设备上的串行接口按 DCE 接口定义,采用 DB9 或 DB25 母接口,主要因为 DTE 接口一般都采用公头,当用手接触时易接触到针脚;采用母头时因不易碰到针脚,可避免人体静电对设备的影响。

对于某些设备上的非标准 RS232 接口,需要根据设备的说明书确定针脚的定义。如果已知 TxD、RxD 和 GND 3 个针脚,但不清楚哪一个针脚是 TxD,哪一个针脚是 RxD,可以通过万用表测量它们与 GND 之间的电压来判别,如果有一个电压为-10V 左右,则万用表

红表笔所接的是 DTE 的 TxD 或 DCE 的 RxD。

3）RS232 的 3 种接线方式

（1）三线方式：两端设备的串口只连接收、发、地三根线。一般情况下，三线方式即可满足要求，例如监控主机与采集器及大部分智能设备之间相连。

（2）简易接口方式：两端设备的串口除了连接收、发、地三根线外，另外增加一对握手信号（一般是 DSR 和 DTR）。具体需要哪对握手信号，需查阅设备接口说明。

（3）完全口线方式：两端设备的串口 9 线全接，例如 Modem 电缆（计算机与外置 Modem 的连接电缆）。

此外，有些设备虽然需要握手信号，但并不需要真正的握手信号，可以采用自握手的方式，连接方法如图 5-3 所示。

图 5-3　RS232 自握手的接线方式

2. RS422 串行通信接口

RS422 接口的定义很复杂，一般只使用 4 个端子，其针脚定义分别为 Tx＋、Tx－、Rx＋、Rx－，其中 Tx＋ 和 Tx－ 为一对数据发送端子，Rx＋ 和 Rx－ 为一对数据接收端子，如图 5-4 所示。RS422 采用了平衡差分电路，差分电路可在受干扰的线路上拾取有效信号，由于差分接收器可以分辨 0.2V 以上的电位差，因此可大大减弱地线干扰和电磁干扰的影响，有利于抑制共模干扰，传输距离可达 1200m。

图 5-4　RS422 方式通信接口定义与接线

和 RS232 不同的是，在 RS422 总线上可以挂接多台设备组网，总线上连接的设备 RS422 串行接口同名端相接，与上位机则收发交叉，可以实现点到多点的通信，如图 5-5 所示。RS232 只能点到点通信，不能组成串行总线。

通过 RS422 总线与计算机某一串口通信时，要求各设备的通信协议相同。为了在总线上区分各设备，各设备需要设置不同的地址。上位机发送的数据，所有的设备都能接收到，但只有地址符合上位机要求的设备响应。

3. RS485 串行通信接口

RS485 是 RS422 的子集，只需要 DATA＋（D＋）、DATA－（D－）两根线。RS485 与 RS422 的不同之处在于 RS422 为全双工结构，可以在接收数据的同时发送数据；而 RS485

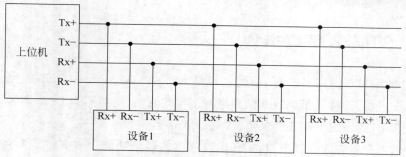

图 5-5　RS422 总线组网示意图

为半双工结构,在同一时刻只能接收或发送数据,如图 5-6 所示。

图 5-6　RS485 通信接口定义与接线

RS485 总线上也可以挂接多台设备,用于组网,实现点到多点及多点到多点的通信(多点到多点指总线上接的所有设备及上位机任意两台之间均能通信),如图 5-7 所示。

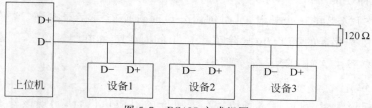

图 5-7　RS485 方式组网

连接在 RS485 总线上的设备也要求具有相同的通信协议,且地址不能相同。不通信时,所有的设备处于接收状态,当需要发送数据时,串口才翻转为发送状态,以避免冲突。为了抑制干扰,RS485 总线常在最后一台设备之后接入一个 120Ω 的电阻。

4. 3 种串行通信接口方式比较

RS232、RS422、RS485 串行通信接口性能比较,如表 5-2 所示。

表 5-2　RS232、RS422、RS485 串行通信接口性能比较

接 口 性 能		RS232	RS422	RS485
操作方式		电平	差分	差分
最大传输速率		20kb/s(15m)	10Mb/s(12m) 1Mb/s(120m) 100kb/s(1200m)	10Mb/s(12m) 1Mb/s(120m) 100kb/s(1200m)
驱动器输出电压	无负载	±5～±15V	±5V	±5V
	有负载时		±2V	±1.5V
驱动器负载阻抗		3～7kΩ	100Ω(min)	54Ω(min)
接收输入阻抗		3～7kΩ	4kΩ	12kΩ
接收器灵敏度		±3V	±200mV	±200mV
工作方式		全双工	全双工	半双工
连接方式		点到点	点到多点	多点到多点

5.3 STM32 串口操作

STM32 的串口资源相当丰富，功能也很强大。STM32Fxxx 一般可提供 5 路串口，有分数波特率发生器、支持同步单线通信和半双工单线通信、支持 LIN、支持调制解调器操作、智能卡协议和 IrDA SIR ENDEC 规范、具有 DMA 等。

下面采用寄存器方式设置串口，实现串口基本的通信功能。本节将实现利用串口 1 不间断地发送信息到计算机，同时接收从串口发过来的数据，把发送过来的数据直接送回给计算机。

串口最基本的设置，就是波特率的设置。STM32 的串口使用简单、方便。只要开启了串口时钟，并设置相应 I/O 端口的模式，然后配置波特率、数据位长度、奇偶校验位等信息，就可以使用。下面简单介绍这几个与串口基本配置直接相关的寄存器。

5.3.1 寄存器方式操作串口

视频讲解

1. 串口时钟使能

串口作为 STM32 的一个外设，其时钟由外设时钟使能寄存器控制，这里使用的串口 1 是在 APB2ENR 寄存器的第 14 位。除了串口 1 的时钟使能在 APB2ENR 寄存器中，其他串口的时钟使能都在 APB1ENR 寄存器中。

2. 串口复位

当外设出现异常时，可以通过复位寄存器里面的对应位设置，实现该外设的复位，然后重新配置这个外设达到让其重新工作的目的。一般在系统刚开始配置外设的时候，都会先执行复位该外设的操作。串口 1 的复位通过配置 APB2RSTR 寄存器的第 14 位来实现。APB2RSTR 寄存器结构如图 5-8 所示。

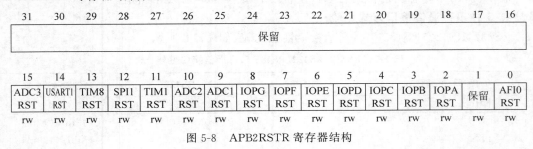

图 5-8 APB2RSTR 寄存器结构

从图 5-9 可知，串口 1 的复位设置位在 APB2RSTR 的第 14 位。通过向该位写 1 复位串口 1，写 0 结束复位。其他串口的复位在 APB1RSTR 里面。

3. 串口波特率设置

每个串口都有一个独立的波特率寄存器 USART_BRR，通过设置该寄存器可以达到配置不同波特率的目的。其各位描述如图 5-9 和表 5-3 所示。

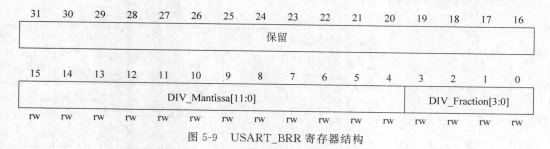

图 5-9 USART_BRR 寄存器结构

表 5-3 寄存器 USART_BRR 各位描述

位	描 述
位 31:16	保留位,硬件强制为 0
位 15:4 DIV_Mantissa[11:0]	USARTDIV 的整数部分,这 12 位定义了 USART 分频器除法因子(USARTDIV)的整数部分
位 3:0 DIV_Fraction[3:0]	USARTDIV 的小数部分,这 4 位定义了 USART 分频器除法因子(USARTDIV)的小数部分

前面提到 STM32 的分数波特率概念,其实就在这个寄存器(USART_BRR)里面体现。USART_BRR 的最低 4 位(位[3:0])用来存放小数部分 DIV_Fraction,紧接着的 12 位(位[15:4])用来存放整数部分 DIV_Mantissa,最高 16 位未使用。STM32 的串口波特率计算公式如下:

$$Tx/Rx\ 波特率 = \frac{f_{PCLKx}}{16 \times USARTDIV}$$

式中,f_{PCLKx} 是给串口的时钟(PCLK1 用于 USART2、3、4、5,PCLK2 用于 USART1);USARTDIV 是一个无符号定点数。只要得到 USARTDIV 的值,就可以得到串口波特率寄存器 USART1→BRR 的值;反之,得到 USART1→BRR 的值,也可以推导出 USARTDIV 的值。但我们更关心的是如何从 USARTDIV 的值得到 USART_BRR 的值,因为一般知道的是波特率和 PCLKx 的时钟,要求的是 USART_BRR 的值。

下面介绍如何通过 USARTDIV 得到串口 USART_BRR 寄存器的值。假设串口 1 要设置为 9600 的波特率,而 PCLK2 的时钟为 72MHz。这样,根据公式有

$$USARTDIV = 72000000/(9600 \times 16) = 468.75$$

得到

$$DIV\_Fraction = 16 \times 0.75 = 12 = 0X0C$$
$$DIV\_Mantissa = 468 = 0X1D4$$

这样,就得到了 USART1→BRR 的值为 0X1D4C。只要设置串口 1 的 BRR 寄存器值为 0X1D4C,就可以得到 9600 的波特率。当然,并不是任何条件下都可以随便设置串口波特率,在某些波特率和 PCLK2 频率下,还是会存在误差,设置波特率时的误差计算如表 5-4 所示。

表 5-4 设置波特率时的误差计算

波 特 率		$f_{PCLK} = 36\mathrm{MHz}$			$f_{PCLK} = 72\mathrm{MHz}$		
序号	kb/s	实际	置于波特率寄存器中的值	误差%	实际	置于波特率寄存器中的值	误差%
1	2.4	2.400	937.5	0	2.4	1875	0
2	9.6	9.600	234.375	0	9.6	468.75	0

续表

波特率		$f_{PCLK}=36MHz$			$f_{PCLK}=72MHz$		
序号	kb/s	实际	置于波特率寄存器中的值	误差%	实际	置于波特率寄存器中的值	误差%
3	19.2	19.2	117.1875	0	19.2	234.375	0
4	57.6	57.6	39.0625	0	57.6	78.125	0
5	115.2	115.384	19.5	0.15	115.2	39.0625	0
6	230.4	230.769	9.75	0.16	230.769	19.5	0.16
7	460.8	461.538	4.875	0.16	461.538	9.75	0.16
8	921.6	923.076	2.4375	0.16	923.076	4.875	0.16
9	2250	2250	1	0	2250	2	0
10	4500	不可能	不可能	不可能	4500	1	0

4. 串口控制

STM32 的每个串口都有 3 个控制寄存器 USART_CR1～3,串口的很多配置都是通过这 3 个寄存器来设置。这里只要用到 USART_CR1 就可以实现功能了,该寄存器的各位描述如图 5-10 和表 5-5 所示。

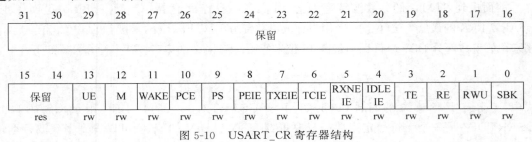

图 5-10　USART_CR 寄存器结构

表 5-5　USART_CR 寄存器各位描述

位	描　　述
位 31:14	保留位,硬件强制为 0
位 13 UE	USART 使能,当该位被清 0,在当前字节传输完成后,USART 的分频器和输出停止工作,以减少功耗。该位由软件设置和清 0 0:USART 分频器和输出被禁止 1:USART 模块使能
位 12 M	字长,该位定义了数据字的长度,由软件对其设置和清 0 0:1 个起始位,8 个数据位,n 个停止位 1:1 个起始位,9 个数据位,n 个停止位 注意:在数据传输过程中(发送或者接收时),不能修改这个位
位 11 WAKE	唤醒的方法,该位决定了把 USART 唤醒,由软件对该位设置和清 0 0:被空闲总线唤醒 1:被地址标记唤醒
位 10 PCE	检验控制使能,用该位选择是否进行硬件校验控制(对于发送就是校验位的产生;对于接收就是校验位的检测)。当使能了该位,在发送数据的最高位(如果 M=1,最高位就是第 9 位;如果 M=0,最高位就是第 8 位)插入校验位;对接收到的数据检查其校验位。软件对它置 1 或清 0。一旦设置了该位,当前字节传输完成后,校验控制才生效 0:禁止校验控制 1:使能校验控制

续表

位	描 述
位 9 PS	校验选择,当校验控制使能后,该位用来选择是采用偶校验还是奇校验。软件对它置 1 或清 0。当前字节传输完成后,该选择生效 0:偶校验 1:奇校验
位 8 PEIE	PE 中断使能,该位由软件设置或清除 0:禁止产生中断 1:当 USART_SR 中的 PE 为"1"时,产生 USART 中断
位 7 TXEIE	发送缓冲区空中断使能,该位由软件设置或清除 0:禁止产生中断 1:当 USART_SR 中的 TXE 为"1"时,产生 USART 中断
位 6 TCIE	发送完成中断使能,该位由软件设置或清除 0:禁止产生中断 1:当 USART_SR 中的 TC 为"1"时,产生 USART 中断
位 5 RXNEIE	接收缓冲区非空中断使能,该位由软件设置或清除 0:禁止产生中断 1:当 USART_SR 中的 ORE 或者 RXNE 为"1"时,产生 USART 中断
位 4 IDLEIE	IDLE 中断使能,该位由软件设置或清除 0:禁止产生中断 1:当 USART_SR 中的 IDLE 为"1"时,产生 USART 中断
位 3 TE	发送使能,该位使能发送器。该位由软件设置或清除 0:禁止发送 1:使能发送 注意: (1) 数据传输过程中,除了在智能卡模式下,如果 TE 位上有个 0 脉冲(即设置为"0"之后再设置为"1"),会在当前数据字传输完成后,发送一个"前导符"(空闲总线) (2) 当 TE 设置后,在真正发送开始之前,有 1 比特时间的延迟
位 2 RE	接收使能,该位由软件设置或清除 0:禁止接收 1:使能接收,并开始搜寻 RX 引脚上的起始位
位 1 RWU	接收唤醒,该位用来决定是否把 USART 置于静默模式。该位由软件设置或清除。当唤醒序列到来时,硬件也会将其清 0 0:接收器处于正常工作模式 1:接收器处于静默模式 注意: (1) 把 USART 置于静默模式(设置 RWU 位)之前,USART 要已经先接收了 1 字节数据;否则在静默模式下,不能被空闲总线检测唤醒 (2) 当配置成地址标记检测唤醒(WAKE 位=1),RXNE 位被置位时,不能用软件修改 RWU 位
位 0 SBK	发送断开帧,使用该位来发送断开字符。该位可以由软件设置或清除。操作过程应该是软件设置位,然后在断开帧的停止位时,由硬件将该位复位 0:没有发送断开字符 1:将要发送断开字符

5. 数据发送与接收

STM32 的发送与接收通过数据寄存器 USART_DR 来实现,这是一个双寄存器,包含了 TDR 和 RDR。当向该寄存器写数据时,串口就会自动发送,当收到收据时,也存在该寄存器内。该寄存器的结构如图 5-11 所示。

图 5-11　USART_DR 寄存器结构

可以看出,虽然是一个 32 位寄存器,但是只用了低 9 位(DR[8:0]),其他都保留。

DR[8:0]为串口数据,包含了发送或接收的数据。由于它是由两个寄存器组成的,一个给发送用(TDR),另一个给接收用(RDR),该寄存器兼具读和写的功能。TDR 寄存器提供了内部总线和输出移位寄存器之间的并行接口。RDR 寄存器提供了输入移位寄存器和内部总线之间的并行接口。

当使能校验位(USART_CR1 种 PCE 位被置位)进行发送时,写到 MSB 的值(根据数据的长度不同,MSB 是第 7 位或者第 8 位)会被后来的校验位取代。当使能校验位进行接收时,读到的 MSB 位是接收到的校验位。

6. 串口状态

串口的状态可以通过状态寄存器 USART_SR 读取。USART_SR 的结构如图 5-12 所示。

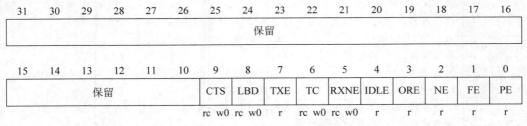

图 5-12　USART_SR 寄存器结构

这里关注两个位,第 5、6 位 RXNE 和 TC。

RXNE(读数据寄存器非空):当该位被置 1 的时候,就是提示已经有数据被接收到,并且可以读出来了。这时候要尽快去读取 USART_DR,通过读 USART_DR 可以将该位清 0,也可以向该位写 0,直接清除。

TC(发送完成):当该位被置位的时候,表示 USART_DR 内的数据已经被发送完成。如果设置了这个位的中断,则会产生中断。该位也有两种清 0 方式:①读 USART_SR,写 USART_DR;②直接向该位写 0。

通过以上一些寄存器的操作和 I/O 端口的配置,就可以达到串口最基本的配置。

5.3.2 库函数方式操作串口

通过以上寄存器的介绍，了解了 STM32 的 USART 寄存器模式的相关设置，接下来学习库函数操作 USART。表 5-6 给出了操作 USART 的库函数列表，重点介绍几个常用的函数。

表 5-6 操作 USART 的库函数

函 数 名	描 述
USART_DeInit	将外设 USARTx 寄存器重设为缺省值
USART_Init	根据 USART_InitStruct 中指定的参数初始化外设 USARTx 寄存器
USART_StructInit	把 USART_InitStruct 中的每一个参数按缺省值填入
USART_Cmd	使能或者失能 USART 外设
USART_ITConfig	使能或者失能指定的 USART 中断
USART_DMACmd	使能或者失能指定 USART 的 DMA 请求
USART_SetAddress	设置 USART 节点的地址
USART_WakeUpConfig	选择 USART 的唤醒方式
USART_ReceiverWakeUpCmd	检查 USART 是否处于静默模式
USART_LINBreakDetectLengthConfig	设置 USART LIN 中断检测长度
USART_LINCmd	使能或者失能 USARTx 的 LIN 模式
USART_SendData	通过外设 USARTx 发送单个数据
USART_ReceiveData	返回 USARTx 接收到的数据
USART_SendBreak	发送中断字
USART_SetGuardTime	设置指定的 USART 保护时间
USART_SetPrescaler	设置 USART 时钟预分频
USART_SmartCardCmd	使能或者失能指定 USART 的智能卡模式
USART_SmartCardNackCmd	使能或者失能 NACK 传输
USART_HalfDuplexCmd	使能或者失能 USART 半双工模式
USART_IrDAConfig	设置 USART IrDA 模式
USART_IrDACmd	使能或者失能 USART IrDA 模式
USART_GetFlagStatus	检查指定的 USART 标志位设置与否
USART_ClearFlag	清除 USARTx 的待处理标志位
USART_GetITStatus	检查指定的 USART 中断发生与否
USART_ClearITPendingBit	清除 USARTx 的中断待处理位

1. USART_Init 函数

初始化外设 USART 的函数为 USART_Init，具体的含义如表 5-7 所示。

表 5-7 USART_Init 函数

函 数 名	USART_Init
函数原形	void USART_Init(USART_TypeDef * USARTx, USART_InitTypeDef * USART_InitStruct)
功能描述	根据 USART_InitStruct 中指定的参数初始化外设 USARTx 寄存器
输入参数 1	USARTx：选择 USART 外设，x 可以是 1、2 或者 3

续表

函 数 名	USART_Init
输入参数 2	USART_InitStruct：指向结构 USART_InitTypeDef 的指针，包含了外设 USART 的配置信息
输出参数	无
返回值	无
先决条件	无
被调用函数	无

USART_InitTypeDef 的结构体定义于文件 stm32f10x_usart.h 中：

```
typedef struct
{
u32 USART_BaudRate;
u16 USART_WordLength;
u16 USART_StopBits;
u16 USART_Parity;
u16 USART_HardwareFlowControl;
u16 USART_Mode;
u16 USART_Clock;
u16 USART_CPOL;
u16 USART_CPHA;
u16 USART_LastBit;
} USART_InitTypeDef;
```

表 5-8 描述了结构 USART_InitTypeDef 在同步和异步模式下使用的不同成员。

表 5-8 USART_InitTypeDef 成员 USART 模式对比

成 员	异 步 模 式	同 步 模 式
USART_BaudRate	X	X
USART_WordLength	X	X
USART_StopBits	X	X
USART_Parity	X	X
USART_HardwareFlowControl	X	X
USART_Mode	X	X
USART_Clock		X
USART_CPOL		X
USART_CPHA		X
USART_LastBit		X

（1）USART_BaudRate：该成员设置了 USART 传输的波特率。

（2）USART_WordLength：表示在一个帧中传输或者接收到的数据位数。表 5-9 给出了该参数可取的值。

表 5-9 USART_WordLength 定义

USART_WordLength	描 述
USART_WordLength_8b	8 位数据
USART_WordLength_9b	9 位数据

（3）USART_StopBits：定义了发送的停止位数目。表 5-10 给出了该参数可取的值。

表 5-10 USART_StopBits 定义

USART_StopBits	描 述
USART_StopBits_1	在帧结尾传输 1 个停止位
USART_StopBits_0.5	在帧结尾传输 0.5 个停止位
USART_StopBits_2	在帧结尾传输 2 个停止位
USART_StopBits_1.5	在帧结尾传输 1.5 个停止位

（4）USART_Parity：定义了奇偶模式。表 5-11 给出了该参数可取的值。

表 5-11 USART_Parity 定义

USART_Parity	描 述
USART_Parity_No	奇偶失能
USART_Parity_Even	偶模式
USART_Parity_Odd	奇模式

注意 奇偶校验一旦使能,在发送数据的 MSB 位插入经计算的奇偶位(字长 9 位时的第 9 位,字长 8 位时的第 8 位)。

（5）USART_HardwareFlowControl：指定了硬件流控制模式使能还是失能。表 5-12 给出了该参数可取的值。

表 5-12 USART_HardwareFlowControl 定义

USART_HardwareFlowControl	描 述
USART_HardwareFlowControl_None	硬件流控制失能
USART_HardwareFlowControl_RTS	发送请求 RTS 使能
USART_HardwareFlowControl_CTS	清除发送 CTS 使能
USART_HardwareFlowControl_RTS_CTS	RTS 和 CTS 使能

（6）USART_Mode：指定了使能或者失能发送和接收模式。表 5-13 给出了该参数可取的值。

表 5-13 USART_Mode 定义

USART_Mode	描 述
USART_Mode_Tx	发送使能
USART_Mode_Rx	接收使能

（7）USART_CLOCK：表示 USART 时钟使能还是失能。表 5-14 给出了该参数可取的值。

表 5-14 USART_CLOCK 定义

USART_CLOCK	描 述
USART_Clock_Enable	时钟高电平活动
USART_Clock_Disable	时钟低电平活动

（8）USART_CPOL：表示 SLCK 引脚上时钟输出的极性。表 5-15 给出了该参数可取的值。

表 5-15　USART_CPOL 定义

USART_CPOL	描　　述
USART_CPOL_High	时钟高电平
USART_CPOL_Low	时钟低电平

（9）USART_CPHA：表示 SLCK 引脚上时钟输出的相位，和 CPOL 位一起配合产生用户希望的时钟/数据的采样关系。表 5-16 给出了该参数可取的值。

表 5-16　USART_CPHA 定义

USART_CPHA	描　　述
USART_CPHA_1Edge	时钟第一个边沿进行数据捕获
USART_CPHA_2Edge	时钟第二个边沿进行数据捕获

（10）USART_LastBit：控制是否在同步模式下，在 SCLK 引脚上输出后发送的那个数据字（MSB）对应的时钟脉冲。表 5-17 给出了该参数可取的值。

表 5-17　USART_LastBit 定义

USART_LastBit	描　　述
USART_LastBit_Disable	后一位数据的时钟脉冲不从 SCLK 输出
USART_LastBit_Enable	后一位数据的时钟脉冲从 SCLK 输出

2. 串口复位函数 USART_DeInit

表 5-18 描述了函数 USART_DeInit 的具体含义。

表 5-18　USART_DeInit 函数

函　数　名	USART_DeInit
函数原形	void USART_DeInit(USART_TypeDef * USARTx)
功能描述	将外设 USARTx 寄存器重设为缺省值
输入参数	USARTx：x 可以是 1、2 或 3，来选择 USART 外设
输出参数	无
返回值	无
先决条件	无
被调用函数	RCC_APB2PeriphResetCmd()，RCC_APB1PeriphResetCmd()

3. 使能或者失能 USART 外设函数 USART_Cmd

描述使能或者失能 USART 外设的函数为 USART_Cmd，具体含义如表 5-19 所示。

表 5-19　USART_Cmd 函数

函　数　名	USART_Cmd
函数原形	void USART_Cmd(USART_TypeDef * USARTx, FunctionalState NewState)
功能描述	使能或者失能 USART 外设
输入参数 1	USARTx：x 可以是 1、2 或 3，用来选择 USART 外设
输入参数 2	NewState：外设 USARTx 新状态参数可以取 ENABLE 或者 DISABLE
输出参数	无
返回值	无

续表

函 数 名	USART_Cmd
先决条件	无
被调用函数	无

4. 使能或者失能指定的 USART 中断函数 USART_ITConfig

使能或者失能指定的 USART 中断函数为 USART_ITConfig,具体含义如表 5-20 所示。

表 5-20　USART_ITConfig 函数

函 数 名	USART_ITConfig
函数原形	void USART _ ITConfig（USART _ TypeDef * USARTx, u16 USART _ IT, FunctionalState NewState）
功能描述	使能或者失能指定的 USART 中断
输入参数 1	USARTx：x 可以是 1、2 或 3,用来选择 USART 外设
输入参数 2	USART_IT：待使能或者失能的 USART 中断源参阅表 5-21；USART_IT 查阅更多该参数允许取值范围
输入参数 3	NewState：USARTx 中断的新状态参数可以取 ENABLE 或者 DISABLE
输出参数	无
返回值	无
先决条件	无
被调用函数	无

输入参数 USART_IT 含义是使能或者失能 USART 的中断。可以把表 5-21 中的一个或者多个取值的组合作为该参数的值。

表 5-21　USART_IT 值

USART_IT	描　　述
USART_IT_PE	奇偶错误中断
USART_IT_TXE	发送中断
USART_IT_TC	传输完成中断
USART_IT_RXNE	接收中断
USART_IT_IDLE	空闲总线中断
USART_IT_LBD	LIN 中断检测中断
USART_IT_CTS	CTS 中断
USART_IT_ERR	错误中断

5. 使能或者失能指定 USART 的 DMA 请求函数 USART_DMACmd

使能或者失能指定 USART 的 DMA 请求函数为 USART_DMACmd,具体含义如表 5-22 所示。

表 5-22　函数 USART_DMACmd

函 数 名	USART_DMACmd
函数原形	void USART_DMACmd （USART_TypeDef * USARTx, uint16_t USART_DMAReq, FunctionalState NewState）

续表

函　数　名	USART_DMACmd
功能描述	使能或者失能指定 USART 的 DMA 请求
输入参数 1	USARTx：选择 USART 外设，x 可以是 1、2 或 3
输入参数 2	USART_DMAreq：指定 DMA 请求
输入参数 3	NewState：USARTx DMA 请求源的新状态，这个参数可以取 ENABLE 或者 DISABLE
输出参数	无
返回值	无
先决条件	无
被调用函数	无

USART_DMAreq 选择待使能或者失能的 DMA 请求。表 5-23 给出了该参数可取的值。

表 5-23　USART_LastBit 值

USART_DMAreq	描　　述
USART_DMAReq_Tx	发送 DMA 请求
USART_DMAReq_Rx	接收 DMA 请求

6. 通过外设 USARTx 发送单个数据函数 USART_SendData

通过外设 USARTx 发送单个数据函数为 USART_SendData，具体含义如表 5-24 所示。

表 5-24　USART_SendData 函数

函　数　名	USART_SendData
函数原形	void USART_SendData(USART_TypeDef * USARTx, u8 Data)
功能描述	通过外设 USARTx 发送单个数据
输入参数 1	USARTx：选择 USART 外设，x 可以是 1、2 或 3
输入参数 2	Data：待发送的数据
输出参数	无
返回值	无
先决条件	无
被调用函数	无

7. USART 收到数据函数 USART_ReceiveData

表 5-25 描述了串口接收函数 USART_ReceiveData。

表 5-25　USART_ReceiveData 函数

函　数　名	USART_ReceiveData
函数原形	u8 USART_ReceiveData(USART_TypeDef * USARTx)
功能描述	返回 USARTx 接收到的数据
输入参数	USARTx：选择 USART 外设，x 可以是 1、2 或 3
输出参数	无
返回值	接收到的字
先决条件	无
被调用函数	无

8. 检查指定的 USART 标志位设置与否函数 USART_GetFlagStatus

检查指定的 USART 标志位设置与否函数为 USART_GetFlagStatus,具体含义如表 5-26 所示。

表 5-26 USART_GetFlagStatus 函数

函 数 名	USART_GetFlagStatus
函数原形	FlagStatus USART_GetFlagStatus(USART_TypeDef * USARTx, u16 USART_FLAG)
功能描述	检查指定的 USART 标志位设置与否
输入参数 1	USARTx:选择 USART 外设,x 可以是 1、2 或 3
输入参数 2	USART_FLAG:待检查的 USART 标志位
输出参数	无
返回值	USART_FLAG 的新状态(SET 或者 RESET)
先决条件	无
被调用函数	无

表 5-27 给出了所有可以被函数 USART_GetFlagStatus 检查的标志位列表。

表 5-27 USART_FLAG 值

USART_FLAG	描 述
USART_FLAG_CTS	CTS 标志位
USART_FLAG_LBD	LIN 中断检测标志位
USART_FLAG_TXE	发送数据寄存器空标志位
USART_FLAG_TC	发送完成标志位
USART_FLAG_RXNE	接收数据寄存器非空标志位
USART_FLAG_IDLE	空闲总线标志位
USART_FLAG_ORE	溢出错误标志位
USART_FLAG_NE	噪声错误标志位
USART_FLAG_FE	帧错误标志位
USART_FLAG_PE	奇偶错误标志位

9. 清除 USARTx 的待处理标志位函数 USART_ClearFlag

清除 USARTx 的待处理标志位函数为 USART_ClearFlag,具体含义如表 5-28 所示。

表 5-28 USART_ClearFlag 函数

函 数 名	USART_ClearFlag
函数原形	void USART_ClearFlag(USART_TypeDef * USARTx, u16 USART_FLAG)
功能描述	清除 USARTx 的待处理标志位
输入参数 1	USARTx:选择 USART 外设,x 可以是 1、2 或 3
输入参数 2	USART_FLAG:待清除的 USART 标志位
输出参数	无
返回值	无
先决条件	无
被调用函数	无

10. 检查指定的 USART 中断发生与否函数 USART_GetITStatus

检查指定的 USART 中断发生与否函数为 USART_GetITStatus,具体含义如表 5-29 所示。

表 5-29　USART_GetITStatus 函数

函 数 名	USART_GetITStatus
函数原形	ITStatus USART_GetITStatus（USART_TypeDef ＊ USARTx，u16 USART_IT）
功能描述	检查指定的 USART 中断发生与否
输入参数 1	USARTx：选择 USART 外设，x 可以是 1、2 或 3
输入参数 2	USART_IT：待检查的 USART 中断源
输出参数	无
返回值	USART_IT 的新状态
先决条件	无
被调用函数	无

表 5-30 给出了所有可以被函数 USART_GetITStatus 检查的中断标志位列表。

表 5-30　USART_IT 值

USART_IT	描　　述
USART_IT_PE	奇偶错误中断
USART_IT_TXE	发送中断
USART_IT_TC	发送完成中断
USART_IT_RXNE	接收中断
USART_IT_IDLE	空闲总线中断
USART_IT_LBD	LIN 中断探测中断
USART_IT_CTS	CTS 中断
USART_IT_ORE	溢出错误中断
USART_IT_NE	噪声错误中断
USART_IT_FE	帧错误中断

11. 清除 USARTx 的中断待处理位函数 USART_ClearITPendingBit

清除 USARTx 的中断待处理位函数为 USART_ClearITPendingBit，具体含义如表 5-31 所示。

表 5-31　USART_ClearITPendingBit 函数

函 数 名	USART_ClearITPendingBit
函数原形	void USART_ClearITPendingBit（USART_TypeDef ＊ USARTx，u16 USART_IT）
功能描述	清除 USARTx 的中断待处理位
输入参数 1	USARTx：选择 USART 外设，x 可以是 1、2 或 3
输入参数 2	USART_IT：待检查的 USART 中断源
输出参数	无
返回值	无
先决条件	无
被调用函数	无

5.3.3　串口设置步骤

串口设置的一般步骤如下。

视频讲解

（1）串口时钟使能，GPIO 时钟使能。

（2）串口复位。

（3）GPIO 端口模式设置。

（4）串口参数初始化。

（5）开启串口中断并且初始化 NVIC（如果需要开启中断才需要这个步骤）。

（6）使能串口。

（7）编写串口中断处理函数。

5.4　串口通信操作实例

视频讲解

下面两段代码，简单地完成了串口通信功能，主程序主要完成串口的初始化然后打印两条信息，编写代码的方式仍然是先写主函数，然后调用子函数，这么编写代码含义清晰，容易理解和分层设计。

5.4.1　主程序

主程序主要完成串口代码初始化（第 6 行），然后打印两条信息说明串口配置正确（第 7、8 行），串口主程序代码如下：

```
1.   # include "stm32f10x.h"
2.   # include "usart1.h"
3.   int main(void)
4.   {
5.       / * USART1 config 115200 8 - N - 1 * /
6.       USART1_Config();
7.       printf("\r\n this is a usart printf test \r\n");
8.       printf("\r\n 欢迎您来到哈尔滨! \r\n");
9.       for(;;)
10.      {
11.      }
12.  }
```

5.4.2　串口初始化代码

串口初始化代码如下：

```
1.   # include "usart1.h"
2.   void USART1_Config(void)
3.   {
4.       GPIO_InitTypeDef GPIO_InitStructure;
5.       USART_InitTypeDef USART_InitStructure;
6.       RCC_APB2PeriphClockCmd( RCC_APB2Periph_USART1|
                                RCC_APB2Periph_GPIOA,ENABLE);
7.       GPIO_InitStructure.GPIO_Pin = GPIO_Pin_9;
8.       GPIO_InitStructure.GPIO_Mode = GPIO_Mode_AF_PP;
9.       GPIO_InitStructure.GPIO_Speed = GPIO_Speed_50MHz;
10.      GPIO_Init(GPIOA,&GPIO_InitStructure);
11.      GPIO_InitStructure.GPIO_Pin = GPIO_Pin_10;
```

```
12.              GPIO_InitStructure.GPIO_Mode = GPIO_Mode_IN_FLOATING;
13.              GPIO_Init(GPIOA,&GPIO_InitStructure);
14.              USART_InitStructure.USART_BaudRate = 115200;
15.              USART_InitStructure.USART_WordLength = USART_WordLength_8b;
16.              USART_InitStructure.USART_StopBits = USART_StopBits_1;
17.              USART_InitStructure.USART_Parity = USART_Parity_No;
18.              USART_InitStructure.USART_HardwareFlowControl =
                                       USART_HardwareFlowControl_None;
19.              USART_InitStructure.USART_Mode = USART_Mode_Rx|
                                                 USART_Mode_Tx;
20.              USART_Init(USART1,&USART_InitStructure);
21.              USART_Cmd(USART1,ENABLE);
22. }
23. ///重定向 c 库函数 printf 到 USART1
24. int fputc(int ch, FILE * f)
25. {
26.              /* 发送 1 字节数据到 USART1 */
27.              USART_SendData(USART1,(uint8_t) ch);
28.              /* 等待发送完毕 */
29.              while(USART_GetFlagStatus(USART1,USART_FLAG_TC) == RESET);
30.              return(ch);
31. }
32. ///重定向 c 库函数 scanf 到 USART1
33. int fgetc(FILE * f)
34. {
35.              /* 等待串口 1 输入数据 */
36.              while(USART_GetFlagStatus(USART1,USART_FLAG_RXNE) == RESET);
37.              return(int)USART_ReceiveData(USART1);
38. }
```

第 6 行配置 USART1 时钟。

第 7～10 行配置 USART1 USART1 Tx(PA. 09)为复用推挽输出,速度为 50MHz。

第 11～13 行配置 USART1 Rx(PA. 10)为浮空输入。

第 14～21 行配置 USART1 模式波特率 115200,数据传输 8 位,停止位 1,无奇偶校验,无硬件流控制。

下面简单介绍这几个与串口基本配置直接相关的固件库函数。这些函数和定义主要分布在 stm32f10x_usart. h 和 stm32f10x_usart. c 文件中。

1. 串口时钟使能

串口是挂载在 APB2 总线下面的外设,所以使能函数为

```
RCC_APB2PeriphClockCmd(RCC_APB2Periph_USART1|RCC_APB2Periph_GPIOA,ENABLE);
```

2. 串口复位

当外设出现异常时可以通过复位设置,实现该外设的复位,然后重新配置这个外设达到让其重新工作的目的。一般在系统刚开始配置外设时,都会先执行复位该外设的操作。复位是在函数 USART_DeInit()中完成:

```
void USART_DeInit(USART_TypeDef * USARTx);
```

比如要复位串口 1,方法为

```
USART_DeInit(USART1);
```

3. 串口参数初始化

串口初始化是通过 USART_Init() 函数实现的：

```
void USART_Init(USART_TypeDef * USARTx,USART_InitTypeDef * USART_InitStruct);
```

这个函数的第一个入口参数是指定初始化的串口标号，这里选择 USART1。

第二个入口参数是一个 USART_InitTypeDef 类型的结构体指针，这个结构体指针的成员变量用来设置串口的一些参数。一般的实现格式为

（1）设置波特率：

```
USART_InitStructure.USART_BaudRate = bound;
```

（2）设置字长：

```
USART_InitStructure.USART_WordLength = USART_WordLength_8b;
```

（3）设置停止位：

```
USART_InitStructure.USART_StopBits = USART_StopBits_1;
```

（4）设置奇偶校验位：

```
USART_InitStructure.USART_Parity = USART_Parity_No;
```

（5）设置件数据流控制：

```
USART_InitStructure.USART_HardwareFlowControl = USART_HardwareFlowControl_None;
```

（6）设置收发模式：

```
USART_InitStructure.USART_Mode = USART_Mode_Rx|USART_Mode_Tx;
```

（7）初始化串口：

```
USART_Init(USART1,&USART_InitStructure);
```

从上面的初始化格式可以看出初始化需要设置的参数为波特率、字长、停止位、奇偶校验位、硬件数据流控制、模式（收，发）。读者可以根据需要设置这些参数。

4. 数据发送与接收

STM32 的发送与接收是通过数据寄存器 USART_DR 来实现的，这是一个双寄存器，包含了 TDR 和 RDR。当向该寄存器写数据时，串口就会自动发送，当收到数据时，也是存在该寄存器内。

STM32 库函数操作 USART_DR 寄存器发送数据的函数是：

```
void USART_SendData(USART_TypeDef * USARTx,uint16_t Data);
```

通过该函数向串口寄存器 USART_DR 写入一个数据。

STM32 库函数操作 USART_DR 寄存器读取串口接收到的数据的函数是：

```
uint16_t USART_ReceiveData(USART_TypeDef * USARTx);
```

通过该函数可以读取串口接收到的数据。

5. 串口状态

串口的状态可以通过状态寄存器 USART_SR 读取。

在固件库函数里面,读取串口状态的函数是:

```
FlagStatus USART_GetFlagStatus(USART_TypeDef * USARTx,uint16_t USART_FLAG);
```

这个函数的第二个入口参数非常关键,用于标识要查看串口的状态,比如上面讲解的 RXNE(读数据寄存器非空)以及 TC(发送完成)。例如要判断读寄存器是否非空(RXNE), 操作库函数的方法是:

```
USART_GetFlagStatus(USART1,USART_FLAG_RXNE);
```

要判断发送是否完成(TC),操作库函数的方法是:

```
USART_GetFlagStatus(USART1,USART_FLAG_TC);
```

这些标识号在 MDK 里面是通过宏定义定义的:

```
#define USART_IT_PE                    ((uint16_t)0x0028)
#define USART_IT_TXE                   ((uint16_t)0x0727)
#define USART_IT_TC                    ((uint16_t)0x0626)
#define USART_IT_RXNE                  ((uint16_t)0x0525)
#define USART_IT_IDLE                  ((uint16_t)0x0424)
#define USART_IT_LBD                   ((uint16_t)0x0846)
#define USART_IT_CTS                   ((uint16_t)0x096A)
#define USART_IT_ERR                   ((uint16_t)0x0060)
#define USART_IT_ORE                   ((uint16_t)0x0360)
#define USART_IT_NE                    ((uint16_t)0x0260)
#define USART_IT_FE                    ((uint16_t)0x0160)
```

6. 串口使能

串口使能是通过函数 USART_Cmd()来实现的,这个很容易理解,使用的方法是:

```
USART_Cmd(USART1,ENABLE);
```

7. 开启串口响应中断

当开启串口中断时,还需要使能串口中断,使能串口中断的函数是:

```
void USART_ITConfig(USART_TypeDef * USARTx,uint16_t USART_IT,  FunctionalState NewState)
```

这个函数的第二个入口参数是标识使能串口的类型,也就是使能哪种中断,因为串口的 中断类型有很多种。比如在接收到数据的时候(RXNE,读数据寄存器非空),要产生中断, 那么开启中断的方法是:

```
USART_ITConfig(USART1,USART_IT_RXNE,ENABLE);
```

在发送数据结束时(TC,发送完成)要产生中断,那么产生中断的方法是:

```
USART_ITConfig(USART1,USART_IT_TC,ENABLE);
```

8. 获取相应中断状态

当使能了某个中断,该中断发生了的时候,就会设置状态寄存器中的某个标志位。经常 在中断处理函数中,要判断该中断是哪种中断,使用的函数是:

```
ITStatus USART_GetITStatus(USART_TypeDef * USARTx, uint16_t USART_IT)
```

比如使能了串口发送完成中断,那么当中断发生了,便可以在中断处理函数中调用这个 函数来判断到底是否是串口发送完成中断,方法是:

```
USART_GetITStatus(USART1,USART_IT_TC)
```

返回值是 SET,说明串口发送完成中断发生。

串口代码实验现象如图 5-13 所示。

图 5-13 串口代码实验现象

5.5 本章小结

本章主要讲述了 STM32 串口通信的基本方法,通过第 4、5 章的学习,对 STM32 的控制方法有了一定了解,注意操作步骤之间的相同点和不同点。

本章例子是通过 printf 输出到串口,实际上读者可以直接使用 USART_SendData (USART1,(uint8_t) ch)函数完成发送数据,读者思考一下,区别在哪里? 读者应详细掌握串口配置每个步骤使用的函数和方法,后续其他功能还会用到大量的 STM32 库函数,读者应掌握如何使用官方库函数的方法。

5.6 习题

(1) RS232 有哪些接线方式?

(2) 串口波特率的计算方法是什么?

(3) 简述 STM32 采用库函数方式操作串口的步骤。

(4) 如何同时打开两个终端实现串口之间数据通信?

第 6 章

直接存储器访问

6.1 本章导读

DMA(直接存储器访问)操作方式是提高 CPU 效率的有效途径,可以简单地理解为,大量的重复性工作经过 CPU"牵线搭桥"后,剩下的工作就由它自己重复性地进行即可,不用时刻关注。通过本章学习,读者可以掌握:

(1) DMA 的基本结构。

(2) 采用寄存器方式操作 STM32 的 DMA。

(3) 采用库函数方式操作 STM32 的 DMA。

(4) 通过一个实例实现 DMA 操作。

视频讲解

6.2 DMA 基础知识

DMA 传输方式无须 CPU 直接控制传输,也没有中断处理方式那样保留现场和恢复现场的过程,通过硬件为 RAM 与 I/O 设备开辟一条直接传送数据的通路,能使 CPU 的效率大为提高。

STM32 最多有两个 DMA 控制器,DMA1 有 7 个通道。DMA2(DMA2 仅存在大容量产品中)有 5 个通道。每个通道专门用来管理来自一个或多个外设对存储器访问的请求。还有一个仲裁器协调各个 DMA 请求的优先权。图 6-1 为 DMA 的内部结构框图。

STM32 的 DMA 有以下一些特性。

(1) 每个通道都直接连接专用的硬件 DMA 请求,每个通道都同样支持软件触发。这些功能通过软件来配置。

(2) 在 7 个请求间的优先权可以通过软件编程设置(共有 4 级:很高、高、中等和低),假如在优先权相等时,由硬件决定(请求 0 优先于请求 1,以此类推)。

(3) 有独立的源和目标数据区的传输宽度(字节、半字、全字),模拟打包和拆包的过程。源和目标地址必须按数据传输宽度对齐。

(4) 支持循环的缓冲器管理。

(5) 每个通道都有 3 个事件标志(DMA 半传输、DMA 传输完成和 DMA 传输出错),这3 个事件标志通过逻辑或操作成为一个单独的中断请求。

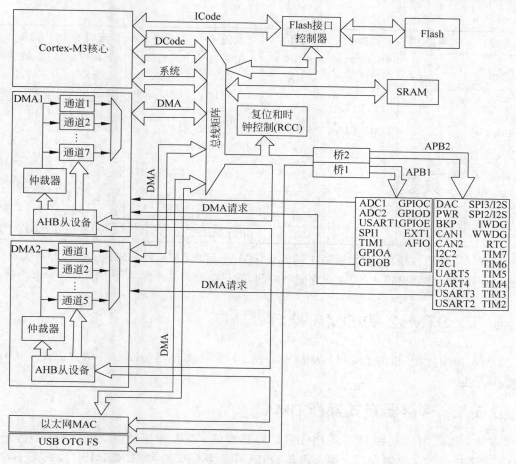

图 6-1 DMA 内部结构框图

（6）可以在存储器和存储器间传输。

（7）可以在外设和存储器、存储器和外设间传输。

（8）闪存、SRAM、外设的 SRAM、APB1、APB2 和 AHB 外设均可作为访问的源和目标。

（9）可编程的数据传输数目最大为 65536。

STM32F103RC 有两个 DMA 控制器：DMA1 和 DMA2。本章主要介绍 DMA1。

从外设（TIMx、ADC、SPIx、I2Cx 和 USARTx）产生的 DMA 请求，通过逻辑或操作输入到 DMA 控制器，同时只能有一个请求有效。外设的 DMA 请求，可以通过设置相应的外设寄存器中的控制位，独立开启或关闭。表 6-1 是各通道的 DMA1 请求一览表。

表 6-1 各个通道的 DMA1 请求

外设	通道 1	通道 2	通道 3	通道 4	通道 5	通道 6	通道 7
ADC1	ADC1						
SPI/I2S		SPI1_RX	SPI1_TX	SPI/I2S2_RX	SPI/I2S2_TX		

续表

外设	通道 1	通道 2	通道 3	通道 4	通道 5	通道 6	通道 7
USART		USART3_TX	USART3_RX	USART1_TX	USART1_RX	USART2_RX	USART2_TX
I2C				I2C2_TX	I2C2_RX	I2C1_TX	I2C1_RX
TIM1		TIM1_CH1	TIM1_CH2	TIM1_TX4 TIM1_TRIG TIM1_COM	TIM1_UP	TIM1_CH3	
TIM2	TIM2_CH3	TIM2_UP			TIM2_CH1		TIM2_CH2 TIM2_CH4
TIM3		TIM3_CH3	TIM3_CH4 TIM3_UP			TIM3_CH1 TIM3_TRIG	
TIM4	TIM4_CH1			TIM4_CH2	TIM4_CH3		TIM4_UP

解释一下逻辑或操作,例如通道 1 的几个 DMA1 请求(ADC1、TIM2_CH3、TIM4_CH1),是通过逻辑或操作到通道 1 的,这样在同一时间,就只能使用其中的一个。其他通道也类似。

6.3　STM32 的 DMA 操作

DMA 使用方便,提高了 CPU 的使用效率。下面从寄存器和库函数两方面说明 DMA 的操作方法。

6.3.1　寄存器方式操作 DMA

视频讲解

本节主要使用的是串口 1 采用 DMA 传送方式,要用到通道 4。接下来,重点介绍 DMA 设置相关的几个寄存器。第 1 个是 DMA 中断状态寄存器(DMA_ISR),该寄存器的各位描述如图 6-2 和表 6-2 所示。

31	30	29	28	27	26	25	24	23	22	21	20	19	18	17	16
保留				TEIF 7	HTIF 7	TCIF 7	GIF 7	TEIF 6	HTIF 6	TCIF 6	GIF 6	TEIF 5	HTIF 5	TCIF 5	GIF 5
				r	r	r	r	r	r	r	r	r	r	r	r

15	14	13	12	11	10	9	8	7	6	5	4	3	2	1	0
TEIF 4	HTIF 4	TCIF 4	GIF 4	TEIF 3	HTIF 3	TCIF 3	GIF 3	TEIF 2	HTIF 2	TCIF 2	GIF 2	TEIF 1	HTIF 1	TCIF 1	GIF 1
r	r	r	r	r	r	r	r	r	r	r	r	r	r	r	r

图 6-2　DMA_ISR 寄存器

表 6-2　DMA_ISR 寄存器各位详细描述

位	描　述
位 31:28	保留,始终读为 0
位 27,23,19,15,11, 7,3 TEIFx	通道 x 的传输错误标志(x=1,2,…,7),硬件设置这些位。在 DMA_IFCR 寄存器的相应位写入"1"可以清除这里对应的标志位 0:在通道 x 没有传输错误(TE) 1:在通道 x 发生了传输错误(TE)

位	描　述
位 26,22,18,14,10, 6,2 HTIFx	通道 x 的半传输标志(x=1,2,…,7),硬件设置这些位。在 DMA_IFCR 寄存器的相应位写入"1"可以清除这里对应的标志位
	0:在通道 x 没有半传输事件(HT)
	1:在通道 x 产生了半传输事件(HT)
位 25,21,17,13,9, 5,1 TCIFx	通道 x 的传输完成标志(x=1,2,…,7),硬件设置这些位。在 DMA_IFCR 寄存器的相应位写入"1"可以清除这里对应的标志位
	0:在通道 x 没有传输完成事件(TC)
	1:在通道 x 产生了传输完成事件(TC)
位 24,20,16,12,8, 4,0 GIFx	通道 x 的全局中断标志(x=1,2,…,7),硬件设置这些位。在 DMA_IFCR 寄存器的相应位写入"1"可以清除这里对应的标志位
	0:在通道 x 没有 TE、HT 或 TC 事件
	1:在通道 x 产生了 TE、HT 或 TC 事件

如果开启了 DMA_ISR 中这些中断,达到条件后就会跳到中断服务函数里面,即使没开启,也可以通过查询这些位来获得当前 DMA 传输的状态。常用的是 TCIFx,即通道 DMA 传输完成与否的标志。此寄存器为只读寄存器,所以这些位被置位之后,只能通过其他的操作来清除。

第 2 个是 DMA 中断标志清除寄存器(DMA_IFCR)。该寄存器的各位描述如图 6-3 和表 6-3 所示。

31	30	29	28	27	26	25	24	23	22	21	20	19	18	17	16
保留				CTEIF7	CHTIF7	CTCIF7	CGIF7	CTEIF6	CHTIF6	CTCIF6	CGIF6	CTEIF5	CHTIF5	CTCIF5	CGIF5
				rw	rw	rw	rw	rw	rw	rw	rw	rw	rw	rw	rw

15	14	13	12	11	10	9	8	7	6	5	4	3	2	1	0
CTEIF4	CHTIF4	CTCIF4	CGIF4	CTEIF3	CHTIF3	CTCIF3	CGIF3	CTEIF2	CHTIF2	CTCIF2	CGIF2	CTEIF1	CHTIF1	CTCIF1	CGIF1
rw	rw	rw	rw	rw	rw	rw	rw	rw	rw	rw	rw	rw	rw	rw	rw

图 6-3　DMA_IFCR 寄存器

表 6-3　DMA_IFCR 寄存器各位详细描述

位	描　述
位 31:28	保留,始终读为 0
位 27,23,19,15,11, 7,3 CTEIFx	清除通道 x 的传输错误标志(x=1,2…,7),这些位由软件设置和清除
	0:不起作用
	1:清除 DMA_ISR 寄存器中的对应 TEIF 标志
位 26,22,18,14,10, 6,2 CHTIFx	清除通道 x 的半传输标志(x=1,2…,7),这些位由软件设置和清除
	0:不起作用
	1:清除 DMA_ISR 寄存器中的对应 HTIF 标志
位 25,21,17,13,9, 5,1 CTCIFx	清除通道 x 的传输完成标志(x=1,2,…,7),这些位由软件设置和清除
	0:不起作用
	1:清除 DMA_ISR 寄存器中的对应 TCIF 标志
位 24,20,16,12,8, 4,0 CGIFx	清除通道 x 的全局中断标志(x=1,2,…,7),这些位由软件设置和清除
	0:不起作用
	1:清除 DMA_ISR 寄存器中的对应的 GIF、TEIF、HTIF 和 TCIF 标志

DMA_IFCR 的各位是用来清除 DMA_ISR 的对应位的,通过写 0 清除。在 DMA_ISR

置位后,必须通过向该位寄存器对应的位写入 0 来清除。

第 3 个是 DMA 通道 x 配置寄存器（DMA_CCRx）（x＝1,2,…,7）。该寄存器控制着 DMA 的很多相关信息,包括数据宽度、外设及存储器的宽度、通道优先级、增量模式、传输方向、中断允许、使能等,都是通过该寄存器设置。所以 DMA_CCRx 是 DMA 传输的核心控制寄存器。该寄存器的各位描述如图 6-4 和表 6-4 所示。

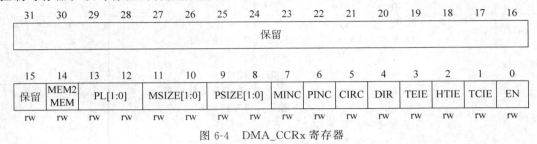

图 6-4 DMA_CCRx 寄存器

表 6-4 DMA_CCRx 寄存器各位详细描述

位	描 述
位 31:15	保留,始终读为 0
位 14 MEM2MEM	存储器到存储器模式,该位由软件设置和清除 0:非存储器到存储器模式 1:启动存储器到存储器模式
位 13:12 PL[1:0]	通道优先级,这些位由软件设置和清除 00:低　　　　01:中　　　　10:高　　　　11:最高
位 11:10 MSIZE[1:0]	存储器数据宽度,这些位由软件设置和清除 00:8 位　　　01:16 位　　　10:32 位　　　11:保留
位 9:8 PSIZE[1:0]	外设数据宽度,这些位由软件设置和清除 00:8 位　　　01:16 位　　　10:32 位　　　11:保留
位 7 MINC	存储器地址增量模式,该位由软件设置和清除 0:不执行存储器地址增量操作 1:执行存储器地址增量操作
位 6 PINC	外设地址增量模式,该位由软件设置和清除 0:不执行外设地址增量操作 1:执行外设地址增量操作
位 5 CIRC	循环模式,该位由软件设置和清除 0:不执行循环操作 1:执行循环操作
位 4 DIR	数据传输方向,该位由软件设置和清除 0:从外设读 1:从存储器读
位 3 TEIE	允许传输错误中断,该位由软件设置和清除 0:禁止 TE 中断 1:允许 TE 中断
位 2 HTIE	允许半传输中断,该位由软件设置和清除 0:禁止 HT 中断 1:允许 HT 中断

位	描　述
位 1 TCIE	允许传输完成中断,该位由软件设置和清除 0:禁止 TC 中断 1:允许 TC 中断
位 0 EN	通道开启,该位由软件设置和清除 0:通道不工作 1:通道开启

第 4 个是 DMA 通道 x 传输数据量寄存器(DMA_CNDTRx)。这个寄存器控制 DMA 通道 x 的每次传输所要传输的数据量。其设置范围为 0~65535,并且该寄存器的值会随着传输的进行而减少,当该寄存器的值为 0 时,代表此次数据传输已经全部发送完成。所以可以通过这个寄存器的值来知道当前 DMA 传输的进度。该寄存器的各位描述如图 6-5 和表 6-5 所示。

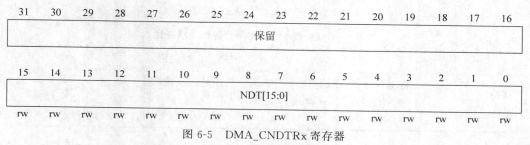

图 6-5　DMA_CNDTRx 寄存器

表 6-5　DMA_CNDTRx 寄存器各位详细描述

位	描　述
位 31:16	保留,始终读为 0
位 15:0 NDT[15:0]	数据传输数量,数据传输数量为 0~65535。这个寄存器只能在通道不工作(DMA_CCRx 的 EN=0)时写入。通道开启后,该寄存器变为只读,指示剩余的待传输字节数目。寄存器内容在每次 DMA 传输后递减。数据传输结束后,寄存器的值或者变为 0,或者当该通道配置为自动重加载模式时,寄存器的值将自动重新加载为之前配置时的数值。当寄存器的值为 0 时,无论通道是否开启,都不会发生任何数据传输

第 5 个是 DMA 通道 x 的外设地址寄存器(DMA_CPARx)。该寄存器用来存储 STM32 外设的地址,例如使用串口 1,那么该寄存器必须写入 0x40013804(其实就是 &USART1_DR)。如果使用其他外设,则修改成相应外设的地址就行了。该寄存器的各位描述如图 6-6 和表 6-6 所示。

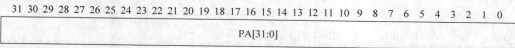

图 6-6　DMA_CPARx 寄存器

表 6-6　DMA_CPARx 寄存器各位详细描述

位	描　述
位 31:0	PA[31:0]：外设地址（Peripheraladdress） 外设数据寄存器的基地址，作为数据传输的源或目标 当 PSIZE＝"01"（16 位），不使用 PA[0]位。操作自动地与半字地址对齐 当 PSIZE＝"10"（32 位），不使用 PA[1:0]位。操作自动地与字地址对齐

　　最后一个是 DMA 通道 x 的存储器地址寄存器（DMA_CMARx），该寄存器和 DMA_CPARx 类似，但是是用来放存储器的地址。例如使用 SendBuff[5200]数组来做存储器，那么在 DMA_CMARx 中写入 &SendBuff 就可以了。该寄存器的各位描述如图 6-7 和表 6-7 所示。

31 30 29 28 27 26 25 24 23 22 21 20 19 18 17 16 15 14 13 12 11 10 9 8 7 6 5 4 3 2 1 0

MA[31:0]

rw rw rw rw rw rw rw rw rw rw rw rw rw rw rw rw rw rw rw rw rw rw rw rw rw rw rw rw rw rw rw rw

图 6-7　DMA_CMARx 寄存器

表 6-7　DMA_CMARx 寄存器各位详细描述

位	描　述
位 31:0 MA[31:0]	存储器地址，存储器地址作为数据传输的源或目标 当 MSIZE＝"01"（16 位），不使用 MA[0]位。操作自动地与半字地址对齐 当 MSIZE＝"10"（32 位），不使用 MA[1:0]位。操作自动地与字地址对齐

视频讲解

6.3.2　库函数方式操作 DMA

　　通过以上寄存器的介绍，了解了 STM32 的 DMA 寄存器模式的相关设置，接下来学习库函数操作 DMA。表 6-8 给出了操作 DMA 的库函数列表，重点介绍几个常用的函数。

表 6-8　DMA 库函数

函 数 名	描　述
DMA_DeInit	将 DMA 的通道 x 寄存器重设为缺省值
DMA_Init	根据 DMA_InitStruct 中指定的参数初始化 DMA 的通道 x 寄存器
DMA_StructInit	把 DMA_InitStruct 中的每一个参数按缺省值填入
DMA_Cmd	使能或者失能指定的通道 x
DMA_ITConfig	使能或者失能指定的通道 x 中断
DMA_GetCurrDataCounte	返回当前 DMA 通道 x 剩余的待传输数据数目
DMA_GetFlagStatus	检查指定的 DMA 通道 x 标志位设置与否
DMA_ClearFlag	清除 DMA 通道 x 待处理标志位
DMA_GetITStatus	检查指定的 DMA 通道 x 中断发生与否
DMA_ClearITPendingBit	清除 DMA 通道 x 中断待处理标志位

1. 函数 DMA_DeInit 函数

　　将 DMA 的通道 x 寄存器重设为缺省值的函数为 DMA_DeInit，如表 6-9 所示。

表 6-9　DMA_DeInit 函数

函 数 名	DMA_DeInit
函数原形	void DMA_DeInit(DMA_Channel_TypeDef * DMA_Channelx)
功能描述	将 DMA 的通道 x 寄存器重设为缺省值
输入参数	DMA_Channelx：选择 DMA 通道 x，x 可以是 1,2,…,7
输出参数	无
返回值	无
先决条件	无
被调用函数	RCC_APBPeriphResetCmd()

2. DMA_Init 函数

初始化 DMA 函数为 DMA_Init，表 6-10 给出了详细的说明。

表 6-10　DMA_Init 函数

函 数 名	DMA_Init
函数原形	void DMA_Init(DMA_Channel_TypeDef * DMA_Channelx, DMA_InitTypeDef * DMA_InitStruct)
功能描述	根据 DMA_InitStruct 中指定的参数初始化 DMA 的通道 x 寄存器
输入参数 1	DMA_Channelx：选择 DMA 通道 x，x 可以是 1,2,…,7
输入参数 2	DMA_InitStruct：指向结构 DMA_InitTypeDef 的指针，包含了 DMA 通道 x 的配置信息
输出参数	无
返回值	无
先决条件	无
被调用函数	无

DMA_InitTypeDef 的结构体定义于文件"stm32f10x_dma.h"中：

```
typedef struct {
  u32 DMA_PeripheralBaseAddr;
  u32 DMA_MemoryBaseAddr;
  u32 DMA_DIR;
  u32 DMA_BufferSize;
  u32 DMA_PeripheralInc;
  u32 DMA_MemoryInc;
  u32 DMA_PeripheralDataSize;
  u32 DMA_MemoryDataSize;
  u32 DMA_Mode;
  u32 DMA_Priority;
  u32 DMA_M2M;
} DMA_InitTypeDef;
```

（1）DMA_PeripheralBaseAddr：该参数用来定义 DMA 外设基地址。

（2）DMA_MemoryBaseAddr：该参数用来定义 DMA 内存基地址。

（3）DMA_DIR：规定了外设是作为数据传输的目的地还是来源。表 6-11 给出了该参数的取值范围。

表 6-11　DMA_DIR 值

DMA_DIR	描　述
DMA_DIR_PeripheralDST	外设作为数据传输的目的地
DMA_DIR_PeripheralSRC	外设作为数据传输的来源

（4）DMA_BufferSize：用来定义指定 DMA 通道的 DMA 缓存的大小，单位为数据单位。根据传输方向，数据单位等于结构中参数 DMA_PeripheralDataSize 或者参数 DMA_MemoryDataSize 的值。

（5）DMA_PeripheralInc：用来设定外设地址寄存器递增与否。表 6-12 给出了该参数的取值范围。

表 6-12　DMA_PeripheralInc 值

DMA_PeripheralInc	描　述
DMA_PeripheralInc_Enable	外设地址寄存器递增
DMA_PeripheralInc_Disable	外设地址寄存器不变

（6）DMA_MemoryInc：用来设定内存地址寄存器递增与否。表 6-13 给出了该参数的取值范围。

表 6-13　DMA_MemoryInc 值

DMA_MemoryInc	描　述
DMA_PeripheralInc_Enable	内存地址寄存器递增
DMA_PeripheralInc_Disable	内存地址寄存器不变

（7）DMA_PeripheralDataSize：设定外设数据宽度。表 6-14 给出了该参数的取值范围。

表 6-14　DMA_PeripheralDataSize 值

DMA_PeripheralDataSize	描　述
DMA_PeripheralDataSize_Byte	数据宽度为 8 位
DMA_PeripheralDataSize_HalfWord	数据宽度为 16 位
DMA_PeripheralDataSize_Word	数据宽度为 32 位

（8）DMA_MemoryDataSize：设定了内存数据宽度。表 6-15 给出了该参数的取值范围。

表 6-15　DMA_MemoryDataSize 值

DMA_MemoryDataSize	描　述
DMA_MemoryDataSize_Byte	数据宽度为 8 位
DMA_MemoryDataSize_HalfWord	数据宽度为 16 位
DMA_MemoryDataSize_Word	数据宽度为 32 位

（9）DMA_Mode：设置 DMA 的工作模式，表 6-16 给出了工作模式选择。

表 6-16　DMA_Mode 值

DMA_Mode	描　述
DMA_Mode_Circular	工作在循环缓存模式
DMA_Mode_Normal	工作在正常缓存模式

注意 当指定 DMA 通道数据传输配置为内存到内存时，不能使用循环缓存模式。

（10）DMA_Priority：设定 DMA 通道 x 的软件优先级。表 6-17 给出了该参数可取的值。

表 6-17　DMA_Priority 值

DMA_Mode	描　述
DMA_Priority_VeryHigh	DMA 通道 x 拥有非常高优先级
DMA_Priority_High	DMA 通道 x 拥有高优先级
DMA_Priority_Medium	DMA 通道 x 拥有中优先级
DMA_Priority_Low	DMA 通道 x 拥有低优先级

（11）DMA_M2M：使能 DMA 通道的内存到内存传输。表 6-18 给出了该参数可取的值。

表 6-18　DMA_M2M 值

DMA_M2M	描　述
DMA_M2M_Enable	DMA 通道 x 设置为内存到内存传输
DMA_M2M_Disable	DMA 通道 x 没有设置为内存到内存传输

3. DMA_StructInit 函数

把 DMA_InitStruct 中的每一个参数按缺省值填入的函数为 DMA_StructInit，表 6-19 给出了该函数的具体描述。

表 6-19　DMA_StructInit 函数

函 数 名	DMA_StructInit
函数原形	void DMA_StructInit(DMA_InitTypeDef * DMA_InitStruct)
功能描述	把 DMA_InitStruct 中的每一个参数按缺省值填入
输入参数	DMA_InitStruct：指向结构 DMA_InitTypeDef 的指针，待初始化
输出参数	无
返回值	无
先决条件	无
被调用函数	无

结构 DMA_InitStruct 的各个成员的缺省值如表 6-20 所示。

表 6-20　DMA_InitStruct 缺省值

成　员	缺　省　值
DMA_PeripheralBaseAddr	0
DMA_MemoryBaseAddr	0

续表

成　　员	缺　省　值
DMA_DIR	DMA_DIR_PeripheralSRC
DMA_BufferSize	0
DMA_PeripheralInc	DMA_PeripheralInc_Disable
DMA_MemoryInc	DMA_MemoryInc_Disable
DMA_PeripheralDataSize	DMA_PeripheralDataSize_Byte
DMA_MemoryDataSize	DMA_MemoryDataSize_Byte
DMA_Mode	DMA_Mode_Normal
DMA_Priority	DMA_Priority_Low
DMA_M2M	DMA_M2M_Disable

4. DMA_Cmd 函数

使能或者失能指定的通道的函数为 DMA_Cmd，具体描述如表 6-21 所示。

表 6-21　函数 DMA_Cmd

函　数　名	DMA_Cmd
函数原形	void DMA_Cmd（DMA_Channel_TypeDef ＊ DMA_Channelx，FunctionalState NewState）
功能描述	使能或者失能指定的通道 x
输入参数 1	DMA_Channelx：选择 DMA 通道 x，x 可以是 1，2，…，7
输入参数 2	NewState：DMA 通道 x 的新状态参数，可以取 ENABLE 或者 DISABLE
输出参数	无
返回值	无
先决条件	无
被调用函数	无

5. DMA_ITConfig 函数

使能或者失能指定的通道的中断函数为 DMA_ITConfig，具体描述如表 6-22 所示。

表 6-22　函数 DMA_ITConfig

函　数　名	DMA_ITConfig
函数原形	void DMA_ITConfig（DMA_Channel_TypeDef ＊ DMA_Channelx，u32 DMA_IT，FunctionalState NewState）
功能描述	使能或者失能指定的通道 x 中断
输入参数 1	DMA_Channelx：选择 DMA 通道 x，x 可以是 1，2，…，7
输入参数 2	DMA_IT：待使能或者失能的 DMA 中断源，使用操作符"｜"可以同时选中多个 DMA 中断源
输入参数 3	NewState：DMA 通道 x 中断的新状态参数，可以取 ENABLE 或者 DISABLE
输出参数	无
返回值	无
先决条件	无
被调用函数	无

DMA_IT：输入参数 DMA_IT 使能或者失能 DMA 通道 x 的中断。可以取表 6-23 中的一个或者多个取值的组合作为该参数的值。

表 6-23　DMA_IT 值

DMA_IT	描　　述
DMA_IT_TC	传输完成中断屏蔽
DMA_IT_HT	传输过半中断屏蔽
DMA_IT_TE	传输错误中断屏蔽

6.3.3　DMA 设置步骤

视频讲解

DMA 设置的一般步骤如下。

（1）使能 DMA 时钟。

（2）初始化 DMA 通道参数。

（3）使能串口 DMA 发送。

（4）使能 DMA 通道，启动传输。

（5）查询 DMA 传输状态。

6.4　DMA 操作实例

视频讲解

本节通过库函数方法，实现一个简单的 DMA 传输的例子。

6.4.1　主程序

主函数：在主函数中，首先调用了用户函数 USART1_Config()、DMA_Config() 及 LED_GPIO_Config()，分别配置好串口、DMA 及 LED 外设。该例子是利用 DMA 把数据（数组）从内存转移到外设（串口）。外设工作的时候，除了转移数据，实质是不需要内核干预的，而数据转移的工作现在交给了 DMA，所以在串口发送数据的时候，内核同时还可以进行其他操作，例如点亮 LED 灯。

```
1.   # include "stm32f10x.h"
2.   # include "usart1.h"
3.   # include "led.h"
4.   extern uint8_t SendBuff[SENDBUFF_SIZE];
5.   static void Delay(__IO u32 nCount);
6.   int main(void)
7.   {
8.           USART1_Config();
9.           USART1_DMA_Config();
10.          LED_GPIO_Config();
11.          printf("\r\n usart1 DMA TX Test \r\n");
12.          {
13.              uint16_t i;
14.              for(i = 0;i < SENDBUFF_SIZE;i++)
15.              {
16.                  SendBuff[i] = 'A';
17.              }
18.          }
19.          USART_DMACmd(USART1, USART_DMAReq _Tx, ENABLE);
20.          for(;;)
```

```
21.                 {
22.                     LED1(ON);
23.                     Delay(0xFFFFF);
24.                     LED1(OFF);
25.                     Delay(0xFFFFF);
26.                 }
27. }
28. static void Delay(__IO uint32_t nCount)
29. {
30.     for(; nCount != 0; nCount -- );
31. }
```

第 8 行,串口 USART1 配置。

第 9 行,串口 USART1 的 DMA 配置。

第 10 行,外部 I/O 配置。

第 11～18 行,DMA 传输的数据。

第 19 行,开启串口发送 DMA。

第 20～27 行,流水灯程序。

第 28～31 行,延时程序。

6.4.2　DMA 初始化代码

DMA 控制传输代码如下:

```
1.   # include "usart1.h"
2.   uint8_t SendBuff[SENDBUFF_SIZE];
3.   void USART1_Config(void)
4.   {
5.           GPIO_InitTypeDef GPIO_InitStructure;
6.           USART_InitTypeDef USART_InitStructure;
7.           RCC_APB2PeriphClockCmd(RCC_APB2Periph_USART1 |
                                    RCC_APB2Periph_GPIOA, ENABLE);
8.           GPIO_InitStructure.GPIO_Pin = GPIO_Pin_9;
9.           GPIO_InitStructure.GPIO_Mode = GPIO_Mode_AF_PP;
10.          GPIO_InitStructure.GPIO_Speed = GPIO_Speed_50MHz;
11.          GPIO_Init(GPIOA, & GPIO_InitStructure);
12.          GPIO_InitStructure.GPIO_Pin = GPIO_Pin_10;
13.          GPIO_InitStructure.GPIO_Mode = GPIO_Mode_IN_FLOATING;
14.          GPIO_Init(GPIOA, & GPIO_InitStructure);
15.          USART_InitStructure.USART_BaudRate = 115200;
16.          USART_InitStructure.USART_WordLength = USART_WordLength_8b;
17.          USART_InitStructure.USART_StopBits = USART_StopBits_1;
18.          USART_InitStructure.USART_Parity = USART_Parity_No;
19.          USART_InitStructure.USART_HardwareFlowControl =
                                        USART_HardwareFlowControl_None;
20.          USART_InitStructure.USART_Mode = USART_Mode_Rx |
                                                    USART_Mode_Tx;
21.          USART_Init(USART1, & USART_InitStructure);
22.          USART_Cmd(USART1, ENABLE);
23.  }
24.  void USART1_DMA_Config(void)
25.  {
```

```
26.          DMA_InitTypeDef DMA_InitStructure;
27.          RCC_AHBPeriphClockCmd(RCC_AHBPeriph_DMA1, ENABLE);
28.          DMA_InitStructure.DMA_PeripheralBaseAddr = USART1_DR_Base;
29.          DMA_InitStructure.DMA_MemoryBaseAddr = (u32)SendBuff;
30.          DMA_InitStructure.DMA_DIR = DMA_DIR_PeripheralDST;
31.          DMA_InitStructure.DMA_BufferSize = SENDBUFF_SIZE;
32.          DMA_InitStructure.DMA_PeripheralInc = DMA_PeripheralInc_Disable;
33.          DMA_InitStructure.DMA_MemoryInc = DMA_MemoryInc_Enable;
34.          DMA_InitStructure.DMA_PeripheralDataSize =
                                        DMA_PeripheralDataSize_Byte;
35.          DMA_InitStructure.DMA_MemoryDataSize =
                                        DMA_MemoryDataSize_Byte;
36.          DMA_InitStructure.DMA_Mode = DMA_Mode_Circular;
37.          DMA_InitStructure.DMA_Priority = DMA_Priority_Medium;
38.          DMA_InitStructure.DMA_M2M = DMA_M2M_Disable;
39.          DMA_Init(DMA1_Channel4, &DMA_InitStructure);
40.          DMA_Cmd (DMA1_Channel4,ENABLE);
41.          DMA_ITConfig(DMA1_Channel4,DMA_IT_TC,ENABLE);
42. }
43. int fputc(int ch, FILE * f)
44. {
45.          USART_SendData(USART1, (uint8_t) ch);
46.          while(USART_GetFlagStatus(USART1, USART_FLAG_TC) ==
                                        RESET);
47.          return(ch);
48. }
49. int fgetc(FILE * f)
50. {
51.          while(USART_GetFlagStatus(USART1, USART_FLAG_RXNE) == RESET);
52.          return(int)USART_ReceiveData(USART1);
53. }
```

6.4.3　代码分析和实验结果

主程序中,代码第 8 行为初始化串口,第 5 章已经详细说明。

第 9 行为 DMA 初始化,是本章的重点,采用子程序调用的方法初始化 DMA 初始化代码。

第 14~18 行,填充将要发送的数据。

第 19 行,USART1 向 DMA 发出 TX 请求。

第 20~27 行,相当于此时 CPU 是空闲的,在做其他的事情。

子程序是 DMA 的核心初始化代码:

第 27 行,开启 DMA 时钟使用 DMA 时钟。

第 28 行,设置 DMA 源,本章采用串口的 DMA 传输,所以为串口数据寄存器地址。

第 29 行,设置内存地址,即要传输的变量的指针。

第 30 行,设置传输方向为从内存到外设。

第 31 行,设置传输数据的大小,即 DMA_BufferSize=SENDBUFF_SIZE。

第 32 行,设置外设地址改变方式为外设地址不增。

第 33 行,设置内存地址改变方式为内存地址自增。

第 34 行,设置外设数据单位。

第 35 行,设置内存数据单位。

第 36 行,设置 DMA 模式为不断循环。

第 37 行,设置优先级为中。

第 38 行,设置禁止内存到内存的传输。

第 39 行,初始化 DMA 通道参数。

第 40 行,使能 DMA 通道,启动传输。

第 41 行,配置 DMA 发送完成后产生中断。

DMA 实验现象如图 6-8 所示。

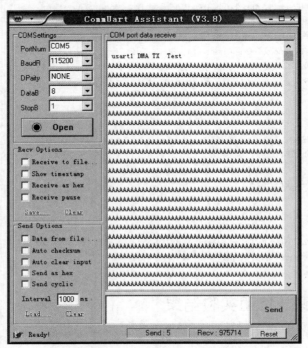

图 6-8　DMA 实验现象

6.5　本章小结

本章主要讲述了 DMA 的操作方法,DMA 的实质是将指定"外设"的地址、"内存"的地址和其他约定设置好后,就可以绕过 CPU 实现数据的传输,这样减少了 CPU 的开销,提高了 CPU 的利用效率,DMA 配置细节较多,但是使用时方法固定,核心是外设基地址和内存的地址,其他均可采用默认的方式。经过第 3、4、5 章的学习,下面简单回顾一下编程的基本思路,从主程序入手:

```
main()
{
    初始化代码(如初始化 I/O、初始化 USART、初始化 DMA);
}
```

　　这里初始化代码全部采用子程序编写,条理清晰,但是要注意先后顺序,如先初始化 USART 模块,然后初始化 I/O,如果使用 A 口,这时初始化 A 口时钟,容易对串口初始化过的时钟产生覆盖,造成串口失效。

```
while(1)
{
    {
        具体功能子程序;
    }
}
```

　　模块化编程,有利于建立起编程框架的概念,容易实现代码的管理和调试。

6.6 习题

　　(1) DMA 传输的本质是什么?
　　(2) 采用库函数法操作 DMA 初始化的步骤是什么?
　　(3) 确定 DMA 外设基地址的方法是什么?
　　(4) 编程实现串口数据的 DMA 传输。

第 7 章

模拟/数字转换器

7.1 本章导读

STM32 自带 12 位 ADC(模拟/数字转换器),有 1~3 个 ADC(STM32F101/102 系列只有 1 个 ADC),这些 ADC 可以独立使用,也可以使用双重模式(提高采样率),操作简单,使用方便。通过本章学习,读者可以:

(1) 了解 STM32 自带 ADC 的主要特性及其基本结构。

(2) 了解 ADC 的重要基础知识,如通道选择、模式转换等。

(3) 掌握通过寄存器操作 STM32 的 ADC 的方法。

(4) 掌握通过库函数操作 STM32 的 ADC 的步骤和方法。

7.2 ADC 基础知识

视频讲解

STM32 的 ADC 是 12 位逐次逼近型的模拟/数字转换器。它有 18 个通道,可测量 16 个外部和 2 个内部信号源。各通道的模拟/数字转换可以按单次、连续、扫描或间断转换模式执行。

7.2.1 ADC 主要特性

(1) 12 位分辨率。

(2) 转换结束、注入转换结束和发生模拟看门狗事件时产生中断。

(3) 单次和连续转换模式。

(4) 从通道 0 到通道 n 的自动扫描模式。

(5) 自校准。

(6) 带内嵌数据一致性的数据对齐。

(7) 采样间隔可以按通道分别编程。

(8) 规则转换和注入转换均有外部触发选项。

(9) 间断模式。

(10) 双重模式(带两个或以上 ADC 的器件)。

（11）ADC 转换时间为：

① STM32F103xx 增强型产品，时钟为 56MHz 时为 $1\mu s$；时钟为 72MHz 时为 $1.17\mu s$。

② STM32F101xx 基本型产品，时钟为 28MHz 时为 $1\mu s$；时钟为 36MHz 时为 $1.55\mu s$。

③ STM32F102xxUSB 型产品，时钟为 48MHz 时为 $1.2\mu s$。

④ STM32F105xx 和 STM32F107xx 产品，时钟为 56MHz 时为 $1\mu s$；时钟为 72MHz 时为 $1.17\mu s$。

（12）ADC 供电要求为 2.4～3.6V。

（13）ADC 输入范围为 $V_{REF-} \leqslant V_{IN} \leqslant V_{REF+}$。

（14）规则通道转换期间有 DMA 请求产生。

7.2.2　ADC 框图及引脚分布

图 7-1 为一个 ADC 模块的框图，表 7-1 为 ADC 引脚的说明。

表 7-1　ADC 引脚说明

名　　称	信 号 类 型	注　　解
V_{REF+}	输入，模拟参考正极	ADC 使用的高端/正极参考电压，$2.4V \leqslant V_{REF+} \leqslant V_{DDA}$
V_{DDA}	输入，模拟电源	等效于 V_{DD} 的模拟电源且 $2.4V \leqslant V_{DDA} \leqslant V_{DD}(3.6V)$
V_{REF-}	输入，模拟参考负极	ADC 使用的低端/负极参考电压，$V_{REF-} = V_{SSA}$
V_{SSA}	输入，模拟电源地	等效于 V_{SS} 的模拟电源地
$ADC_x\_IN[15:0]$	模拟输入信号	16 个模拟输入通道

STM32F103 系列最少都拥有两个 ADC，选择的 STM32F103ZET 包含 3 个 ADC。

STM32 的 ADC 最大的转换速率为 1MHz，也就是转换时间为 $1\mu s$（在 ADCCLK = 14M，采样周期为 1.5 个 ADC 时钟下得到），不要让 ADC 的时钟超过 14MHz，否则将导致结果准确度下降。

7.2.3　通道选择

STM32 有 16 个多路通道。可以把转换组织成两组，分别为规则通道组和注入通道组。在任意多个通道上以任意顺序进行的一系列转换，构成成组转换。规则通道相当于正常运行的程序，而注入通道相当于中断。程序正常执行时，中断是可以打断执行的。类似地，注入通道的转换可以打断规则通道的转换，注入通道被转换完成之后，规则通道才得以继续转换。

例如，可以按如下顺序完成转换：通道 3、通道 8、通道 2、通道 2、通道 0、通道 2、通道 2、通道 15。

（1）规则组由多达 16 个转换组成。规则通道和它们的转换顺序在 ADC_SQRx 寄存器中选择。规则组中转换的总数应写入 ADC_SQR1 寄存器的 L[3:0] 位。

（2）注入组由多达 4 个转换组成。注入通道和它们的转换顺序在 ADC_JSQR 寄存器中选择。注入组里的转换总数目应写入 ADC_JSQR 寄存器的 L[1:0] 位。

如果 ADC_SQRx 或 ADC_JSQR 寄存器在转换期间更改，当前的转换清除，一个新的启动脉冲将发送到 ADC 以转换新选择的组。

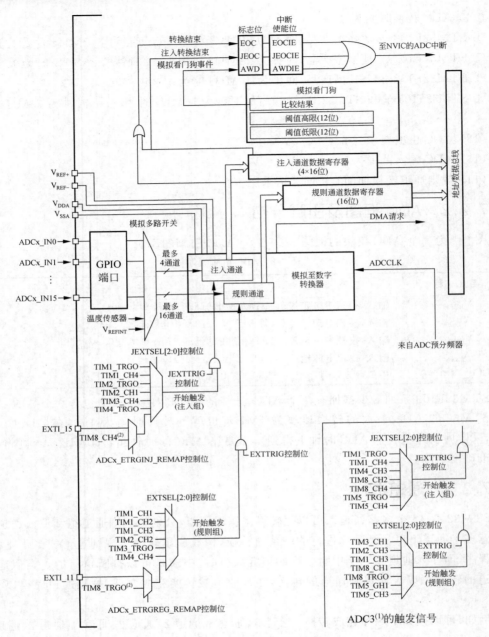

图 7-1   ADC 模块的框图

7.2.4   ADC 的转换模式

1. 单次转换模式

单次转换模式是 ADC 只执行一次转换。该模式既可通过设置 ADC_CR2 寄存器的 ADON 位（只适用于规则通道）启动，也可通过外部触发启动（适用于规则通道或注入通道），这时 CONT 位为 0。

一旦选择通道的转换完成：

1) 如果一个规则通道被转换

（1）转换数据存储在 16 位 ADC_DR 寄存器中；

（2）EOC(转换结束)标志被设置；

（3）如果设置了 EOCIE,则产生中断。

2) 如果一个注入通道被转换

（1）转换数据存储在 16 位的 ADC_DRJ1 寄存器中；

（2）JEOC(注入转换结束)标志被设置；

（3）如果设置了 JEOCIE 位,则产生中断。

2. 连续转换模式

连续转换模式指前面 ADC 转换结束,马上就启动另一次转换。此模式可通过外部触发启动或通过设置 ADC_CR2 寄存器上的 ADON 位启动,此时 CONT 位是 1。

每个转换后：

1) 如果一个规则通道被转换

（1）转换数据存储在 16 位的 ADC_DR 寄存器中；

（2）EOC(转换结束)标志被设置；

（3）如果设置了 EOCIE,则产生中断。

2) 如果一个注入通道被转换

（1）转换数据存储在 16 位的 ADC_DRJ1 寄存器中；

（2）JEOC(注入转换结束)标志被设置；

（3）如果设置了 JEOCIE 位,则产生中断。

7.3 STM32 ADC 操作

和其他功能的实现类似,操作 ADC 分为两种方式,分别为寄存器方式操作和库函数方式操作。在理解寄存器的基础上,掌握用库函数操作 ADC。

7.3.1 寄存器方式操作 ADC

视频讲解

以规则通道为例,一旦选择的通道转换完成,转换结果将存在 ADC_DR 寄存器中,EOC(转换结束)标志将被置位。如果设置了 EOCIE,则会产生中断。然后 ADC 将停止,直到下次启动。

ADC 常用寄存器如表 7-2 所示。

表 7-2 ADC 寄存器

寄 存 器	描 述
SR	ADC 状态寄存器
CR1	ADC 控制寄存器 1
CR2	ADC 控制寄存器 2
SMPR1	ADC 采样时间寄存器 1
SMPR2	ADC 采样时间寄存器 2

续表

寄 存 器	描 述
JOFR1	ADC 注入通道偏移寄存器 1
JOFR2	ADC 注入通道偏移寄存器 2
JOFR3	ADC 注入通道偏移寄存器 3
JOFR4	ADC 注入通道偏移寄存器 4
HTR	ADC 看门狗高阈值寄存器
LTR	ADC 看门狗低阈值寄存器
SQR1	ADC 规则序列寄存器 1
SQR2	ADC 规则序列寄存器 2
SQR3	ADC 规则序列寄存器 3
JSQR1	ADC 注入序列寄存器
DR1	ADC 规则数据寄存器 1
DR2	ADC 规则数据寄存器 2
DR3	ADC 规则数据寄存器 3
DR4	ADC 规则数据寄存器 4

1. ADC 控制寄存器

执行规则通道的单次转换需要用到 ADC 寄存器。第一个要介绍的是 ADC 控制寄存器（ADC_CR1 和 ADC_CR2）。

ADC_CR1 的各位描述如图 7-2 所示。

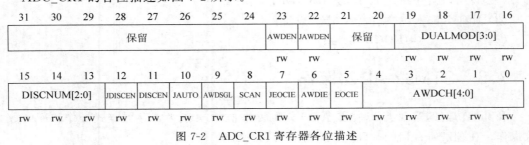

图 7-2 ADC_CR1 寄存器各位描述

ADC_CR1 的 SCAN 位用于设置扫描模式，由软件设置和清除，如果设置为 1，则使用扫描模式；如果设置为 0，则关闭扫描模式。扫描模式下，由 ADC_SQRx 或 ADC_JSQRx 寄存器选中的通道被转换。如果设置了 EOCIE 或 JEOCIE，只在最后一个通道转换完毕后，才会产生 EOC 或 JEOC 中断。ADC_CR1 详细对应关系如表 7-3 所示。

表 7-3　ADC_CR1 寄存器对应关系

位	描 述
位 31:24	保留，必须保持为 0
位 23 AWDEN	在规则通道上开启模拟看门狗，该位由软件设置和清除 0：在规则通道上禁用模拟看门狗 1：在规则通道上使用模拟看门狗
位 22 JAWDEN	在注入通道上开启模拟看门狗，该位由软件设置和清除 0：在注入通道上禁用模拟看门狗 1：在注入通道上使用模拟看门狗

续表

位	描　述
位 21:20	保留,必须保持为 0
位 19:16 DUALMOD[3:0]	双模式选择,软件使用这些位选择操作模式 0000:独立模式 0001:混合的同步规则＋注入同步模式 0010:混合的同步规则＋交替触发模式 0011:混合同步注入＋快速交叉模式 0100:混合同步注入＋慢速交叉模式 0101:注入同步模式 0110:规则同步模式 0111:快速交叉模式 1000:慢速交叉模式 1001:交替触发模式 注:在 ADC2 和 ADC3 中这些位为保留位,在双模式中,改变通道的配置会产生一个重新开始的条件,这将导致同步丢失。建议在进行任何配置改变前关闭双模式
位 15:13 DISCNUM[2:0]	间断模式通道计数,软件通过这些位定义在间断模式下,收到外部触发后转换规则通道的数目 000:1 个通道 001:2 个通道 ⋮ 111:8 个通道
位 12 JDISCEN	在注入通道上的间断模式,该位由软件设置和清除,用于开启或关闭注入通道组上的间断模式 0:注入通道组上禁用间断模式 1:注入通道组上使用间断模式
位 11 DISCEN	在规则通道上的间断模式,该位由软件设置和清除,用于开启或关闭规则通道组上的间断模式 0:规则通道组上禁用间断模式 1:规则通道组上使用间断模式
位 10 JAUTO	自动注入通道组转换,该位由软件设置和清除,用于开启或关闭规则通道组转换结束后,自动注入通道组转换 0:关闭自动注入通道组转换 1:开启自动注入通道组转换
位 9 AWDSGL	扫描模式时在一个单一通道上使用看门狗,该位由软件设置和清除,用于开启或关闭由 AWDCH[4:0]位指定通道上的模拟看门狗功能 0:在所有的通道上使用模拟看门狗 1:在单一通道上使用模拟看门狗
位 8 SCAN	扫描模式,该位由软件设置和清除,用于开启或关闭扫描模式。扫描模式,转换由 ADC_SQRx 或 ADC_JSQRx 寄存器选中的通道 0:关闭扫描模式 1:使用扫描模式 注:如果分别设置了 EOCIE 或 JEOCIE 位,只在最后一个通道转换完毕后才会产生 EOC 或 JEOC 中断

续表

位	描 述
位 7 JEOCIE	允许产生注入通道转换结束中断,该位由软件设置和清除,用于禁止或允许所有注入通道转换结束后产生中断 0：禁止 JEOC 中断 1：允许 JEOC 中断。当硬件设置 JEOC 位时产生中断
位 6 AWDIE	允许产生模拟看门狗中断,该位由软件设置和清除,用于禁止或允许模拟看门狗产生中断。扫描模式,如果看门狗检测到超范围的数值时,只有在设置了该位时扫描才会中止 0：禁止模拟看门狗中断 1：允许模拟看门狗中断
位 5 EOCIE	允许产生 EOC 中断,该位由软件设置和清除,用于禁止或允许转换结束后产生中断 0：禁止 EOC 中断 1：允许 EOC 中断。当硬件设置 EOC 位时产生中断
位 4:0 AWDCH[4:0]	模拟看门狗通道选择位,这些位由软件设置和清除,用于选择模拟看门狗保护的输入通道 00000：ADC 模拟输入通道 0 00001：ADC 模拟输入通道 1 ⋮ 01111：ADC 模拟输入通道 15 10000：ADC 模拟输入通道 16 10001：ADC 模拟输入通道 17 保留所有其他数值 注：ADC1 的模拟输入通道 16 和通道 17,在芯片内部分别连到温度传感器和 VREFINT ADC2 的模拟输入通道 16 和通道 17,在芯片内部连到 V_{SS} ADC3 模拟输入通道 9、14、15、16、17 与 V_{SS} 相连

本节要使用的是独立模式,所以设置这几位为 0。接着介绍 ADC_CR2,该寄存器的各位描述如图 7-3 所示。

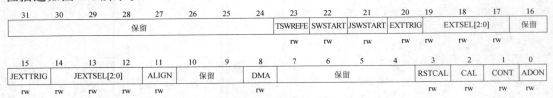

图 7-3　ADC_CR2 寄存器操作模式

ADON 位用于开关 ADC。CONT 位用于设置是否进行连续转换,使用单次转换,所以 CONT 位必须为 0。CAL 和 RSTCAL 用于 AD 校准。ALIGN 用于设置数据对齐,使用右对齐,该位设置为 0。EXTSEL[2:0]用于选择启动规则转换组转换的外部事件,详细的设置关系如表 7-4 所示。

表 7-4　ADC_CR2 寄存器对应关系

位	描　述
位 31:24	保留。必须保持为 0
位 23 TSVREFE	温度传感器和 V_{REFINT} 使能,该位由软件设置和清除,用于开启或禁止温度传感器和 VREFINT 通道。在多于 1 个 ADC 的器件中,该位仅出现在 ADC1 中 0:禁止温度传感器和 V_{REFINT} 1:启用温度传感器和 V_{REFINT}
位 22 SWSTART	开始转换规则通道,由软件设置该位以启动转换,转换开始后硬件马上清除此位。如果在 EXTSEL[2:0] 位中选择了 SWSTART 为触发事件,该位用于启动一组规则通道的转换 0:复位状态 1:开始转换规则通道
位 21 JSWSTART	开始转换注入通道,由软件设置该位以启动转换,软件可清除此位或在转换开始后硬件马上清除此位。如果在 JEXTSEL[2:0] 位中选择了 JSWSTART 为触发事件,该位用于启动一组注入通道的转换 0:复位状态 1:开始转换注入通道
位 20 EXTTRIG	规则通道的外部触发转换模式,该位由软件设置和清除,用于开启或禁止可以启动规则通道组转换的外部触发事件 0:不用外部事件启动转换 1:使用外部事件启动转换
位 19:17 EXTSEL[2:0]	选择启动规则通道组转换的外部事件,这些位选择用于启动规则通道组转换的外部事件 ADC1 和 ADC2 的触发配置如下 000:定时器 1 的 CC1 事件;100:定时器 3 的 TRGO 事件 001:定时器 1 的 CC2 事件;101:定时器 4 的 CC4 事件 110:EXTI 线 11/TIM8_TRGO 事件,仅大容量产品具有 TIM8_TRGO 功能 010:定时器 1 的 CC3 事件 011:定时器 2 的 CC2 事件;111:SWSTART ADC3 的触发配置如下 000:定时器 3 的 CC1 事件;100:定时器 8 的 TRGO 事件 001:定时器 2 的 CC3 事件;101:定时器 5 的 CC1 事件 010:定时器 1 的 CC3 事件;110:定时器 5 的 CC3 事件 011:定时器 8 的 CC1 事件;111:SWSTART
位 16	保留。必须保持为 0
位 14:12 JEXTSEL[2:0]	选择启动注入通道组转换的外部事件,这些位选择用于启动注入通道组转换的外部事件 ADC1 和 ADC2 的触发配置如下 000:定时器 1 的 TRGO 事件;100:定时器 3 的 CC4 事件 001:定时器 1 的 CC4 事件;101:定时器 4 的 TRGO 事件 110:EXTI 线 15/TIM8_CC4 事件,仅大容量产品具有 TIM8_CC4 010:定时器 2 的 TRGO 事件 011:定时器 2 的 CC1 事件;111:JSWSTART ADC3 的触发配置如下 000:定时器 1 的 TRGO 事件;100:定时器 8 的 CC4 事件 001:定时器 1 的 CC4 事件;101:定时器 5 的 TRGO 事件 010:定时器 4 的 CC3 事件;110:定时器 5 的 CC4 事件 011:定时器 8 的 CC2 事件;111:JSWSTART

续表

位	描　　述
位 11 ALIGN	数据对齐，该位由软件设置和清除 0：右对齐 1：左对齐
位 10:9	保留。必须保持为 0
位 8 DMA	直接存储器访问模式，该位由软件设置和清除 0：不使用 DMA 模式 1：使用 DMA 模式 注：只有 ADC1 和 ADC3 能产生 DMA 请求
位 7:4	保留。必须保持为 0
位 3 RSTCAL	复位校准，该位由软件设置并由硬件清除。在校准寄存器被初始化后该位将被清除 0：校准寄存器已初始化 1：初始化校准寄存器 注：如果正在进行转换时设置 RSTCAL，清除校准寄存器需要额外的周期
位 2 CAL	A/D 校准，该位由软件设置以开始校准，并在校准结束时由硬件清除 0：校准完成 1：开始校准
位 1 CONT	连续转换，该位由软件设置和清除。如果设置了此位，则转换将连续进行直到该位被清除 0：单次转换模式 1：连续转换模式
位 0 ADON	开/关 A/D 转换器，该位由软件设置和清除。当该位为"0"时，写入"1"将把 ADC 从断电模式下唤醒。当该位为"1"时，写入"1"将启动转换。应用程序需注意，在转换器上电至转换开始有一个延迟 t_{STAB} 0：关闭 ADC 转换/校准，并进入断电模式 1：开启 ADC 并启动转换 注：如果在这个寄存器中与 ADON 一起还有其他位改变，则转换不触发。这是为了防止触发错误的转换

这里使用的是软件触发（SWSTART），所以设置这 3 个位为 111。ADC_CR2 的 SWSTART 位用于开始规则通道的转换，每次转换（单次转换模式下）都需要向该位写 1。

2. ADC 采样时间寄存器

ADC 采样时间寄存器 ADC_SMPR1 和 ADC_SMPR2，两个寄存器用于设置通道 0～17 的采样时间，每个通道占用 3 个位。ADC_SMPR1 的各位描述如图 7-4 所示，表 7-5 给出了 ADC_SMPR1 寄存器的对应关系。

31	30	29	28	27	26	25	24	23	22	21	20	19	18	17	16
保留								SMP17[2:0]			SMP16[2:0]			SMP15[2:1]	
								rw	rw	rw	rw	rw	rw	rw	rw

15	14	13	12	11	10	9	8	7	6	5	4	3	2	1	0
SMP 15_0	SMP14[2:0]			SMP13[2:0]			SMP12[2:0]			SMP11[2:0]			SMP10[2:0]		
rw	rw	rw	rw	rw	rw	rw	rw	rw	rw	rw	rw	rw	rw	rw	rw

图 7-4　ADC_SMPR1 寄存器各位描述

表 7-5 ADC_SMPR1 寄存器对应关系

位	描 述
位 31:24	保留。必须保持为 0
位 23:0 SMPx[2:0]	选择通道 x 的采样时间,这些位用于独立地选择每个通道的采样时间。在采样周期中通道选择位必须保持不变 000:1.5 周期; 100:41.5 周期 001:7.5 周期; 101:55.5 周期 010:13.5 周期; 110:71.5 周期 011:28.5 周期; 111:239.5 周期 注:ADC1 的模拟输入通道 16 和通道 17 在芯片内部分别连到了温度传感器和 V_{REFINT} ADC2 的模拟输入通道 16 和通道 17 在芯片内部连到了 Vss ADC3 模拟输入通道 14、15、16、17 与 Vss 相连

ADC_SMPR2 的各位描述如图 7-5 所示,表 7-6 给出了 ADC_SMPR2 寄存器对应关系。

31	30	29	28	27	26	25	24	23	22	21	20	19	18	17	16
保留		SMP9[2:0]			SMP8[2:0]			SMP7[2:0]			SMP6[2:0]			SMP5[2:1]	
		rw	rw	rw	rw	rw	rw	rw	rw	rw	rw	rw	rw	rw	rw

15	14	13	12	11	10	9	8	7	6	5	4	3	2	1	0
SMP 5_0	SMP4[2:0]			SMP3[2:0]			SMP2[2:0]			SMP1[2:0]			SMP0[2:0]		
rw	rw	rw	rw	rw	rw	rw	rw	rw	rw	rw	rw	rw	rw	rw	rw

图 7-5 ADC_SMPR2 寄存器各位描述

表 7-6 ADC_SMPR2 寄存器对应关系

位	描 述
位 31:30	保留。必须保持为 0
位 29:0 SMPx[2:0]	选择通道 x 的采样时间,这些位用于独立地选择每个通道的采样时间。在采样周期中通道选择位必须保持不变 000:1.5 周期; 100:41.5 周期 001:7.5 周期; 101:55.5 周期 010:13.5 周期; 110:71.5 周期 011:28.5 周期; 111:239.5 周期 注:ADC3 模拟输入通道 9 与 Vss 相连

对于每个要转换的通道,采样时间建议尽量长一点,以获得较高的准确度,但是这样会降低 ADC 的转换速率。ADC 的转换时间由以下公式计算:

$$Tcovn = 采样时间 + 12.5 个周期$$

其中,Tcovn 为总转换时间,采样时间根据每个通道的 SMP 位的设置来决定。例如,当 ADCCLK=14MHz,并设置 1.5 个周期的采样时间,则得到 Tcovn=1.5+12.5=14 个周期=$1\mu s$。

3. ADC 规则序列寄存器

ADC 规则序列寄存器(ADC_SQR1~3),该寄存器总共有 3 个,这几个寄存器的功能都差不多,这里仅介绍 ADC_SQR1。该寄存器的各位描述如图 7-6 所示,表 7-7 是 ADC_SQR1 寄存器的对应关系。

31	30	29	28	27	26	25	24	23	22	21	20	19	18	17	16
保留								L[3:0]				SQ16[4:1]			
								rw	rw	rw	rw	rw	rw	rw	rw

15	14	13	12	11	10	9	8	7	6	5	4	3	2	1	0
SQ 16_0	SMP15[4:0]					SQ14[4:0]					SQ14[4:0]				
rw	rw	rw	rw	rw	rw	rw	rw	rw	rw	rw	rw	rw	rw	rw	rw

图 7-6　ADC_SQR1 寄存器各位描述

表 7-7　ADC_SQR1 寄存器对应关系

位	描　述
位 31:24	保留。必须保持为 0
位 23:20 L[3:0]	规则通道序列长度，这些位由软件定义在规则通道转换序列中的通道数目 0000：1 个转换 0001：2 个转换 ⋮ 1111：16 个转换
位 19:15 SQ16[4:0]	规则序列中的第 16 个转换，这些位由软件定义转换序列中的第 16 个转换通道的编号（0～17）
位 14:10 SQ15[4:0]	规则序列中的第 15 个转换
位 9:5 SQ14[4:0]	规则序列中的第 14 个转换
位 4:0 SQ13[4:0]	规则序列中的第 13 个转换

　　L[3:0]用于存储规则序列的长度，这里只用了 1 个，所以设置这几个位的值为 0。其他的 SQ13～16 则存储了规则序列中第 13～16 个通道的编号（0～17）。另外两个规则序列寄存器同 ADC_SQR1 大同小异，这里就不再介绍。要说明一点的是，选择的是单次转换，所以只有一个通道在规则序列里面，这个序列就是 SQ1，通过 ADC_SQR3 的最低 5 位（也就是 SQ1）设置。

4. ADC 规则数据寄存器

　　规则序列中的 AD 转化结果都将存在这个寄存器里面，而注入通道的转换结果保存在 ADC_JDRx 里面。ADC_DR 的各位描述如图 7-7 所示，表 7-8 给出了 ADC_DR 寄存器的对应关系。

31	30	29	28	27	26	25	24	23	22	21	20	19	18	17	16
ADC2DATA[15:0]															
r	r	r	r	r	r	r	r	r	r	r	r	rw	r	r	r

15	14	13	12	11	10	9	8	7	6	5	4	3	2	1	0
DATA[15:0]															
r	r	r	r	r	r	r	r	r	r	r	r	rw	r	r	r

图 7-7　ADC_JDRx 寄存器各位描述

表 7-8　ADC_JDRx 寄存器对应关系

位	描　述
位 31:16 ADC2DATA[15:0]	ADC2 转换的数据在 ADC1 中：双模式下，这些位包含了 ADC2 转换的规则通道数据 在 ADC2 和 ADC3 中：不使用这些位
位 15:0 DATA[15:0]	规则转换的数据，这些位为只读，包含了规则通道的转换结果。数据是左对齐或 右对齐

该寄存器的数据可以通过 ADC_CR2 的 ALIGN 位设置左对齐还是右对齐，在读取数据时要注意。

5．ADC 状态寄存器

ADC 状态寄存器保存了 ADC 转换时的各种状态。该寄存器的各位描述如图 7-8 所示，表 7-9 给出了 ADC_SR 寄存器的对应关系。

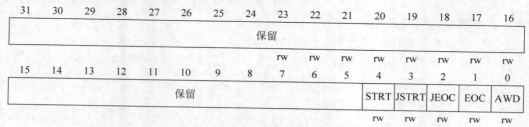

图 7-8　ADC_SR 寄存器各位描述

表 7-9　ADC_SR 寄存器对应关系

位	描　述
位 31:5	保留。必须保持为 0
位 4 STRT	规则通道开始位，该位由硬件在规则通道转换开始时设置，由软件清除 0：规则通道转换未开始 1：规则通道转换已开始
位 3 JSTRT	注入通道开始位，该位由硬件在注入通道组转换开始时设置，由软件清除 0：注入通道组转换未开始 1：注入通道组转换已开始
位 2 JEOC	注入通道转换结束位，该位由硬件在所有注入通道组转换结束时设置，由软件清除 0：转换未完成 1：转换完成
位 1 EOC	转换结束位，该位由硬件在（规则或注入）通道组转换结束时设置，由软件清除或由读取 ADC_DR 时清除 0：转换未完成 1：转换完成
位 0 AWD	模拟看门狗标志位，该位由硬件在转换的电压值超出了 ADC_LTR 和 ADC_HTR 寄存器定义的范围时设置，由软件清除 0：没有发生模拟看门狗事件 1：发生模拟看门狗事件

这里要用到的是 EOC 位，通过判断该位来决定是否此次规则通道的 AD 转换已经完成，如果完成就从 ADC_DR 中读取转换结果，否则等待转换完成。

通过以上介绍，了解了 STM32 的单次转换模式下的相关设置，本章使用 ADC1 的通道 1 进行 AD 转换，其详细设置步骤如下。

（1）开启 PA 口时钟，设置 PA1 为模拟输入。

STM32F103RC 的 ADC 通道 1 在 PA1 上，所以先要使能 PORTA 的时钟，然后设置 PA1 为模拟输入。

（2）使能 ADC1 时钟，并设置分频因子。

使用 ADC1 首先要使能 ADC1 的时钟，使能时钟之后，进行一次 ADC1 的复位。接着就可以通过 RCC_CFGR 设置 ADC1 的分频因子。分频因子要确保 ADC1 的时钟（ADCCLK）不超过 14MHz。

（3）设置 ADC1 的工作模式。

分频因子设置完后，开始 ADC1 的模式配置。设置单次转换模式、触发方式选择、数据对齐方式等都在这一步实现。

（4）设置 ADC1 规则序列的相关信息。

接下来设置规则序列的相关信息，这里只有一个通道，并且是单次转换，所以设置规则序列中通道数为 1，然后设置通道 1 的采样周期。

（5）开启 ADC，并校准。

以上信息设置完后，开启 ADC，执行复位校准和 AD 校准，注意这两步是必需的！不校准将导致结果很不准确。

（6）读取 ADC 值。

上面的校准完成之后，ADC 就算准备好了。接下来要做的是设置规则序列 1 里面的通道，然后启动 AD 转换。转换结束后，读取 ADC1_DR 里面的值。

说明一下 ADC 的参考电压，本 STM32 开发板使用的是 STM32F103RC，该芯片有外部参考电压：V_{REF-} 和 V_{REF+}。其中，V_{REF-} 必须和 V_{SSA} 连接在一起，而 V_{REF+} 的输入范围为 $2.4 \sim VDDA$。本章的参考电压设置的是 3.3V。

通过以上几个步骤的设置，就能正常使用 STM32 的 ADC1 来执行 AD 转换操作。

视频讲解

7.3.2 库函数方式操作 ADC

通过以上寄存器的介绍，了解了 STM32 的单次转换模式下的相关设置，下面介绍使用库函数来设定使用 ADC。表 7-10 给出了 ADC 库函数列表，下面重点介绍几个常用的函数。

表 7-10 ADC 固件库函数列表

函 数 名	描 述
ADC_DeInit	将外设 ADCx 的全部寄存器重置为默认值
ADC_Init	根据 ADC_InitStruct 中指定的参数初始化外设 ADCx 的寄存器
ADC_StructInit	把 ADC_InitStruct 中每一个参数按默认值填入
ADC_Cmd	使能或者失能指定的 ADC
ADC_DMACmd	使能或者失能指定的 ADC 的 DMA 请求

函 数 名	描 述
ADC_ITConfig	使能或者失能指定的 ADC 的中断
ADC_ResetCalibration	重置指定的 ADC 的校准寄存器
ADC_GetResetCalibrationStatus	获取 ADC 重置校准寄存器的状态
ADC_StartCalibration	开始指定 ADC 的校准程序
ADC_GetCalibrationStatus	获取指定 ADC 的校准状态
ADC_SoftwareStartConvCmd	使能或者失能指定的 ADC 的软件转换启动功能
ADC_GetSoftwareStartConvStatus	获取 ADC 软件转换启动状态
ADC_DiscModeChannelCountConfig	对 ADC 规则组通道配置间断模式
ADC_DiscModeCmd	使能或者失能指定的 ADC 规则组通道的间断模式
ADC_RegularChannelConfig	设置指定 ADC 的规则组通道,设置它们的转换顺序和采样时间
ADC_ExternalTrigConvConfig	使能或者失能 ADCx 的经外部触发启动转换功能
ADC_GetConversionValue	返回最近一次 ADCx 规则组的转换结果
ADC_GetDuelModeConversionValue	返回最近一次双 ADC 模式下的转换结果
ADC_AutoInjectedConvCmd	使能或者失能指定 ADC 在规则组转换后自动开始注入组转换
ADC_InjectedDiscModeCmd	使能或者失能指定 ADC 的注入组间断模式
ADC_ExternalTrigInjectedConvConfig	配置 ADCx 的外部触发启动注入组转换功能
ADC_ExternalTrigInjectedConvCmd	使能或者失能 ADCx 的经外部触发启动注入组转换功能
ADC_SoftwareStartinjectedConvCmd	使能或者失能 ADCx 软件启动注入组转换功能
ADC_GetsoftwareStartinjectedConvStatus	获取指定 ADC 的软件启动注入组转换状态
ADC_InjectedChannleConfig	设置指定 ADC 的注入组通道,设置它们的转换顺序和采样时间
ADC_InjectedSequencerLengthConfig	设置注入组通道的转换序列长度
ADC_SetinjectedOffset	设置注入组通道的转换偏移值
ADC_GetInjectedConversionValue	返回 ADC 指定注入通道的转换结果
ADC_AnalogWatchdogCmd	使能或者失能指定单个/全体,规则/注入组通道上的模拟看门狗
ADC_AnalogWatchdongThresholdsConfig	设置模拟看门狗的高/低阈值
ADC_AnalogWatchdongSingleChannelConfig	对单个 ADC 通道设置模拟看门狗
ADC_TampSensorVrefintCmd	使能或者失能温度传感器和内部参考电压通道
ADC_GetFlagStatus	检查制定 ADC 标志位置 1 与否
ADC_ClearFlag	清除 ADCx 的待处理标志位
ADC_GetITStatus	检查指定的 ADC 中断是否发生
ADC_ClearITPendingBit	清除 ADCx 的中断待处理位

1. 函数 ADC_DeInit(见表 7-11)

表 7-11 ADC_DeInit 函数

函 数 名	ADC_DeInit
函数原形	void ADC_DeInit(ADC_TypeDef * ADCx)
功能描述	将外设 ADCx 的全部寄存器重设为缺省值
输入参数 1	ADCx:x 可以是 1 或者 2,用来选择 ADC 外设 ADC1 或 ADC2

续表

函　数　名	ADC_DeInit
输出参数2	无
返回值	无
先决条件	无
被调用函数	RCC_APB2PeriphClockCmd()

2. 函数 ADC_Init（见表 7-12）

表 7-12　函数 ADC_Init

函　数　名	ADC_Init
函数原形	void ADC_Init(ADC_TypeDef * ADCx，ADC_InitTypeDef * ADC_InitStruct)
功能描述	根据 ADC_InitStruct 中指定的参数初始化外设 ADCx 的寄存器
输入参数1	ADCx：x 可以是 1 或者 2，用来选择 ADC 外设 ADC1 或 ADC2
输入参数2	ADC_InitStruct：指向结构 ADC_InitTypeDef 的指针,包含了指定外设
输出参数	无
返回值	无
先决条件	无
被调用函数	无

ADC_InitTypeDef 的结构体定义于文件"stm32f10x_adc. h"：

```
typedef struct
{
u32 ADC_Mode;
FunctionalState ADC_ScanConvMode;
FunctionalState ADC_ContinuousConvMode;
u32 ADC_ExternalTrigConv;
u32 ADC_DataAlign;
u8 ADC_NbrOfChannel;
} ADC_InitTypeDef
```

（1）ADC_Mode：ADC_Mode 设置 ADC 工作在独立或者双 ADC 模式。获得这个参数的所有成员如表 7-13 所示。

表 7-13　函数 ADC_Mode 定义

ADC_Mode	描　　述
ADC_Mode_Independent	ADC1 和 ADC2 工作在独立模式
ADC_Mode_RegInjecSimult	ADC1 和 ADC2 工作在同步规则和同步注入模式
ADC_Mode_RegSimult_AlterTrig	ADC1 和 ADC2 工作在同步规则模式和交替触发模式
ADC_Mode_InjecSimult_FastInterl	ADC1 和 ADC2 工作在同步规则模式和快速交替模式
ADC_Mode_InjecSimult_SlowInterl	ADC1 和 ADC2 工作在同步注入模式和慢速交替模式
ADC_Mode_InjecSimult	ADC1 和 ADC2 工作在同步注入模式
ADC_Mode_RegSimult	ADC1 和 ADC2 工作在同步规则模式
ADC_Mode_FastInterl	ADC1 和 ADC2 工作在快速交替模式
ADC_Mode_SlowInterl	ADC1 和 ADC2 工作在慢速交替模式
ADC_Mode_AlterTrig	ADC1 和 ADC2 工作在交替触发模式

（2）ADC_ScanConvMode：ADC_ScanConvMode 规定了模数转换工作在扫描模式（多通道）还是单次（单通道）模式。可以设置这个参数为 ENABLE 或者 DISABLE。

（3）ADC_ContinuousConvMode：ADC_ContinuousConvMode 规定了模数转换工作在连续还是单次模式。可以设置这个参数为 ENABLE 或者 DISABLE。

（4）ADC_ExternalTrigConv：ADC_ExternalTrigConv 定义了使用外部触发来启动规则通道的模数转换，这个参数可以取的值如表 7-14 所示。

表 7-14　ADC_ExternalTrigConv 定义表

ADC_ExternalTrigConv	描　述
ADC_ExternalTrigConv_T1_CC1	选择定时器 1 的捕获比较 1 作为转换外部触发
ADC_ExternalTrigConv_T1_CC2	选择定时器 1 的捕获比较 2 作为转换外部触发
ADC_ExternalTrigConv_T1_CC3	选择定时器 1 的捕获比较 3 作为转换外部触发
ADC_ExternalTrigConv_T2_CC2	选择定时器 2 的捕获比较 2 作为转换外部触发
ADC_ExternalTrigConv_T3_TRGO	选择定时器 3 的 TRGO 作为转换外部触发
ADC_ExternalTrigConv_T4_CC4	选择定时器 4 的捕获比较 4 作为转换外部触发
ADC_ExternalTrigConv_Ext_IT11	选择外部中断线作为转换外部触发
ADC_ExternalTrigConv_None	转换由软件而不是外部触发启动

（5）ADC_DataAlign：ADC_DataAlign 规定了 ADC 数据向左边对齐还是向右边对齐。这个参数可以取的值如表 7-15 所示。

表 7-15　ADC_DataAlign 定义表

ADC_DataAlign	描　述
ADC_DataAlign_Right	ADC 数据右对齐
ADC_DataAlign_Left	ADC 数据左对齐

（6）ADC_NbrOfChannel：ADC_NbreOfChannel 规定了顺序进行规则转换的 ADC 通道的数目。这个数目的取值范围是 1～16。例如初始化 ADC1 代码：

```
ADC_InitTypeDef ADC_InitStructure;
ADC_InitStructure.ADC_Mode = ADC_Mode_Independent;
ADC_InitStructure.ADC_ScanConvMode = ENABLE;
ADC_InitStructure.ADC_ContinuousConvMode = DISABLE;
ADC_InitStructure.ADC_ExternalTrigConv = ADC_ExternalTrigConv_Ext_IT11;
ADC_InitStructure.ADC_DataAlign = ADC_DataAlign_Right;
ADC_InitStructure.ADC_NbrOfChannel = 16;
ADC_Init(ADC1, &ADC_InitStructure);
```

注意　为了能够正确地配置每一个 ADC 通道，用户在调用 ADC_Init()之后，必须调用 ADC_ChannelConfig()来配置每个所使用通道的转换次序和采样时间。

3. 函数 ADC_Cmd

表 7-16 描述了函数 ADC_Cmd，其作用是使能或者失能指定的 ADC。

表 7-16　ADC_Cmd 函数

函 数 名	ADC_Cmd
函数原形	void ADC_Cmd(ADC_TypeDef * ADCx, FunctionalState NewState)
功能描述	使能或者失能指定的 ADC
输入参数 1	ADCx：x 可以是 1 或者 2，用来选择 ADC 外设 ADC1 或 ADC2
输入参数 2	NewState：外设 ADCx 的新状态，这个参数可以取 ENABLE 或者 DISABLE
输出参数	无
返回值	无
先决条件	无
被调用函数	无

注意　函数 ADC_Cmd 只能在其他 ADC 设置函数之后被调用。

4．函数 ADC_DMACmd

表 7-17 描述了函数 ADC_DMACmd，其作用是使能或者失能指定的 ADC 的 DMA 请求。

表 7-17　ADC_DMACmd 函数

函 数 名	ADC_DMACmd
函数原形	ADC_DMACmd(ADC_TypeDef * ADCx, FunctionalState NewState)
功能描述	使能或者失能指定的 ADC 的 DMA 请求
输入参数 1	ADCx：x 可以是 1 或者 2，用来选择 ADC 外设 ADC1 或 ADC2
输入参数 2	NewState：ADC DMA 传输的新状态，这个参数可以取 ENABLE 或者 DISABLE
输出参数	无
返回值	无
先决条件	无
被调用函数	无

5．函数 ADC_ITConfig

表 7-18 描述了函数 ADC_ITConfig，其作用是使能或者失能指定的 ADC 中断。

表 7-18　ADC_ITConfig 函数

函 数 名	ADC_ITConfig
函数原形	void ADC_ITConfig(ADC_TypeDef * ADCx, u16 ADC_IT, FunctionalStateNewState)
功能描述	使能或者失能指定的 ADC 中断
输入参数 1	ADCx：x 可以是 1 或者 2，用来选择 ADC 外设 ADC1 或 ADC2
输入参数 2	ADC_IT：要被使能或者失能的指定的 ADC 中断源
输入参数 3	NewState：指定 ADC 中断的新状态，这个参数可以取 ENABLE 或者 DISABLE
输出参数	无
返回值	无
先决条件	无
被调用函数	无

ADC_IT 可以用来使能或者失能 ADC 中断。可以使用表 7-19 中的一个参数，或者它们的组合。

表 7-19 ADC_IT 定义表

ADC_IT	描 述
ADC_IT_EOC	EOC 中断屏蔽
ADC_IT_AWD	AWDOG 中断屏蔽
ADC_IT_JEOC	JEOC 中断屏蔽

6. 函数 ADC_GetFlagStatus

表 7-20 描述了函数 ADC_GetFlagStatus,其作用是检查指定 ADC 标志位置 1 与否。

表 7-20 函数 ADC_GetFlagStatus

函 数 名	ADC_GetFlagStatus
函数原形	FlagStatus ADC_GetFlagStatus(ADC_TypeDef * ADCx, u8 ADC_FLAG)
功能描述	检查指定 ADC 标志位置 1 与否
输入参数 1	ADCx:x 可以是 1 或者 2,用来选择 ADC 外设 ADC1 或 ADC2
输入参数 2	ADC_FLAG:指定需检查的标志位
输出参数	无
返回值	无
先决条件	无
被调用函数	无

ADC_FLAG 指定需检查的标志位,表 7-21 给出了 ADC_FLAG 的值。

表 7-21 ADC_FLAG 的值

ADC_AnalogWatchdog	描 述
ADC_FLAG_AWD	模拟看门狗标志位
ADC_FLAG_EOC	转换结束标志位
ADC_FLAG_JEOC	注入组转换结束标志位
ADC_FLAG_JSTRT	注入组转换开始标志位
ADC_FLAG_STRT	规则组转换开始标志位

7. 函数 ADC_ClearFlag

表 7-22 描述了函数 ADC_ClearFlag,其作用是清除 ADCx 的待处理标志位。

表 7-22 函数 ADC_ClearFlag

函 数 名	ADC_ClearFlag
函数原形	void ADC_ClearFlag(ADC_TypeDef * ADCx, u8 ADC_FLAG)
功能描述	清除 ADCx 的待处理标志位
输入参数 1	ADCx: x 可以是 1 或者 2,用来选择 ADC 外设 ADC1 或 ADC2
输入参数 2	ADC_FLAG:待处理的标志位,使用操作符"|"可以同时清除 1 个以上的标志位
输出参数	无
返回值	无
先决条件	无
被调用函数	无

8. 函数 ADC_GetITStatus

表 7-23 描述了函数 ADC_GetITStatus,其作用是检查指定的 ADC 中断是否发生。

表 7-23   ADC_GetITStatus 函数

函 数 名	ADC_GetITStatus
函数原形	ITStatus ADC_GetITStatus(ADC_TypeDef * ADCx，u16 ADC_IT)
功能描述	检查指定的 ADC 中断是否发生
输入参数 1	ADCx：x 可以是 1 或者 2,用来选择 ADC 外设 ADC1 或 ADC2
输入参数 2	ADC_IT：将要被检查指定 ADC 中断源
输出参数	无
返回值	无
先决条件	无
被调用函数	无

9. 函数 ADC_ClearITPendingBit

表 7-24 描述了函数 ADC_ClearITPendingBit,其作用是清除 ADCx 的中断待处理位。

表 7-24   ADC_ClearITPendingBit 函数

函 数 名	ADC_ClearITPendingBit
函数原形	void ADC_ClearITPendingBit(ADC_TypeDef * ADCx，u16 ADC_IT)
功能描述	清除 ADCx 的中断待处理位
输入参数 1	ADCx：x 可以是 1 或者 2,用来选择 ADC 外设 ADC1 或 ADC2
输入参数 2	ADC_IT：带清除的 ADC 中断待处理位
输出参数	无
返回值	无
先决条件	无
被调用函数	无

视频讲解

7.3.3   ADC 设置步骤

使用到的库函数分布在 stm32f10x_adc.c 文件和 stm32f10x_adc.h 文件中。主要步骤如下。

（1）初始化 ADC 用到的 GPIO。

（2）设置 ADC 的工作参数并初始化。

（3）设置 ADC 工作时钟。

（4）设置 ADC 转换通道顺序及采样时间。

（5）配置使能 ADC 转换完成中断,在中断内读取转换完的数据。

（6）使能 ADC。

（7）使能软件触发 ADC 转换。

视频讲解

7.4   ADC 操作实例

通过 7.3 节的学习,读者对 STM32 基本中断过程有了一定认识,本节通过一段完整的代码,简单地实现了 ADC 的过程。主要实现的功能是通过一个 I/O 端口利用电位器模拟采集电压输入,通过串口打印采集的电压值。主程序完成了串口和 ADC 的初始化,以及对采集到的模拟量的转换。

7.4.1 主程序

主程序主要完成代码初始化(串口和 ADC 初始化),然后输出 ADC 结果。主程序代码如下:

```
1.   # include "stm32f10x.h"
2.   # include "usart1.h"
3.   # include "adc.h"
4.   extern __IO uint16_t ADC_ConvertedValue;
5.   float ADC_ConvertedValueLocal;
6.   void Delay(__IO uint32_t nCount)
7.   {
8.     for(; nCount != 0; nCount -- );
9.   }
10.  int main(void)
11.  {
12.      USART1_Config();
13.      ADC1_Init();
14.      printf("\r\n ---- 这是一个 ADC 实验 ---- \r\n");
15.      while(1)
16.      {
17.  ADC_ConvertedValueLocal = (float) ADC_ConvertedValue/4096 * 3.3;
18.  printf("\r\n The current AD value = 0x % 04X \r\n", ADC_ConvertedValue);
19.  printf("\r\n The current AD value = % f V \r\n",ADC_ConvertedValueLocal);
20.  Delay(0xfffffee);
21.      }
22.  }
```

第 12 行代码配置串口 1 初始化代码子程序,第 13 行代码为 ADC 初始化代码子程序。

7.4.2 ADC 初始化代码

ADC 初始化代码如下:

```
1.   # include "adc.h"
2.   # define ADC1_DR_Address((u32)0x40012400 + 0x4c)
3.   __IO uint16_t ADC_ConvertedValue;
4.   static void ADC1_GPIO_Config(void)
5.   {
6.       GPIO_InitTypeDef GPIO_InitStructure;
7.       RCC_AHBPeriphClockCmd(RCC_AHBPeriph_DMA1, ENABLE);
8.       RCC_APB2PeriphClockCmd(RCC_APB2Periph_ADC1 |
                                        RCC_APB2Periph_GPIOC, ENABLE);
9.       GPIO_InitStructure.GPIO_Pin = GPIO_Pin_1;
10.      GPIO_InitStructure.GPIO_Mode = GPIO_Mode_AIN;
11.      GPIO_Init(GPIOC, &GPIO_InitStructure);
12.  }
13.  static void ADC1_Mode_Config(void)
14.  {
15.      DMA_InitTypeDef DMA_InitStructure;
16.      ADC_InitTypeDef ADC_InitStructure;
17.      DMA_DeInit(DMA1_Channel1);
18.      DMA_InitStructure.DMA_PeripheralBaseAddr = ADC1_DR_Address;
19.      DMA_InitStructure.DMA_MemoryBaseAddr = (u32)&ADC_ConvertedValue;
20.      DMA_InitStructure.DMA_DIR = DMA_DIR_PeripheralSRC;
21.      DMA_InitStructure.DMA_BufferSize = 1;
22.      DMA_InitStructure.DMA_PeripheralInc = DMA_PeripheralInc_Disable;
```

```
23.          DMA_InitStructure.DMA_MemoryInc = DMA_MemoryInc_Disable;
24.          DMA_InitStructure.DMA_PeripheralDataSize =
                                    DMA_PeripheralDataSize_HalfWord;
25.          DMA_InitStructure.DMA_MemoryDataSize =
                                    DMA_MemoryDataSize_HalfWord;
26.          DMA_InitStructure.DMA_Mode = DMA_Mode_Circular;
27.          DMA_InitStructure.DMA_Priority = DMA_Priority_High;
28.          DMA_InitStructure.DMA_M2M = DMA_M2M_Disable;
29.          DMA_Init(DMA1_Channel1, &DMA_InitStructure);
30.          DMA_Cmd(DMA1_Channel1, ENABLE);
31.          ADC_InitStructure.ADC_Mode = ADC_Mode_Independent;
32.          ADC_InitStructure.ADC_ScanConvMode = DISABLE;
33.          ADC_InitStructure.ADC_ContinuousConvMode = ENABLE;
34.          ADC_InitStructure.ADC_ExternalTrigConv = ADC_ExternalTrigConv_None;
35.          ADC_InitStructure.ADC_DataAlign = ADC_DataAlign_Right;
36.          ADC_InitStructure.ADC_NbrOfChannel = 1;
37.          ADC_Init(ADC1, &ADC_InitStructure);
38.          RCC_ADCCLKConfig(RCC_PCLK2_Div8);
39.          ADC_RegularChannelConfig(ADC1, ADC_Channel_11, 1,
                                    ADC_SampleTime_55Cycles5);
40.          ADC_DMACmd(ADC1, ENABLE);
41.          ADC_Cmd(ADC1, ENABLE);
42.          ADC_ResetCalibration(ADC1);
43.          while(ADC_GetResetCalibrationStatus(ADC1));
44.          ADC_StartCalibration(ADC1);
45.          while(ADC_GetCalibrationStatus(ADC1));
46.          ADC_SoftwareStartConvCmd(ADC1, ENABLE);
47. }
48. void ADC1_Init(void)
49. {
50.          ADC1_GPIO_Config();
51.          ADC1_Mode_Config();
52. }
```

7.4.3 代码分析和实验结果

根据描述的功能，主程序在对串口初始化、ADC 初始化后，就开始完成数据的转换，串口的初始化，前面章节已经介绍过了，本节重点介绍 ADC 部分。

（1）主程序代码第 13 行完成 ADC 的初始化工作，也就是初始化 ADC 用到的 GPIO；ADC 初始化代码的第 4～12 行开启 PC 口时钟和 ADC1 时钟，设置 PC1 为模拟输入。

STM32F103RC 的 ADC 通道 1 在 PC1 上，所以先要使能 PORTC 的时钟和 ADC1 时钟，然后设置 PC1 为模拟输入。使能 GPIOC 和 ADC 时钟用 RCC_APB2PeriphClockCmd 函数，设置 PC1 的输入方式，使用 GPIO_Init 函数即可。表 7-25 列出 STM32 的 ADC 通道与 GPIO 对应表。

表 7-25 ADC 通道与 GPIO 对应表

ADC 通道	ADC1	ADC2	ADC3
通道 0	PA0	PA0	PA0
通道 1	PA1	PA1	PA1
通道 2	PA2	PA2	PA2
通道 3	PA3	PA3	PA3
通道 4	PA4	PA4	PF6

续表

ADC 通道	ADC1	ADC2	ADC3
通道 5	PA5	PA5	PF7
通道 6	PA6	PA6	PF8
通道 7	PA7	PA7	PF9
通道 8	PB0	PB0	PF10
通道 9	PB1	PB1	
通道 10	PC0	PC0	PC0
通道 11	PC1	PC1	PC1
通道 12	PC2	PC2	PC2
通道 13	PC3	PC3	PC3
通道 14	PC4	PC4	
通道 15	PC5	PC5	
通道 16	温度传感器		
通道 17	内部参照电压		

（2）开启 ADC1 时钟之后，要复位 ADC1，将 ADC1 的全部寄存器重设为缺省值之后就可以通过 RCC_CFGR 设置 ADC1 的分频因子。分频因子要确保 ADC1 的时钟（ADCCLK）不要超过 14MHz。设置分频因子为 6，时钟为 $72/6=12$MHz，库函数的实现方法是：

```
RCC_ADCCLKConfig(RCC_PCLK2_Div6);
```

ADC 时钟复位的方法是：

```
ADC_DeInit(ADC1);
```

这个函数非常容易理解，就是复位指定的 ADC。

（3）初始化 ADC1 参数，设置 ADC1 的工作模式以及规则序列的相关信息。

在设置完分频因子之后，就可以开始 ADC1 的模式配置了，设置单次转换模式、触发方式选择、数据对齐方式等都在这一步实现。同时，还要设置 ADC1 规则序列的相关信息，这里只有一个通道，并且是单次转换的，所以设置规则序列中通道数为 1。这些在库函数中是通过函数 ADC_Init 实现的。下面看看其定义：

```
void ADC_Init(ADC_TypeDef * ADCx, ADC_InitTypeDef * ADC_InitStruct);
```

从函数定义可以看出，第一个参数是指定 ADC 号。第二个参数跟其他外设初始化一样，同样是通过设置结构体成员变量的值来设定参数。

参数 ADC_Mode 用来设置 ADC 的模式。前面讲解过，ADC 的模式非常多，包括独立模式、注入同步模式等，这里选择独立模式，所以参数为 ADC_Mode_Independent。

参数 ADC_ScanConvMode 用来设置是否开启扫描模式，因为是单次转换，这里选择不开启值 DISABLE。

参数 ADC_ContinuousConvMode 用来设置是否开启连续转换模式，因为是单次转换模式，所以选择不开启连续转换模式，即 DISABLE。

参数 ADC_ExternalTrigConv 是用来设置启动规则转换组转换的外部事件，这里选择软件触发，选择值为 ADC_ExternalTrigConv_None 即可。

参数 DataAlign 用来设置 ADC 数据对齐方式是左对齐还是右对齐，这里选择右对齐方式，即 ADC_DataAlign_Right。

参数 ADC_NbrOfChannel 用来设置规则序列的长度，这里是单次转换，所以值为 1。

（4）ADC 初始化代码的具体含义。

ADC 工作模式设置独立模式：

```
ADC_InitStructure.ADC_Mode = ADC_Mode_Independent;
```

ADC 不开启扫描模式：

```
ADC_InitStructure.ADC_ScanConvMode = DISABLE;
```

ADC 单次转换模式：

```
ADC_InitStructure.ADC_ContinuousConvMode = DISABLE;
```

转换由软件而不是外部触发启动：

```
ADC_InitStructure.ADC_ExternalTrigConv = ADC_ExternalTrigConv_None;
```

ADC 数据右对齐：

```
ADC_InitStructure.ADC_DataAlign = ADC_DataAlign_Right;
```

设置规则序列的长度：

```
ADC_InitStructure.ADC_NbrOfChannel = 1;
```

根据指定的参数初始化外设 ADCx：

```
ADC_Init(ADC1,&ADC_InitStructure);
```

（5）使能 ADC 并校准。

在设置完了以上信息后，就使能 ADC，执行复位校准和 AD 校准，注意这两步是必需的！不校准将导致结果很不准确。

① 使能指定的 ADC1，方法是：

```
ADC_Cmd(ADC1,ENABLE);
```

② 执行复位校准的方法是：

```
ADC_ResetCalibration(ADC1);
```

③ 指定 ADC1 的校准状态，方法是：

```
ADC_StartCalibration(ADC1);
```

记住，每次进行校准之后要等待校准结束。这里是通过获取校准状态来判断是校准还是结束。

④ 等待复位校准结束，方法是：

```
while(ADC_GetResetCalibrationStatus(ADC1));
```

⑤ 等待 AD 校准结束，方法是：

```
while(ADC_GetCalibrationStatus(ADC1));
```

（6）读取 ADC 值。

在上面的校准完成之后，ADC 就算准备好了。接下来要做的就是设置规则序列 1 里面的通道、采样顺序，以及通道的采样周期，然后启动 AD 转换。在转换结束后，读取 AD 转换结果值就是了。这里设置规则序列通道以及采样周期的函数是：

```
void ADC_RegularChannelConfig(ADC_TypeDef * ADCx, uint8_t ADC_Channel,
                              uint8_t Rank, uint8_t ADC_SampleTime);
```

这里是规则序列中的第 1 个转换,同时采样周期为 239.5,所以设置为:

```
ADC_RegularChannelConfig(ADC1,ch,1,ADC_SampleTime_239Cycles5);
```

使能指定的 ADC1 的软件转换启动功能开启转换,方法是:

```
ADC_SoftwareStartConvCmd(ADC1,ENABLE);
```

获取 AD 转换结果数据,在软件启动之后,方法是:

```
ADC_GetConversionValue(ADC1);
```

同时,在 AD 转换中,还要根据状态寄存器的标志位来获取 AD 转换的各个状态信息。库函数获取 AD 转换的状态信息的函数是:

```
FlagStatus ADC_GetFlagStatus(ADC_TypeDef * ADCx,uint8_t ADC_FLAG)
```

比如要判断 ADC1 的转换是否结束,方法是:

```
while(!ADC_GetFlagStatus(ADC1,ADC_FLAG_EOC));
```

还需要说明 ADC 的参考电压,本 STM32 开发板使用的是 STM32F103RC,该芯片有外部参考电压:V_{REF-} 和 V_{REF+},其中 V_{REF-} 必须和 V_{SSA} 连接在一起,而 V_{REF+} 的输入范围为:$2.4 \sim V_{DDA}$。

读者可以结合开发板设置 V_{REF-} 和 V_{REF+} 设置参考电压,如果大家想自己设置其他参考电压,将参考电压接在 V_{REF-} 和 V_{REF+} 上就可以。本章的参考电压设置的是 3.3V。

通过以上几个步骤的设置,就能正常使用 STM32 的 ADC1 来执行 AD 转换操作了。

ADC 实验现象如图 7-9 所示。

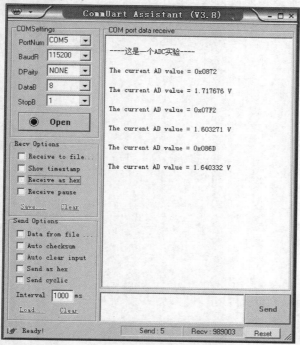

图 7-9 ADC 实验现象

7.5　本章小结

AD 转换的步骤较多，但是方法固定，用户在用的过程中，经常要反复设置这些重要的指标，用户只要在理解的基础上，能查询，修改即可。下面简单总结一下 STM32 的 ADC 模块的核心技术指标，这些应该记住。

（1）1MHz 转换速率、12 位转换结果。STM32F103 系列在 56MHz 时转换时间为 $1\mu s$，在 72MHz 时转换时间为 $1.17\mu s$。

（2）转换范围：0～3.6，即当需要将采集的数据用电压表示，如采集的数据为 x（范围为 0～4095），则转为电压计算公式为：电压＝$x/4096\times3.6$。

（3）ADC 供电要求：2.4V～3.6V。

（4）ADC 输入范围：$V_{REF-}\leqslant V_{IN}\leqslant V_{REF+}$（$V_{REF+}$ 和 V_{REF-} 只有 LQFP100 封装才有）。

（5）双重模式（带 2 个 ADC 的设备）：8 种转换模式。

（6）最多有 18 个通道：16 个外部通道、2 个内部通道（连接到温度传感器和内部参考电压）。

掌握这些核心技术指标，结合具体的使用方法，会起到事半功倍的效果。

7.6　习题

（1）STM32 ADC 有哪些转换模式？

（2）ADC 的寄存器数据如何实现右对齐？

（3）ADC 采用寄存器操作的步骤和方法是什么？

第 8 章

定 时 器

8.1 本章导读

定时器最基本的功能就是定时了,比如定时发送 USART 数据、定时采集 AD 数据等。如果把定时器与 GPIO 结合起来使用,可以实现非常丰富的功能,如测量输入信号的脉冲宽度、产生输出波形等,本章以通用定时器为例,读者通过本章的学习,可以获得以下知识点:

(1)定时器的基本知识,STM32 定时器主要分为三类:基本定时器、通用定时器和高级定时器。

(2)采用寄存器的方法操作 STM32 的通用定时器。

(3)采用库函数的方法操作 STM32 的通用定时器。

(4)通过一个实例实现通用定时器操作。

8.2 定时器基础知识

视频讲解

STM32 的定时器功能十分强大,STM32 的定时器分很多类,各类功能作用都不大相同,主要有高级定时器、通用定时器、基本定时器、看门狗定时器、SysTick 定时器等。TIME1 和 TIME8 为高级定时器,TIME2~TIME5 为通用定时器,TIME6 和 TIME7 为基本定时器。本章主要介绍通用定时器的使用方法。

8.2.1 高级定时器

高级控制定时器(TIM1 和 TIM8)由一个 16 位的自动装载计数器组成,它由一个可编程的预分频器驱动。

它适合多种用途,包含测量输入信号的脉冲宽度(输入捕获),或者产生输出波形(输出比较、PWM、嵌入死区时间的互补 PWM 等)。

使用定时器预分频器和 RCC 时钟控制预分频器,可以实现脉冲宽度和波形周期从几微秒到几毫秒的调节。

高级控制定时器和通用定时器是完全独立的,它们不共享任何资源,也可以同步操作。

高级定时器 TIM1 和 TIM8 的主要功能如下。

（1）16 位向上、向下、向上/下自动装载计数器。

（2）16 位可编程预分频器，可以实时修改计数器时钟频率的分频系数为 1～65535 的任意数值。

（3）含有 4 个独立通道，分别为：

① 输入捕获通道；

② 输出比较通道；

③ PWM 生成通道（边缘或中间对齐模式）；

④ 单脉冲模式输出通道。

（4）死区时间可编程的互补输出。

（5）使用外部信号控制定时器和定时器互联的同步电路。

（6）允许在指定数目的计数器周期之后，更新定时器寄存器的重复计数器。

（7）刹车输入信号可以将定时器输出信号置于复位状态或者一个已知状态。

（8）如下事件发生时产生中断/DMA：

① 更新：计数器向上溢出/向下溢出，计数器初始化（通过软件或者内部/外部触发）；

② 触发事件，如计数器启动、停止、初始化或者由内部/外部触发计数；

③ 输入捕获；

④ 输出比较；

⑤ 刹车信号输入。

（9）支持针对定位的增量（正交）编码器和霍尔传感器电路。

（10）触发输入作为外部时钟或者按周期的电流管理。

8.2.2　基本定时器

基本定时器 TIM6 和 TIM7 各包含一个 16 位自动装载计数器，由各自的可编程预分频器驱动。

TIM6 和 TIM7 可以作为通用定时器提供时间基准，也可以为数模转换器（DAC）提供时钟。实际上，它们在芯片内部直接连接到 DAC 并通过触发输出直接驱动 DAC。这两个定时器互相独立，不共享任何资源。TIM6 和 TIM7 定时器的主要功能如下。

（1）16 位自动重装载累加计数器。

（2）16 位可编程（可实时修改）预分频器，用于对输入的时钟按系数为 1～65536 的任意数值分频。

（3）触发 DAC 的同步电路。

（4）在更新事件（计数器溢出）时产生中断/DMA 请求。

8.2.3　通用定时器

通用定时器由一个可编程预分频器驱动的 16 位自动装载计数器构成。

它适用于多种场合，包括测量输入信号的脉冲长度，如输入捕获；或者产生输出波形，如输出比较和 PWM。

使用定时器预分频器和 RCC 时钟控制器预分频器，脉冲长度和波形周期可以在几微秒至几毫秒间调整。

每个定时器都是完全独立的，没有互相共享任何资源，也可以一起同步操作。

通用 TIMx(TIM2、TIM3、TIM4 和 TIM5)定时器功能如下。

(1) 16 位向上、向下、向上/向下自动装载计数器。

(2) 16 位可编程(可实时修改)预分频器,计数器时钟频率的分频系数为 1～65536 的任意数值。

(3) 含有 4 个独立通道,分别为:

① 输入捕获通道;

② 输出比较通道;

③ PWM 生成通道(边缘或中间对齐模式);

④ 单脉冲模式输出通道。

(4) 使用外部信号控制定时器和定时器互连的同步电路。

(5) 如下事件发生时产生中断/DMA:

① 更新:计数器向上溢出/向下溢出,计数器初始化(通过软件或者内部/外部触发);

② 触发事件,如计数器启动、停止、初始化或者由内部/外部触发计数;

③ 输入捕获;

④ 输出比较。

(6) 支持针对定位的增量(正交)编码器和霍尔传感器电路。

(7) 触发输入作为外部时钟或者按周期的电流管理。

8.3 STM32 定时器操作

操作定时器分为两种方式:寄存器方式和库函数方式,在理解寄存器方式操作基础上,掌握用库函数方式操作 STM32 定时器。

8.3.1 寄存器方式操作定时器

视频讲解

1. 控制寄存器 1(TIMx_CR1)

TIMx_CR1 的最低位使用频率较高,也就是计数器使能位,该位必须置 1,才能让定时器开始计数。图 8-1 和表 8-1 为该寄存器各位描述。

15	14	13	12	11	10	9	8	7	6	5	4	3	2	1	0
保留						CKD[1:0]		APRE	CMS[1:0]		DIR	OPM	URS	UDIS	CEN
						rw	rw	rw	rw	rw	rw	rw	rw	rw	rw

图 8-1 TIMx_CR1 寄存器

表 8-1 TIMx_CR1 寄存器各位描述

位	描 述
位 15:10	保留,始终为 0
位 9:8 CKD[1:0]	时钟分频因子,表示为定时器时钟(CK_INT)频率与数字滤波器(ETR,TIx)使用的采样频率的分频比例 00: $t_{DTS} = t_{CK\_INT}$ 01: $t_{DTS} = 2 \times t_{CK\_INT}$ 10: $t_{DTS} = 4 \times t_{CK\_INT}$ 11: 保留

续表

位	描 述
位 7 ARPE	自动重装载预装载允许位 0：TIMx_ARR 寄存器没有缓冲 1：TIMx_ARR 寄存器被装入缓冲器
位 6:5 CMS[1:0]	选择中央对齐模式 00：边沿对齐模式。计数器依据方向位（DIR）向上或向下计数 01：中央对齐模式 1。计数器交替地向上和向下计数。配置为输出的通道（TIMx_CCMRx 寄存器中 CCxS=00）的输出比较中断标志位，只在计数器向下计数时设置 10：中央对齐模式 2。计数器交替地向上和向下计数。配置为输出的通道（TIMx_CCMRx 寄存器中 CCxS=00）的输出比较中断标志位，只在计数器向上计数时设置 11：中央对齐模式 3。计数器交替地向上和向下计数。配置为输出的通道（TIMx_CCMRx 寄存器中 CCxS=00）的输出比较中断标志位，在计数器向上和向下计数时均设置 注：计数器开启时（CEN=1），不允许从边沿对齐模式转换到中央对齐模式
位 4 DIR	方向 0：计数器向上计数 1：计数器向下计数 注：当计数器配置为中央对齐模式或编码器模式时，该位为只读
位 3 OPM	单脉冲模式 0：发生更新事件时，计数器不停止 1：发生下一次更新事件（清除 CEN 位）时，计数器停止
位 2 URS	更新请求源，软件通过该位选择 UEV 事件的源 0：如果使能了更新中断或 DMA 请求，则下述任一事件产生更新中断或 DMA 请求： (1) 计数器溢出/下溢 (2) 设置 UG 位 (3) 从模式控制器产生的更新 1：如果使能了更新中断或 DMA 请求，则只有计数器溢出/下溢才产生更新中断或 DMA 请求
位 1 UDIS	禁止更新，软件通过该位允许/禁止 UEV 事件的产生 0：允许 UEV。更新（UEV）事件由下述任一事件产生： (1) 计数器溢出/下溢 (2) 设置 UG 位 (3) 从模式控制器产生的更新 具有缓存的寄存器被装入它们的预装载值。（译注：更新影子寄存器） 1：禁止 UEV。不产生更新事件，影子寄存器（ARR、PSC、CCRx）保持它们的值。如果设置了 UG 位或从模式控制器发出了一个硬件复位，则计数器和预分频器被重新初始化
位 0 CEN	使能计数器 0：禁止计数器 1：使能计数器 注：在软件设置了 CEN 位后，外部时钟、门控模式和编码器模式才能工作。触发模式可以自动地通过硬件设置 CEN 位。单脉冲模式下，当发生更新事件时，CEN 被自动清除

2. 中断使能寄存器（TIMx_DIER）

该寄存器是一个 16 位的寄存器，图 8-2 和表 8-2 为该寄存器各位描述。

15	14	13	12	11	10	9	8	7	6	5	4	3	2	1	0
保留	TDE	保留	CC4DE	CC3DE	CC2DE	CC1DE	UDE	保留	TIE	保留	CC4IE	CC3IE	CC2IE	CC1IE	UIE
	rw		rw	rw	rw	rw	rw		rw		rw	rw	rw	rw	rw

图 8-2　TIMx_DIER 寄存器

表 8-2　**TIMx_DIER 寄存器各位描述**

位	描　　述
位 15	保留,始终保持复位值
位 14 TDE	允许触发 DMA 请求 0:禁止触发 DMA 请求 1:允许触发 DMA 请求
位 13	保留,始终保持复位值 0
位 12 CC4DE	允许捕获/比较 4 的 DMA 请求 0:禁止捕获/比较 4 的 DMA 请求 1:允许捕获/比较 4 的 DMA 请求
位 11 CC3DE	允许捕获/比较 3 的 DMA 请求 0:禁止捕获/比较 3 的 DMA 请求 1:允许捕获/比较 3 的 DMA 请求
位 10 CC2DE	允许捕获/比较 2 的 DMA 请求 0:禁止捕获/比较 2 的 DMA 请求 1:允许捕获/比较 2 的 DMA 请求
位 9 CC1DE	允许捕获/比较 1 的 DMA 请求 0:禁止捕获/比较 1 的 DMA 请求 1:允许捕获/比较 1 的 DMA 请求
位 8 UDE	允许更新的 DMA 请求 0:禁止更新的 DMA 请求 1:允许更新的 DMA 请求
位 7	保留,始终保持复位值
位 6 TIE	触发中断使能 0:禁止触发中断 1:使能触发中断
位 5	保留,始终保持复位值
位 4 CC4IE	允许捕获/比较 4 中断 0:禁止捕获/比较 4 中断 1:允许捕获/比较 4 中断
位 3 CC3IE	允许捕获/比较 3 中断 0:禁止捕获/比较 3 中断 1:允许捕获/比较 3 中断
位 2 CC2IE	允许捕获/比较 2 中断 0:禁止捕获/比较 2 中断 1:允许捕获/比较 2 中断
位 1 CC1IE	允许捕获/比较 1 中断 0:禁止捕获/比较 1 中断 1:允许捕获/比较 1 中断

位	描 述
位 0 UIE	允许更新中断 0：禁止更新中断 1：允许更新中断

这个寄存器比较常用的是第 0 位，该位是更新中断允许位，本章用到的就是定时器的更新中断，所以该位要设置为 1，允许由于更新事件所产生的中断。

3. 预分频寄存器（TIMx_PSC）

该寄存器用于对时钟进行分频，然后提供给计数器，作为计数器的时钟。该寄存器的各位描述如图 8-3 和表 8-3 所示。

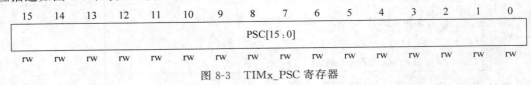

图 8-3   TIMx_PSC 寄存器

表 8-3   **TIMx_PSC 寄存器各位描述**

位	描 述
位 15:0 PSC[15:0]	预分频器的值，计数器的时钟频率 CK_CNT 等于 $f_{CK\_PSC}/(PSC[15:0]+1)$ PSC 包含了当更新事件产生时装入当前预分频器寄存器的值

这里，定时器的时钟来源有 4 个。

（1）内部时钟（CK_INT）。

（2）外部时钟模式 1：外部输入脚（TIx）。

（3）外部时钟模式 2：外部触发输入（ETR）。

（4）内部触发输入（ITRx）：使用 A 定时器作为 B 定时器的预分频器（A 为 B 提供时钟）。

这些时钟具体选择哪个，可以通过 TIMx_SMCR 寄存器的相关位来设置。这里的 CK_INT 时钟是从 APB1 倍频得来的，除非 APB1 的时钟分频数设置为 1，否则通用定时器 TIMx 的时钟是 APB1 时钟的 2 倍，当 APB1 的时钟不分频的时候，通用定时器 TIMx 的时钟就等于 APB1 的时钟。还要注意的是，高级定时器的时钟不是来自 APB1，而是来自 APB2。

4. 计数器寄存器（TIMx_CNT）

该寄存器是定时器的计数器，存储了当前定时器的计数值。该寄存器的各位描述如图 8-4 和表 8-4 所示。

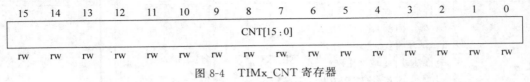

图 8-4   TIMx_CNT 寄存器

表 8-4   **TIMx_CNT 寄存器各位描述**

位	描 述
位 15:0 CNT[15:0]	计数器的值

5. 自动重装载寄存器（TIMx_ARR）

该寄存器在物理上实际对应着两个寄存器。一个是用户可以直接操作的,另一个是用户看不到的,这个看不到的寄存器在《STM32 参考手册》里叫作影子寄存器。事实上,真正起作用的是影子寄存器。根据 TIMx_CR1 寄存器中 APRE 位的设置:

APRE＝0 时,预装载寄存器的内容可以随时传送到影子寄存器,此时两者是连通的;

APRE＝1 时,每一次更新事件(UEV)时,才把预装在寄存器的内容传送到影子寄存器。

自动重装载寄存器的各位描述如图 8-5 和表 8-5 所示。

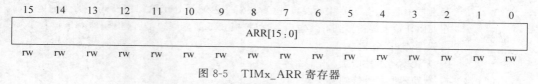

15	14	13	12	11	10	9	8	7	6	5	4	3	2	1	0
							ARR[15:0]								
rw	rw	rw	rw	rw	rw	rw	rw	rw	rw	rw	rw	rw	rw	rw	rw

图 8-5　TIMx_ARR 寄存器

表 8-5　TIMx_ARR 寄存器各位描述

位	描　　述
位 15:0 ARR[15:0]	自动重装载的值,ARR 包含了将要传送至实际自动重装载寄存器的数值,当自动重装载的值为空时,计数器不工作

6. 状态寄存器（TIMx_SR）

该寄存器用来标记当前与定时器相关的各种事件/中断是否发生。该寄存器的各位描述如图 8-6 和表 8-6 所示。

15	14	13	12	11	10	9	8	7	6	5	4	3	2	1	0
保留			CC4OF	CC3OF	CC2OF	CC1OF	保留		TIE	保留	CC4IF	CC3IF	CC2IF	CC1IF	UIF
			rc_w0	rc_w0	rc_w0	rc_w0			rc_w0		rc_w0	rc_w0	rc_w0	rc_w0	rc_w0

图 8-6　TIMx_SR 寄存器

表 8-6　TIMx_SR 寄存器各位描述

位	描　　述
位 5:13	保留,始终读为 0
位 12 CC4OF	捕获/比较 4 重复捕获标记,仅当相应的通道配置为输入捕获时,该标记可由硬件置 1。写"0"可清除该位。 0: 无重复捕获产生 1: 当计数器的值捕获到 TIMx_CCR1 寄存器时,CC4IF 的状态已经为"1"
位 11 CC3OF	捕获/比较 3 重复捕获标记,仅当相应的通道配置为输入捕获时,该标记可由硬件置 1。写"0"可清除该位。 0: 无重复捕获产生 1: 当计数器的值捕获到 TIMx_CCR1 寄存器时,CC3IF 的状态已经为"1"
位 10 CC2OF	捕获/比较 2 重复捕获标记,仅当相应的通道配置为输入捕获时,该标记可由硬件置 1。写"0"可清除该位。 0: 无重复捕获产生 1: 当计数器的值捕获到 TIMx_CCR1 寄存器时,CC2IF 的状态已经为"1"

续表

位	描　　述
位 9 CC1OF	捕获/比较 1 重复捕获标记,仅当相应的通道配置为输入捕获时,该标记可由硬件置 1。写"0"可清除该位。 0: 无重复捕获产生 1: 当计数器的值捕获到 TIMx_CCR1 寄存器时,CC1IF 的状态已经为"1"
位 8:7	保留,始终读为 0
位 6 TIF	触发器中断标记,当发生触发事件(当从模式控制器处于除门控模式外的其他模式时,在 TRGI 输入端检测到有效边沿,或门控模式下的任一边沿)时由硬件对该位置 1。它由软件清 0。 0: 无触发器事件产生 1: 触发器中断等待响应
位 5	保留,始终读为 0
位 4 CC4IF	捕获/比较 4 中断标记,参考 CC1IF 描述
位 3 CC3IF	捕获/比较 3 中断标记,参考 CC1IF 描述
位 2 CC2IF	捕获/比较 2 中断标记,参考 CC1IF 描述
位 1 CC1IF	捕获/比较 1 中断标记 如果通道 CC1 配置为输出模式: 当计数器值与比较值匹配时,该位由硬件置 1,但在中心对称模式下除外(参考 TIMx_CR1 寄存器的 CMS 位)。它由软件清 0。 0: 无匹配发生 1: TIMx_CNT 的值与 TIMx_CCR1 的值匹配 如果通道 CC1 配置为输入模式: 当捕获事件发生时,该位由硬件置 1,它由软件清 0 或通过读 TIMx_CCR1 清 0。 0: 无输入捕获产生 1: 计数器值已捕获(复制)至 TIMx_CCR1(在 IC1 上检测到与所选极性相同的边沿)
位 0 UIF	更新中断标记,当产生更新事件时该位由硬件置 1。它由软件清 0 0: 无更新事件产生 1: 更新中断等待响应。当寄存器更新时该位由硬件置 1 若 TIMx_CR1 寄存器的 UDIS=0,URS=0,则当 TIMx_EGR 寄存器的 UG=1 时,产生更新事件(软件对计数器 CNT 重新初始化) 若 TIMx_CR1 寄存器的 UDIS=0,URS=0,则当计数器 CNT 被触发事件重初始化时,产生更新事件(参考同步控制寄存器的说明)

8.3.2　库函数方式操作定时器

视频讲解

通过以上寄存器的介绍,了解了 STM32 的定时器寄存器模式的相关设置,接下来学习库函数操作定时器。表 8-7 给出了库函数操作定时器的函数列表,定时器函数众多,本节重点介绍几个常用的函数。

表 8-7　定时器库函数

函 数 名	描 述
TIM_DeInit	将外设 TIMx 寄存器重设为缺省值
TIM_TimeBaseInit	根据 TIM_TimeBaseInitStruct 中指定的参数初始化 TIMx 的时间基数单位
TIM_OCInit	根据 TIM_OCInitStruct 中指定的参数初始化外设 TIMx
TIM_ICInit	根据 TIM_ICInitStruct 中指定的参数初始化外设 TIMx
TIM_TimeBaseStructInit	把 TIM_TimeBaseInitStruct 中的每一个参数按缺省值填入
TIM_OCStructInit	把 TIM_OCInitStruct 中的每一个参数按缺省值填入
TIM_ICStructInit	把 TIM_ICInitStruct 中的每一个参数按缺省值填入
TIM_Cmd	使能或者失能 TIMx 外设
TIM_ITConfig	使能或者失能指定的 TIM 中断
TIM_DMAConfig	设置 TIMx 的 DMA 接口
TIM_DMACmd	使能或者失能指定的 TIMx 的 DMA 请求
TIM_InternalClockConfig	设置 TIMx 内部时钟
TIM_ITRxExternalClockConfig	设置 TIMx 内部触发为外部时钟模式
TIM_TIxExternalClockConfig	设置 TIMx 触发为外部时钟
TIM_ETRClockMode1Config	配置 TIMx 外部时钟模式 1
TIM_ETRClockMode2Config	配置 TIMx 外部时钟模式 2
TIM_ETRConfig	配置 TIMx 外部触发
TIM_SelectInputTrigger	选择 TIMx 输入触发源
TIM_PrescalerConfig	设置 TIMx 预分频
TIM_CounterModeConfig	设置 TIMx 计数器模式
TIM_ForcedOC1Config	置 TIMx 输出 1 为活动或者非活动电平
TIM_ForcedOC2Config	置 TIMx 输出 2 为活动或者非活动电平
TIM_ForcedOC3Config	置 TIMx 输出 3 为活动或者非活动电平
TIM_ForcedOC4Config	置 TIMx 输出 4 为活动或者非活动电平
TIM_ARRPreloadConfig	使能或者失能 TIMx 在 ARR 上的预装载寄存器
TIM_SelectCCDMA	选择 TIMx 外设的捕获比较 DMA 源
TIM_OC1PreloadConfig	使能或者失能 TIMx 在 CCR1 上的预装载寄存器
TIM_OC2PreloadConfig	使能或者失能 TIMx 在 CCR2 上的预装载寄存器
TIM_OC3PreloadConfig	使能或者失能 TIMx 在 CCR3 上的预装载寄存器
TIM_OC4PreloadConfig	使能或者失能 TIMx 在 CCR4 上的预装载寄存器
TIM_OC1FastConfig	设置 TIMx 捕获比较 1 快速特征

1. TIMx 寄存器重设为缺省值函数 TIM_DeInit

TIMx 寄存器重设为缺省值函数为 TIM_DeInit，表 8-8 描述了该函数的具体含义。

表 8-8　TIM_DeInit 函数

函 数 名	TIM_DeInit
函数原形	void TIM_DeInit(TIM_TypeDef * TIMx)
功能描述	将外设 TIMx 寄存器重设为缺省值
输入参数	TIMx：x 可以是 2、3 或者 4，用来选择 TIM 外设
输出参数	无
返回值	无

续表

函 数 名	TIM_DeInit
先决条件	无
被调用函数	RCC_APB1PeriphClockCmd()

2. 初始化定时器函数 TIM_TimeBaseInit

初始化定时器函数为 TIM_TimeBaseInit，表 8-9 描述了该函数的具体含义。

表 8-9　函数 TIM_TimeBaseInit

函 数 名	TIM_TimeBaseInit
函数原形	void TIM_TimeBaseInit(TIM_TypeDef * TIMx, TIM_TimeBaseInitTypeDef * TIM_TimeBaseInitStruct)
功能描述	根据 TIM_TimeBaseInitStruct 中指定的参数初始化 TIMx 的时间基数单位
输入参数 1	TIMx：x 可以是 2、3 或者 4，用来选择 TIM 外设
输入参数 2	TIMTimeBase_InitStruct：指向结构 TIM_TimeBaseInitTypeDef 的指针，包含了 TIMx 时间基数单位的配置信息
输出参数	无
返回值	无
先决条件	无
被调用函数	无

TIM_TimeBaseInitTypeDef 的结构体定义于文件"stm32f10x_tim.h"中，如下所示：

```
typedef struct
{
u16 TIM_Period;
u16 TIM_Prescaler;
u8 TIM_ClockDivision;
u16 TIM_CounterMode;
} TIM_TimeBaseInitTypeDef;
```

（1）TIM_Period：设置了在下一个更新事件装入活动的自动重装载寄存器周期的值。它的取值必须在 0x0000～0xFFFF。

（2）TIM_Prescaler：设置了用来作为 TIMx 时钟频率除数的预分频值。它的取值必须在 0x0000～0xFFFF。

（3）TIM_ClockDivision：设置了时钟分频因子。该参数取值如表 8-10 所示。

表 8-10　TIM_ClockDivision 值

TIM_ClockDivision	描　述
TIM_CKD_DIV1	TDTS=Tck_tim
TIM_CKD_DIV2	TDTS=2Tck_tim
TIM_CKD_DIV4	TDTS=4Tck_tim

读者应注意：在使用该参数时，应注意与 TIM_Prescaler 区别：TIM_Prescaler 是计数器分频器，TIM_ClockDivision 是在采样时使用的时钟分频器，如输入捕获时的采样时钟或计算互补输出的死区的时钟。

（4）TIM_CounterMode：计数器模式选择。该参数取值见表 8-11。

表 8-11　TIM_CounterMode 值

TIM_CounterMode	描　述
TIM_CounterMode_Up	TIM 向上计数模式
TIM_CounterMode_Down	TIM 向下计数模式
TIM_CounterMode_CenterAligned1	TIM 中央对齐模式 1 计数模式
TIM_CounterMode_CenterAligned2	TIM 中央对齐模式 2 计数模式
TIM_CounterMode_CenterAligned3	TIM 中央对齐模式 3 计数模式

3. 定时器输出比较初始化函数 TIM_OCInit

定时器输出比较初始化函数 TIM_OCInit，表 8-12 描述了该函数的具体含义。

表 8-12　TIM_OCInit 函数

函　数　名	TIM_OCInit
函数原形	void TIM_OCInit（TIM_TypeDef * TIMx，TIM_OCInitTypeDef * TIM_OCInitStruct）
功能描述	根据 TIM_OCInitStruct 中指定的参数初始化外设 TIMx
输入参数 1	TIMx：x 可以是 2、3 或者 4，用来选择 TIM 外设
输入参数 2	TIM_OCInitStruct：指向结构 TIM_OCInitTypeDef 的指针，包含了 TIMx 时间基数单位的配置信息
输出参数	无
返回值	无
先决条件	无
被调用函数	无

TIM_OCInitTypeDef 结构体定义于文件"stm32f10x_tim.h"中，具体如下：

```
typedef struct
{
u16 TIM_OCMode;
u16 TIM_Channel;
u16 TIM_Pulse;
u16 TIM_OCPolarity;
} TIM_OCInitTypeDef;
```

（1）TIM_OCMode：选择定时器模式。该参数取值见表 8-13。

表 8-13　TIM_OCMode 定义

TIM_OCMode	描　述
TIM_OCMode_Timing	TIM 输出比较时间模式
TIM_OCMode_Active	TIM 输出比较主动模式
TIM_OCMode_Inactive	TIM 输出比较非主动模式
TIM_OCMode_Toggle	TIM 输出比较触发模式
TIM_OCMode_PWM1	TIM 脉冲宽度调制模式 1
TIM_OCMode_PWM2	TIM 脉冲宽度调制模式 2

（2）TIM_Channel：选择通道。该参数取值见表 8-14。

表 8-14　TIM_Channel 值

TIM_Channel	描　　述
TIM_Channel_1	使用 TIM 通道 1
TIM_Channel_2	使用 TIM 通道 2
TIM_Channel_3	使用 TIM 通道 3
TIM_Channel_4	使用 TIM 通道 4

（3）TIM_Pulse：设置待装入捕获比较寄存器的脉冲值。取值必须在 0x0000～0xFFFF。

（4）TIM_OCPolarity：输出极性。该参数取值见表 8-15。

表 8-15　TIM_OCPolarity 值

TIM_OCPolarity	描　　述
TIM_OCPolarity_High	TIM 输出比较极性高
TIM_OCPolarity_Low	TIM 输出比较极性低

4. 定时器使能/失能函数 TIM_Cmd

定时器使能/失能函数 TIM_Cmd，表 8-16 描述了该函数的具体含义。

表 8-16　TIM_Cmd 函数

函　数　名	TIM_Cmd
函数原形	void TIM_Cmd(TIM_TypeDef * TIMx, FunctionalState NewState)
功能描述	使能或者失能 TIMx 外设
输入参数 1	TIMx：x 可以是 2、3 或者 4，用来选择 TIM 外设
输入参数 2	NewState：外设 TIMx 的新状态这个参数可以取 ENABLE 或者 DISABLE
输出参数	无
返回值	无
先决条件	无
被调用函数	无

5. 定时器中断使能/失能函数 TIM_ITConfig

定时器中断使能/失能函数为 TIM_ITConfig，表 8-17 描述了该函数的具体含义。

表 8-17　TIM_ITConfig 函数

函　数　名	TIM_ITConfig
函数原形	void TIM_ITConfig（TIM_TypeDef * TIMx，u16 TIM_IT，FunctionalState NewState）
功能描述	使能或者失能指定的 TIM 中断
输入参数 1	TIMx：x 可以是 2、3 或者 4，用来选择 TIM 外设
输入参数 2	TIM_IT：待使能或者失能的 TIM 中断源
输入参数 3	NewState：TIMx 中断的新状态这个参数可以取 ENABLE 或者 DISABLE
输出参数	无
返回值	无
先决条件	无
被调用函数	无

输入参数 TIM_IT 使能或者失能 TIM 的中断。可以取表 8-18 中的一个或者多个取值

的组合作为该参数的值。

表 8-18　TIM_IT 值

TIM_IT	描　述
TIM_IT_Update	TIM 中断源
TIM_IT_CC1	TIM 捕获/比较 1 中断源
TIM_IT_CC2	TIM 捕获/比较 2 中断源
TIM_IT_CC3	TIM 捕获/比较 3 中断源
TIM_IT_CC4	TIM 捕获/比较 4 中断源
TIM_IT_Trigger	TIM 触发中断源

6. 定时器 DMA 配置函数 TIM_DMAConfig

定时器 DMA 配置函数为 TIM_DMAConfig,表 8-19 描述了该函数的具体含义。

表 8-19　TIM_DMAConfig 函数

函　数　名	TIM_DMAConfig
函数原形	void TIM_DMAConfig(TIM_TypeDef * TIMx, u8 TIM_DMABase, u16 TIM_DMABurstLength)
功能描述	设置 TIMx 的 DMA 接口
输入参数 1	TIMx:x 可以是 2、3 或者 4,用来选择 TIM 外设
输入参数 2	TIM_DMABase:DMA 传输起始地址
输入参数 3	TIM_DMABurstLength:DMA 连续传送长度
输出参数	无
返回值	无
先决条件	无
被调用函数	无

（1）TIM_DMABase:参数 TIM_DMABase 设置 DMA 传输起始地址,可以取表 8-20 中的值。

表 8-20　TIM_DMABase 值

TIM_DMABase	描　述
TIM_DMABase_CR1	TIM CR1 寄存器作为 DMA 传输起始
TIM_DMABase_CR2	TIM CR2 寄存器作为 DMA 传输起始
TIM_DMABase_SMCR	TIM SMCR 寄存器作为 DMA 传输起始
TIM_DMABase_DIER	TIM DIER 寄存器作为 DMA 传输起始
TIM_DMABase_SR	TIM SR 寄存器作为 DMA 传输起始
TIM_DMABase_EGR	TIM EGR 寄存器作为 DMA 传输起始
TIM_DMABase_CCMR1	TIM CCMR1 寄存器作为 DMA 传输起始
TIM_DMABase_CCMR2	TIM CCMR2 寄存器作为 DMA 传输起始
TIM_DMABase_CCER	TIM CCER 寄存器作为 DMA 传输起始
TIM_DMABase_CNT	TIM CNT 寄存器作为 DMA 传输起始
TIM_DMABase_PSC	TIM PSC 寄存器作为 DMA 传输起始
TIM_DMABase_ARR	TIM APR 寄存器作为 DMA 传输起始
TIM_DMABase_CCR1	TIM CCR1 寄存器作为 DMA 传输起始
TIM_DMABase_CCR2	TIM CCR2 寄存器作为 DMA 传输起始

续表

TIM_DMABase	描　述
TIM_DMABase_CCR3	TIM CCR3 寄存器作为 DMA 传输起始
TIM_DMABase_CCR4	TIM CCR4 寄存器作为 DMA 传输起始
TIM_DMABase_DCR	TIM DCR 寄存器作为 DMA 传输起始

（2）TIM_DMABurstLength：设置 DMA 连续传送长度，可以取表 8-21 中的值。

表 8-21　TIM_DMABurstLength 值

TIM_DMABurstLength	描　述
TIM_DMABurstLength_1Byte	TIM DMA 连续传送长度 1 字
TIM_DMABurstLength_2Bytes	TIM DMA 连续传送长度 2 字
TIM_DMABurstLength_3Bytes	TIM DMA 连续传送长度 3 字
TIM_DMABurstLength_4Bytes	TIM DMA 连续传送长度 4 字
TIM_DMABurstLength_5Bytes	TIM DMA 连续传送长度 5 字
TIM_DMABurstLength_6Bytes	TIM DMA 连续传送长度 6 字
TIM_DMABurstLength_7Bytes	TIM DMA 连续传送长度 7 字
TIM_DMABurstLength_8Bytes	TIM DMA 连续传送长度 8 字
TIM_DMABurstLength_9Bytes	TIM DMA 连续传送长度 9 字
TIM_DMABurstLength_10Bytes	TIM DMA 连续传送长度 10 字
TIM_DMABurstLength_11Bytes	TIM DMA 连续传送长度 11 字
TIM_DMABurstLength_12Bytes	TIM DMA 连续传送长度 12 字
TIM_DMABurstLength_13Bytes	TIM DMA 连续传送长度 13 字
TIM_DMABurstLength_14Bytes	TIM DMA 连续传送长度 14 字
TIM_DMABurstLength_15Bytes	TIM DMA 连续传送长度 15 字
TIM_DMABurstLength_16Bytes	TIM DMA 连续传送长度 16 字
TIM_DMABurstLength_17Bytes	TIM DMA 连续传送长度 17 字
TIM_DMABurstLength_18Bytes	TIM DMA 连续传送长度 18 字

7. 使能/失能指定的 TIMx 的 DMA 请求函数 TIM_DMACmd

使能/失能指定的 TIMx 的 DMA 请求函数为 TIM_DMACmd，表 8-22 描述了该函数的具体含义。

表 8-22　TIM_DMACmd 函数

函　数　名	TIM_DMACmd
函数原形	void TIM_DMACmd(TIM_TypeDef * TIMx, u16TIM_DMASource，FunctionalState Newstate)
功能描述	使能或者失能指定的 TIMx 的 DMA 请求
输入参数 1	TIMx：x 可以是 2、3 或者 4，用来选择 TIM 外设
输入参数 2	TIM_DMASource：待使能或者失能的 TIM 中断源
输入参数 3	NewState：DMA 请求的新状态这个参数可以取 ENABLE 或者 DISABLE
输出参数	无
返回值	无
先决条件	无
被调用函数	无

输入参数 TIM_DMASource 使能或者失能 TIM 的中断,可以取表 8-23 中的值。

表 8-23 TIM_DMASource 值

TIM_DMASource	描　述
TIM_DMA_Update	TIM 更新 DMA 源
TIM_DMA_CC1	TIM 捕获/比较 1DMA 源
TIM_DMA_CC2	TIM 捕获/比较 2DMA 源
TIM_DMA_CC3	TIM 捕获/比较 3DMA 源
TIM_DMA_CC4	TIM 捕获/比较 4DMA 源
TIM_DMA_Trigger	TIM 触发 DMA 源

8. 检查指定的 TIM 标志位设置与否函数 TIM_GetFlagStatus

函数 TIM_GetFlagStatus 用于检查指定的 TIM 标志位设置与否,表 8-24 描述了该函数的具体含义。

表 8-24 TIM_GetFlagStatus 函数

函　数　名	TIM_GetFlagStatus
函数原形	FlagStatus TIM_GetFlagStatus(TIM_TypeDef * TIMx, u16 TIM_FLAG)
功能描述	检查指定的 TIM 标志位设置与否
输入参数 1	TIMx:x 可以是 2、3 或者 4,用来选择 TIM 外设
输入参数 2	TIM_FLAG:待检查的 TIM 标志位
输出参数	无
返回值	TIM_FLAG 的新状态(SET 或者 RESET)
先决条件	无
被调用函数	无

表 8-25 给出了所有可以被函数 TIM_GetFlagStatus 检查的标志位列表。

表 8-25 TIM_FLAG 值

TIM_FLAG	描　述
TIM_FLAG_Update	TIM 更新标志位
TIM_FLAG_CC1	TIM 捕获/比较 1 标志位
TIM_FLAG_CC2	TIM 捕获/比较 2 标志位
TIM_FLAG_CC3	TIM 捕获/比较 3 标志位
TIM_FLAG_CC4	TIM 捕获/比较 4 标志位
TIM_FLAG_Trigger	TIM 触发标志位
TIM_FLAG_CC1OF	TIM 捕获/比较 1 溢出标志位
TIM_FLAG_CC2OF	TIM 捕获/比较 2 溢出标志位
TIM_FLAG_CC3OF	TIM 捕获/比较 3 溢出标志位
TIM_FLAG_CC4OF	TIM 捕获/比较 4 溢出标志位

9. 清除 TIMx 的待处理标志位函数 TIM_ClearFlag

清除 TIMx 的待处理标志位函数为 TIM_ClearFlag,表 8-26 描述了该函数的具体含义。

表 8-26　TIM_ClearFlag 函数

函 数 名	TIM_ClearFlag
函数原形	void TIM_ClearFlag(TIM_TypeDef * TIMx, u32 TIM_FLAG)
功能描述	清除 TIMx 的待处理标志位
输入参数 1	TIMx：x 可以是 2、3 或者 4,用来选择 TIM 外设
输入参数 2	TIM_FLAG：待清除的 TIM 标志位
输出参数	无
返回值	无
先决条件	无
被调用函数	无

10. 检查指定的 TIM 中断发生与否函数 TIM_GetITStatus

检查指定的 TIM 中断发生与否函数为 TIM_GetITStatus,表 8-27 描述了该函数的具体含义。

表 8-27　函数 TIM_GetITStatus

函 数 名	TIM_GetITStatus
函数原形	ITStatus TIM_GetITStatus(TIM_TypeDef * TIMx, u16 TIM_IT)
功能描述	检查指定的 TIM 中断发生与否
输入参数 1	TIMx：x 可以是 2、3 或者 4,用来选择 TIM 外设
输入参数 2	TIM_IT：待检查的 TIM 中断源
输出参数	无
返回值	TIM_IT 的新状态
先决条件	无
被调用函数	无

11. 清除 TIMx 的中断待处理位函数 TIM_ClearITPendingBit

清除 TIMx 的中断待处理位函数 TIM_ClearITPendingBit,表 8-28 描述了该函数的具体含义。

表 8-28　TIM_ClearITPendingBit 函数

函 数 名	TIM_ClearITPendingBit
函数原形	void TIM_ClearITPendingBit(TIM_TypeDef * TIMx, u16 TIM_IT)
功能描述	清除 TIMx 的中断待处理位
输入参数 1	TIMx：x 可以是 2、3 或者 4,用来选择 TIM 外设
输入参数 2	TIM_IT：待检查的 TIM 中断待处理位
输出参数	无
返回值	无
先决条件	无
被调用函数	无

视频讲解

8.3.3　定时器设置步骤

定时器相关的库函数主要集中在固件库文件 stm32f10x_tim.h 和 stm32f10x_tim.c 文件中,具体设置步骤如下。

（1）时钟使能；

（2）初始化定时器参数，设置自动重装值、分频系数、计数方式等；

（3）设置允许更新中断；

（4）中断优先级设置；

（5）使能定时器；

（6）编写中断服务函数。

8.4　定时器操作实例

视频讲解

定时器相关的文件有固件库函数文件 stm32f10x_tim.c 和头文件 stm32f10x_tim.h。

8.4.1　主程序

函数主程序如下：

```
1.   # include "stm32f10x.h"
2.   # include "led.h"
3.   # include "TiMbase.h"
4.   volatile u32 time = 0;
5.   int main(void)
6.   {
7.         LED_GPIO_Config();
8.         TIM2_Configuration();
9.         TIM2_NVIC_Configuration();
10.        RCC_APB1PeriphClockCmd(RCC_APB1Periph_TIM2 , ENABLE);
11.    while(1)
12.    {
13.      if(time == 1000)
14.      {
15.        time = 0;
16.                  LED1_TOGGLE;
17.      }
18.    }
19. }
```

8.4.2　定时器初始化代码

定时器初始化代码如下：

```
1.   # include "TiMbase.h"
2.   void TIM2_NVIC_Configuration(void)
3.   {
4.   NVIC_InitTypeDef NVIC_InitStructure;
5.   NVIC_PriorityGroupConfig(NVIC_PriorityGroup_0);
6.   NVIC_InitStructure.NVIC_IRQChannel = TIM2_IRQn;
7.   NVIC_InitStructure.NVIC_IRQChannelPreemptionPriority = 0;
8.   NVIC_InitStructure.NVIC_IRQChannelSubPriority = 3;
9.   NVIC_InitStructure.NVIC_IRQChannelCmd = ENABLE;
10. NVIC_Init(& NVIC_InitStructure);
11. }
12. void TIM2_Configuration(void)
```

```
13. {
14.     TIM_TimeBaseInitTypeDef TIM_TimeBaseStructure;
15.     RCC_APB1PeriphClockCmd(RCC_APB1Periph_TIM2, ENABLE);
16.     TIM_TimeBaseStructure.TIM_Period = 1000;
17.     TIM_TimeBaseStructure.TIM_Prescaler = 71;
18.     TIM_TimeBaseStructure.TIM_ClockDivision = TIM_CKD_DIV1;
19.     TIM_TimeBaseStructure.TIM_CounterMode = TIM_CounterMode_Up;
20.     TIM_TimeBaseInit(TIM2, &TIM_TimeBaseStructure);
21.     TIM_ClearFlag(TIM2, TIM_FLAG_Update);
22.     TIM_ITConfig(TIM2,TIM_IT_Update,ENABLE);
23.     TIM_Cmd(TIM2, ENABLE);
24.     RCC_APB1PeriphClockCmd(RCC_APB1Periph_TIM2 , DISABLE);
25. }
```

8.4.3　代码分析和实验结果

第 7 行,led 端口配置;

第 8 行,TIM2 定时配置;

第 9 行,定时器的中断优先级配置;

第 10 行,时钟配置;

第 12～19 行,LED 小灯 1s 亮灭一次。

1. TIM2 时钟使能

TIM2 挂载在 APB1 之下,所以通过 APB1 总线下的使能函数来使能。调用的函数是:

```
RCC_APB1PeriphClockCmd(RCC_APB1Periph_TIM2,ENABLE);
```

2. 初始化定时器参数,设置自动重装值、分频系数、计数方式等

在库函数中,定时器的初始化参数是通过初始化函数 TIM_TimeBaseInit 实现的:

```
void TIM_TimeBaseInit(TIM_TypeDef * TIMx,
TIM_TimeBaseInitTypeDef * TIM_TimeBaseInitStruct);
```

第一个参数用于确定定时器,这个比较容易理解;第二个参数是定时器初始化参数结构体指针,结构体类型为 TIM_TimeBaseInitTypeDef。

这个结构体一共有 5 个成员变量,要说明的是,对于通用定时器只有前面四个参数有用,最后一个参数 TIM_RepetitionCounter 对高级定时器才有用,这里不多解释。下面具体介绍前四个参数。

第一个参数 TIM_Prescaler 是用来设置分频系数的,前面有讲解。

第二个参数 TIM_CounterMode 是用来设置计数方式,前面讲解过,可以设置为向上计数模式、向下计数模式或中央对齐计数模式,比较常用的是向上计数模式 TIM_CounterMode_Up 和向下计数模式 TIM_CounterMode_Down。

第三个参数是设置自动重载计数周期值,这在前面也已经讲解过。

第四个参数是用来设置时钟分频因子的。

针对 TIM3 初始化范例代码格式如下:

```
TIM_TimeBaseInitTypeDef TIM_TimeBaseStructure;
TIM_TimeBaseStructure.TIM_Period = 5000;
TIM_TimeBaseStructure.TIM_Prescaler = 7199;
```

```
TIM_TimeBaseStructure.TIM_ClockDivision = TIM_CKD_DIV1;
TIM_TimeBaseStructure.TIM_CounterMode = TIM_CounterMode_Up;
TIM_TimeBaseInit(TIM2,&TIM_TimeBaseStructure);
```

3. 设置 TIM2_DIER 允许更新中断

因为要使用 TIM2 的更新中断，寄存器的相应位便可使能更新中断。在库函数中定时器中断使能是通过 TIM_ITConfig 函数来实现的，例如：

```
void TIM_ITConfig(TIM_TypeDef * TIMx,uint16_t TIM_IT,FunctionalState NewState);
```

第一个参数是选择定时器号，这个容易理解，取值为 TIM1~TIM17。

第二个参数非常关键，是用来指明使能的定时器中断的类型，定时器中断的类型有很多种，包括更新中断 TIM_IT_Update，触发中断 TIM_IT_Trigger，以及输入捕获中断等。

第三个参数就很简单了，就是失能还是使能。

例如要使能 TIM2 的更新中断，格式为：

```
TIM_ITConfig(TIM2,TIM_IT_Update,ENABLE);
```

4. TIM2 中断优先级设置

在定时器中断使能之后，因为要产生中断，必不可少地要设置 NVIC 相关寄存器，设置中断优先级。之前多次讲解到用 NVIC_Init 函数实现中断优先级的设置，这里就不重复讲解了。

5. 允许 TIM2 工作，也就是使能 TIM2

光配置好定时器还不行，没有开启定时器，照样不能用。在配置完后要开启定时器，通过 TIM2_CR1 的 CEN 位来设置。在固件库中使能定时器的函数是通过 TIM_Cmd 函数来实现的，例如：

```
void TIM_Cmd(TIM_TypeDef * TIMx,FunctionalState NewState)
```

这个函数非常简单，比如要使能定时器 2，方法是：

```
TIM_Cmd(TIM2,ENABLE);
```

6. 编写中断服务函数

在最后，还要编写定时器中断服务函数，通过该函数来处理定时器产生的相关中断。在中断产生后，通过状态寄存器的值来判断此次产生的中断属于什么类型。然后执行相关的操作，这里使用的是更新（溢出）中断，所以在状态寄存器 SR 的最低位。在处理完中断之后应该向 TIM2_SR 的最低位写 0，来清除该中断标志。

中断服务程序在 stm32f10x_it.c 中编写，代码如下：

```
void TIM2_IRQHandler(void)
{
    if(TIM_GetITStatus(TIM2, TIM_IT_Update) != RESET)
    {
        time++;
        TIM_ClearITPendingBit(TIM2, TIM_FLAG_Update);
    }
}
```

在固件库函数里面，用来读取中断状态寄存器的值判断中断类型的函数是：

```
ITStatus TIM_GetITStatus(TIM_TypeDef * TIMx,uint16_t)
```

该函数的作用是：判断定时器 TIMx 的中断类型 TIM_IT 是否发生中断。比如，要判断定时器 3 是否发生更新（溢出）中断，方法是：

```
if(TIM_GetITStatus(TIM2,TIM_IT_Update) != RESET){}
```

固件库中清除中断标志位的函数是：

```
void TIM_ClearITPendingBit(TIM_TypeDef * TIMx,uint16_t TIM_IT)
```

该函数的作用是清除定时器 TIMx 的中断 TIM_IT 标志位，使用起来非常简单，比如在 TIM2 的溢出中断发生后，要清除中断标志位，方法是：

```
TIM_ClearITPendingBit(TIM2,TIM_IT_Update);
```

这里需要说明一下，固件库还提供了两个函数——TIM_GetFlagStatus 和 TIM_ClearFlag 来判断定时器状态以及清除定时器状态标志位。它们的作用和前面两个函数的作用类似。只是在 TIM_GetITStatus 函数中会先判断这种中断是否使能，使能了才去判断中断标志位，而 TIM_GetFlagStatus 直接用来判断状态标志位。

8.5　本章小结

定时器功能强大，本章仅仅讲解了通用定时器的基本使用方法，定时器的内容多，对于新手想完全掌握确实有些难度，读者可以参考《STM32F1xx 中文参考手册》掌握更多的定时器信息及其使用方法。

8.6　习题

（1）简述 STM32 定时器的种类及主要应用区别。
（2）定时器采用寄存器方法操作初始化的步骤是什么？

第 9 章

CAN 总线设计

9.1 本章导读

CAN(Controller Area Network,控制器局域网)是由研发和生产汽车电子产品著称的德国 BOSCH 公司开发的,并最终成为国际标准(ISO 11519),是国际上应用最广泛的现场总线之一。近年来,CAN 由于具有高可靠性和良好的错误检测能力,日益受到重视,被广泛应用于汽车计算机控制系统和环境温度恶劣、电磁辐射强及振动大的工业环境。通过本章的学习,读者可以获得以下的信息:

(1) CAN 总线的基本工作原理。

(2) CAN 总线的协议特点、通信过程、报文格式、错误处理机制、拓扑结构等。

(3) STM32 的 CAN 结构,CAN 的软件设计方法等内容。

9.2 STM32 的 CAN 总线基础知识

视频讲解

CAN 总线通信协议主要是规定通信节点之间如何传递信息。在当前的汽车产业中,出于对安全性、舒适性、低成本的要求,各种各样的电子控制系统都运用到了这一项技术来使自己的产品更具竞争力。生产实践中 CAN 总线传输速度可达 1Mb/s,发动机控制单元模块、传感器和防刹车模块挂接在 CAN 总线网络的高、低两个电平总线上。CAN 采取的是分布式实时控制,能够满足高安全等级的分布式控制需求。CAN 总线技术的这种高、低端兼容性使得其既可以使用在高速的网络中,又可以在低价的多路接线情况下应用。

STM32 的 CAN 称为 bxCAN,是基本扩展(Basic Extended CAN)的缩写,支持 CAN 协议 2.0A 和 2.0B。bxCAN 的设计目标是,以小的 CPU 负荷来高效处理大量收到的报文。bxCAN 也支持报文发送的优先级要求。对于安全紧要的应用,bxCAN 提供所有支持时间触发通信模式所需的硬件功能,CAN 网拓扑结构如图 9-1 所示。

bxCAN 模块可以完全自动地接收和发送 CAN 报文,且完全支持标准标识符(11 位)和扩展标识符(29 位)。控制、状态和配置寄存器应用程序通过这些寄存器,可以:

- 配置 CAN 参数,如波特率;
- 请求发送报文;
- 处理报文接收;

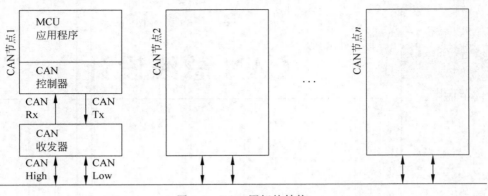

图 9-1　CAN 网拓扑结构

- 管理中断；
- 获取诊断信息。

bxCAN 共有 3 个发送邮箱供软件来发送报文。发送调度器根据优先级决定哪个邮箱的报文先被发送。在互联型产品中，bxCAN 提供 28 个位宽可变/可配置的标识符过滤器组，软件通过对它们编程，从而在引脚收到的报文中选择需要的报文，而把其他报文丢弃掉。

9.2.1　CAN 物理层特性

CAN 协议经过 ISO 标准化后有两个：ISO 11898 标准和 ISO 11519-2 标准。其中 ISO 11898 标准是针对通信速率为 125kb/s～1Mb/s 的高速通信标准，而 ISO 11519-2 标准是针对通信速率为 125kb/s 以下的低速通信标准。本章使用的是 ISO 11898 标准 450kb/s 的通信速率，该物理层特征如图 9-2 所示。

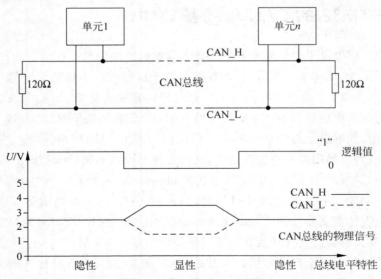

图 9-2　ISO 11898 标准的物理层特性

从其特性可以看出，显性电平对应的逻辑为 0，CAN_H 和 CAN_L 之差为 2.5V 左右，而隐性电瓶对应逻辑 1，CAN_H 和 CAN_L 之差为 0V。在总线上显性电平具有优先权，只要有一个单元输出显性电平,总线上即为显性电平。而隐性电平则具有包容的意味,只有所有的单元都输出隐性电平,总线上才为隐性电平。另外,在 CAN 总线的起止端都有一个 120Ω 的终端电阻,作为阻抗匹配,以减少回波反射。

CAN 协议是通过以下 5 种类型的帧进行的。

- 数据帧;
- 遥控帧;
- 错误帧;
- 过载帧;
- 间隔帧。

另外,数据帧和遥控帧有标准格式和扩展格式两种格式。标准格式有 11 个位标识符,扩展格式有 29 个位标识符。各种帧的用途如表 9-1 所示。

表 9-1　CAN 协议各种帧及用途

帧　类　型	帧　用　途
数据帧	用于发送单元向接收单元传送数据的帧
遥控帧	用于接收单元向具有相同 ID 的发送单元请求数据的帧
错误帧	用于当检测出错误时间向其他单元通知错误的帧
过载帧	用于接收单元通知其尚未做好接收准备的帧
间隔帧	用于将数据帧及遥控帧与前面的帧分离出来的帧

数据帧是用户接触使用频率最高的,下面重点介绍数据帧。数据帧由以下 7 个段构成。

(1) 帧起始:表示数据帧开始的段;

(2) 仲裁段:表示数据帧优先级的段;

(3) 控制段:表示数据的字节数及保留的段;

(4) 数据段:数据的内容,一帧可发送 0~8 字节的数据;

(5) CRC 段:检查帧的传输错误的段;

(6) ACK 段:表示确定正常接收的段;

(7) 帧结束:表示数据帧结束的段。

数据帧的构成如图 9-3 所示。

帧起始,标准格式和扩展格式都是由 1 个位的显性电平表示帧的开始。

仲裁段,表示数据优先级的段,标准格式和扩展格式在本段不同,如图 9-4 所示。

标准格式的 ID 有 11 位。从 ID28 到 ID18 被依次发送。禁止高 7 位都为隐性。

扩展格式的 ID 有 29 位。基本 ID 从 ID28 到 ID18,扩展 ID 由 ID17 到 ID0 表示。基本 ID 和标准格式的 ID 相同。进制高 7 位都为隐性。

其中 RTR 位用于标识是否是远程帧(0:数据帧;1:远程帧),IDE 位为标识符选择位(0:使用标准标识符;1:使用扩展标识符),SRR 位为代替远程请求位,为隐性位,它代替了标准帧中的 RTR 位。

控制段,由 6 个位构成,表示数据段的字节数。标准帧和扩展帧的控制段稍有不同,如图 9-5 所示。

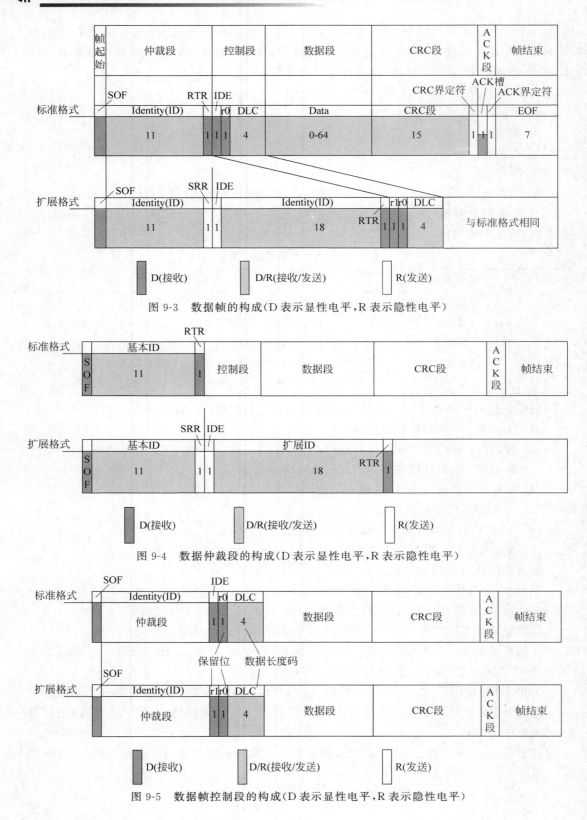

图 9-3　数据帧的构成（D 表示显性电平，R 表示隐性电平）

图 9-4　数据仲裁段的构成（D 表示显性电平，R 表示隐性电平）

图 9-5　数据帧控制段的构成（D 表示显性电平，R 表示隐性电平）

图 9-5 中，r0 和 r1 为保留位，必须全部以显性电平发送，但是接收端可以接收显性、隐性及任意组合的电平。DLC 段为数据长度表示段，高位在前，DLC 段有效值为 0～8，但是接收方接收到 9～15 的有效值时并不认为是错误的。

数据段，该段可包含 0～8 字节的数据。从最高位开始输出，标准格式和扩展格式相同。

CRC 段，该段用于检查帧的传输错误。由 15 位的 CRC 顺序和 1 位的 CRC 界定符组成，标准格式和扩展格式在这个段也是相同的。

此段 CRC 的值计算范围包括帧起始、仲裁段、控制段、数据段。接收方以同样的算法计算 CRC 值并进行比较，不一致的时候会报错。

ACK 段，此段用来确认是否正常接收，由 ACK 槽和 ACK 界定符 2 位组成，标准格式和扩展格式在这个段也是相同的。

发送单元的 ACK，发送 2 个位的隐性位，而接收到正确消息的单元在 ACK 槽发送显性位，通知发送单元正常接收结束，这个过程叫发送 ACK/返回 ACK。发送 ACK 的是在既不处于总线关闭态也不处于休眠态的所有接收单元中，接收到正常消息的单元。

帧结束，这个段也比较简单，标准格式和扩展格式在这个段也是相同的，由 7 个隐性位组成。

9.2.2　CAN 的位时序

由发送单元在非同步的情况下每秒钟发送的位数称为位速率，一个位分为 4 段：

- 同步段（SS）；
- 传播时间段（PTS）；
- 相位缓冲段 1（PBS1）；
- 相位缓冲段 2（PBS2）。

这些段又由可称为时间量（t_q）的最小时间单位构成。一位分为 4 个段，每个段又由若干 t_q 构成，称为时序；一位由多少个 t_q 构成、每个段又由多少个 t_q 构成等，可以任意设定位时序。通过设定位时序，多个单元可同时采样，也可任意设定采样点。各段的作用和 t_q 数如表 9-2 所示。

表 9-2　一个位各段及其作用

段　名　称	段　的　作　用	t_q 数	
同步段	多个连接在总线上的单元通过此段实现时序调整，同步进行接收和发送工作。由隐性电平到显性电平的边沿或由显性电平到隐性电平边沿最好出现在此段中	$1t_q$	$8\sim25t_q$
传播时间段	用于吸收网络上的物理延迟的段。所谓的网络的物理延迟指发送单元的输出延迟、总线上信号的传播延迟、接收单元的输入延迟。这个段的时间为以上各延迟的时间的和的 2 倍	$1\sim8t_q$	
相位缓冲段 1	当信号边沿不能被包含于 SS 段中时，可在此段进行补偿。由各个单元各自独立的时钟工作，细微的时钟误差会累积起来，PBS 段可用于吸收此误差。通过对相位缓冲段加减 SJW 吸收误差。SJW 加大后允许误差加大，但通信速度下降	$1\sim8t_q$	
相位缓冲段 2		$2\sim8t_q$	

注：SJW 为再同步补偿宽度，因时钟频率误差、传送延迟等，各单元有同步误差。SJW 为补偿误差的最大值，一般取值为 $1\sim4t_q$。

一个位的构成如图 9-6 所示。

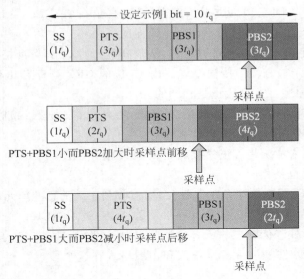

图 9-6 一个位的构成

图 9-6 的采样点,是指读取总线电平,并将读到的电平作为位置的点。位置在 PBS1 结束处。根据这个位时序,就可以计算 CAN 通信的波特率。

9.2.3 CAN 总线仲裁

在总线空闲时候,最先开始发送消息的单元获得发送权。而当多个单元同时发送时,各单元从仲裁段的第一位开始进行仲裁,连续输出显性电平最多的单元可继续发送。CAN 总线仲裁过程如图 9-7 所示。

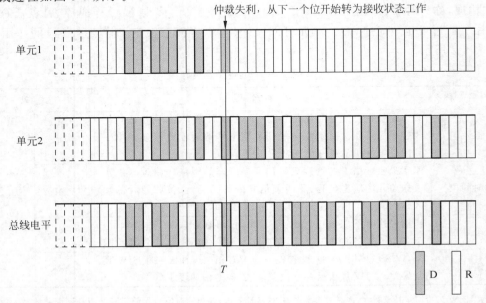

图 9-7 CAN 总线仲裁过程

图 9-7 中,单元 1 和单元 2 同时开始向总线发送数据,开始部分它们的数据格式是一样的,无法区分优先级,直到 T 时刻,单元 1 输出隐性电平,而单元 2 输出显性电平,测试单元 1 仲裁失利,立刻转入到接收状态工作,不再与单元 2 竞争,而单元 2 则顺利获得总线使用权,继续发送数据,这就实现了仲裁,让连续发送显性电平多的单元获得总线使用权。

9.2.4 STM32 的 CAN 控制器

在 STM32 的互联型产品中,带有两个 CAN 控制器,大部分使用的普通产品均只有一个 CAN 控制器。两个 CAN 控制器结构框图如图 9-8 所示。

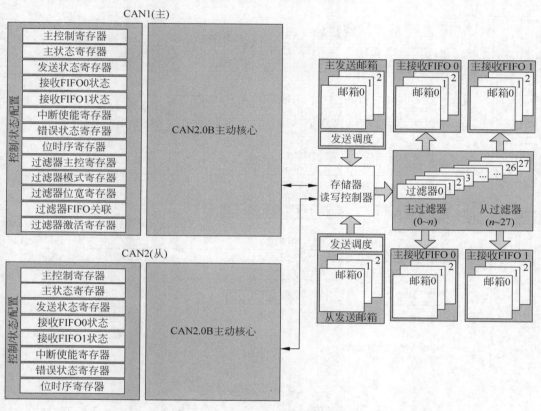

图 9-8 两个 CAN 控制器结构框图

从图 9-8 可以看出,两个 CAN 都分别拥有自己的发送邮箱和接收 FIFO,但是它们共用 28 个过滤器。通过 CAN_FMR 寄存器的设置,可以设置过滤器的分配方式。

STM32 的标识符过滤是一个比较复杂的过程,它的存在减少了 CPU 处理 CAN 通信的开销。STM32 的过滤器组最多有 28 个,每个过滤器组 x 由 2 个 32 位寄存器,即 CAN_FxR1 和 CAN_FxR2 组成。

STM32 的每个过滤器组的位宽都可以独立配置,以满足应用程序的不同需求。根据位宽的不同,每个过滤器组可提供:

- 1 个 32 位过滤器,包括 STDID[10:0]、EXTID[17:0]、IED 和 RTR 位。
- 2 个 16 位过滤器,包括 STDID[10:0]、IED、RTR 和 EXTID[17:15] 位。

此外,过滤器可配置为屏蔽位模式和标识符列表模式。

- 在屏蔽位模式下：标识符寄存器和屏蔽寄存器一起，制定报文标识符的任何一位，应该按照"必须匹配"或"不用关注"处理。
- 在标识符列表模式下：屏蔽寄存器也被当作标识符寄存器用。因此，不是采用一个标识符加一个屏蔽位的方式，而是使用两个标识符寄存器。接收报文标识符的每一位都必须与过滤器标识符相同。

9.2.5　STM32 的 CAN 过滤器

通过 CAN_FMR 寄存器，可以配置过滤器组的位宽和工作模式，如图 9-9 所示。

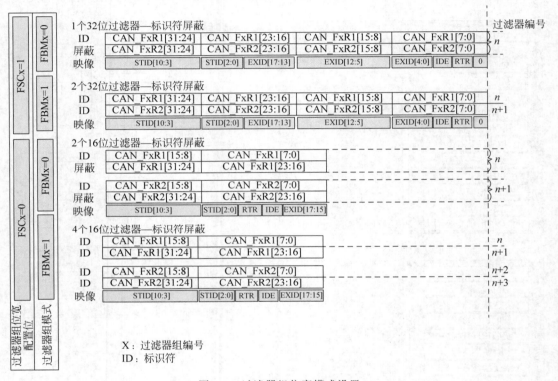

X：过滤器组编号
ID：标识符

图 9-9　过滤器组位宽模式设置

为了过滤出一组标识符，应该设置过滤组工作在屏蔽位模式。为了过滤出一个标识符，应该设置过滤器组工作在标识符列表模式。应用程序不用的过滤器组，应该保持在禁用状态。过滤器组中每个过滤器都被编号，编号范围从 9 开始，到某个最大数值（取决于过滤器组的模式和位宽的设置）。

举个简单的例子，设置过滤器组 0 工作在：1 个 32 位过滤器—标识符屏蔽模式，然后设置 CAN_F0R1＝0XFFFF0000，CAN_F0R2＝0XFF00FF00。其中存放到 CAN_F0R1 的值就是期望收到的 ID，即希望收到的映像（STID ＋ EXTID ＋ IDE ＋ RTR）最好是 0XFFFF0000。而 0XFF00FF00 就是设置必须匹配的 ID，表示收到的映像，其位[31:24]和位[15:8]这 16 个位必须和 CAN_F0R1 中对应位一模一样，而另外的 16 个位则无关紧要，可以一样，也可以不一样，都认为是正确的 ID，即收到的映像必须是 0xFFxx00xx，才算正确的（x 表示无关紧要）。

9.2.6 CAN 发送流程

CAN 的发送流程为：

（1）选择 1 个空置邮箱（TME＝1）；

（2）设置标识符（ID），数据长度和发送数据；

（3）设置 CAN_TIxR 的 TXRQ 位为 1，请求发送；

（4）邮箱挂号，等待成为最高优先级；

（5）预定发送，等待总线空闲；

（6）发送；

（7）邮箱空置。

发送流程如图 9-10 所示。

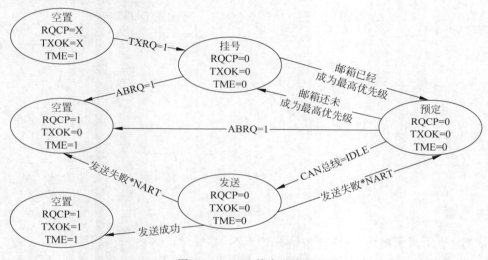

图 9-10　CAN 的发送流程

其中，RQCP 表示请求完成，TXOK 表示传输状态，TME 表示发送邮箱空中断屏蔽，NART 表示报文发送失败，会自动重传。

图 9-10 中还包含了很多其他处理，不强制退出发送（ABRQ＝1）和发送失败处理等，通过这个流程图，大致能了解 CAN 的发送流程。

9.2.7 CAN 接收流程

CAN 接收到的有效报文被存储在 3 级邮箱深度的 FIFO 中。FIFO 完全由硬件来管理，从而节省了 CPU 的处理负荷，简化了软件并保证了数据的一致性。应用程序只能通过读取 FIFO 输出邮箱，来读取 FIFO 中最先收到的报文。这里的有效报文是指被正确接收的，直到 EOF 域的最后一位都没有错误，而且通过了标识符过滤的报文。CAN 接收两个 FIFO，每个滤波器组都可以设置其关联的 FIFO，通过 CAN_FFA1R 的设置，可以将滤波器组并联到 FIFO0/FIFO1。

CAN 的接收流程为：

（1）FIFO 空；

（2）收到有效报文；

（3）挂号_1，存入 FIFO 的一个邮箱，这个硬件自动控制；

（4）收到有效报文；

（5）挂号_2；

（6）收到有效报文；

（7）挂号_3；

（8）收到有效报文；

（9）溢出。

这个流程里面没有考虑从 FIFO 读出报文的情况，实际情况是：必须在 FIFO 溢出之前，读出至少一个报文，否则当报文到来时，导致 FIFO 溢出，从而出现报文丢失。每读出 1个报文，相应的挂号就减 1，直到 FIFO 空。接收数据流程如图 9-11 所示。

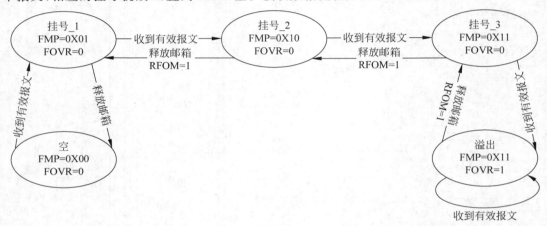

图 9-11　FIFO 接收数据流程

其中，FMP 表示消息挂号，FOVR 表示 FIFO 溢出。

FIFO 接收到的报文数可以通过查询 CAN_RFxR 的 FMP 寄存器得到，只要 FMP 不为 0，就可以从 FIFO 中读出收到的报文。

9.2.8　STM32 的 CAN 位时间特性

STM32 把传播时间段和相位缓冲段 1（或称为时间段 1）合并在一起了，STM32 的CAN 的一个位有如下段：

同步段（SYNC_SEG）；

时间段 1（BS1）；

时间段 2（BS2）。

STM32 的 BS1 段可以设置为 1～16 个时间单元，刚好等于 9.2.2 节介绍的传播时间段和相位缓冲段 1 之和。STM32 的 CAN 位时序如图 9-12 所示。

图 9-12　STM32 的 CAN 位时序

波特率＝1/正常的位时间＝$1 \times t_q + t_{BS1} + t_{BS2}$；

其中：

$t_q = (BRP[9:0]+1) \times t_{PCLK}$，这里 t_q 表示 1 个时间单元；

t_{PCLK}＝APB 时钟的时间周期；

$t_{BS1} = t_q \times (TS1[3:0]+1)$；

$t_{BS2} = t_q \times (TS2[2:0]+1)$；

BRP[9:0]、TS1[3:0]和 TS2[2:0]在 CAN_BTR 寄存器中定义。

通过该公式，只需知道 BS1 和 BS2 的设置，以及 APB1 的时钟频率，就可以方便计算出波特率。比如 TS1＝6、TS2＝7 和 BRP＝4，假设 APB1 频率为 36MHz，就可以算出 CAN 通信的波特率为 $36000/[(7+8+1) \times 5]=450$kb/s。

9.3　STM32 的 CAN 总线操作

本节通过寄存器方式和库函数方式详述 CAN 总线的操作方法。

9.3.1　寄存器方式操作 CAN 总线

1. CAN 的主控制器（CAN_MCR）

该寄存器的各位描述如图 9-13 和表 9-3 所示。

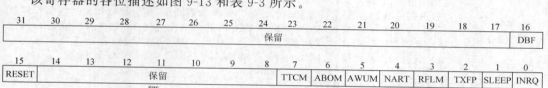

图 9-13　寄存器 CAN_MCR

表 9-3　寄存器 CAN_MCR 各位描述

位	描　　述
位 31:15	保留，硬件强制为 0
位 16 DBF	调试冻结 0：在调试时，CAN 照常工作 1：在调试时，冻结 CAN 的接收/发送，仍然可以正常地读写和控制接收 FIFO
位 15 RESET	软件复位 0：本外设正常工作； 1：对 bxCAN 进行强行复位，复位后 bxCAN 进入睡眠模式（FMP 位和 CAN_MCR 寄存器被初始化为其复位值）。此后硬件自动对该位清 0
位 14:8	保留，硬件强制为 0
位 7 TTCM	时间触发通信模式 0：禁止时间触发通信模式；1：允许时间触发通信模式
位 6 ABOM	自动离线（Bus-Off）管理，该位决定 CAN 硬件在什么条件下可以退出离线状态 0：离线状态的退出过程是，软件对 CAN_MCR 寄存器的 INRQ 位进行置 1，随后清 0，一旦硬件检测到 128 次 11 位连续的隐性位，则退出离线状态 1：一旦硬件检测到 128 次 11 位连续的隐性位，则自动退出离线状态

位	描 述
位 5 AWUM	自动唤醒模式,该位决定 CAN 处在睡眠模式时由硬件还是软件唤醒 0：睡眠模式通过清除 CAN_MCR 寄存器的 SLEEP 位,由软件唤醒； 1：睡眠模式通过检测 CAN 报文,由硬件自动唤醒。唤醒的同时,硬件自动对 CAN_MSR 寄存器的 SLEEP 和 SLAK 位清 0
位 4 NART	禁止报文自动重传 0：按照 CAN 标准,CAN 硬件在发送报文失败时会一直自动重传直到发送成功； 1：CAN 报文只被发送 1 次,不管发送的结果如何(成功、出错或仲裁丢失)
位 3 RFLM	接收 FIFO 锁定模式 0：在接收溢出时 FIFO 未被锁定,当接收 FIFO 的报文未被读出,下一个收到的报文会覆盖原有的报文； 1：在接收溢出时 FIFO 被锁定,当接收 FIFO 的报文未被读出,下一个收到的报文会被丢弃
位 2 TXFP	发送 FIFO 优先级,当有多个报文同时在等待发送时,该位决定这些报文的发送顺序 0：优先级由报文的标识符来决定； 1：优先级由发送请求的顺序来决定
位 1 SLEEP	睡眠模式请求,软件对该位置 1,可以请求 CAN 进入睡眠模式,一旦当前的 CAN 活动(发送或接收报文)结束,CAN 就进入睡眠。软件对该位清 0,使 CAN 退出睡眠模式。当设置了 AWUM 位且在 CAN Rx 信号中检测出 SOF 位时,硬件对该位清 0。在复位后该位被置 1,即 CAN 在复位后处于睡眠模式
位 0 INRQ	初始化请求,软件对该位清 0,可使 CAN 从初始化模式进入正常工作模式：当 CAN 在接收引脚检测到连续的 11 个隐性位后,CAN 就达到同步,并为接收和发送数据作好准备了。为此,硬件相应地对 CAN_MSR 寄存器的 INAK 位清 0。软件对该位置 1,可使 CAN 从正常工作模式进入初始化模式：一旦当前的 CAN 活动(发送或接收)结束,CAN 就进入初始化模式。相应地,硬件对 CAN_MSR 寄存器的 INAK 位置 1

2. CAN 位时序寄存器(CAN_BTR)

该寄存器的各位描述如图 9-14 和表 9-4 所示。

31	30	29	28	27	26	25	24	23	22	21	20	19	18	17	16
SILM	LBKM		保留			SJW[1:0]		保留		TS2[2:0]			TS1[3:0]		
rw	rw		res			rw	rw								

15	14	13	12	11	10	9	8	7	6	5	4	3	2	1	0
		保留							BRP[9:0]						
		res				rw	rw	rw	rw	rw	rw	rw	rw	rw	rw

图 9-14　寄存器 CAN_BTR

表 9-4　寄存器 CAN_BTR 各位描述

位	描 述
位 31 SILM	静默模式(用于调试)(Silent mode (debug)) 0：正常状态；1：静默模式
位 30 LBKM	环回模式(用于调试) 0：禁止环回模式；1：允许环回模式
位 29:26	保留位,硬件强制为 0
位 25:24 SJW[1:0]	重新同步跳跃宽度,为了重新同步,该位域定义了 CAN 硬件在每位中可以延长或缩短多少个时间单元的上限 $t_{RJW}=t_{CAN}\times(SJW[1:0]+1)$

位	描 述
位 23	保留位,硬件强制为 0
位 22:20 TS2[2:0]	时间段 2,该位域定义了时间段 2 占用了多少个时间单元 $t_{BS2} = t_{CAN} \times (TS2[2:0]+1)$
位 19:16 TS1[3:0]	时间段 1,该位域定义了时间段 1 占用了多少个时间单元 $t_{BS1} = t_{CAN} \times (TS1[3:0]+1)$ 关于位时间特性的详细信息
位 15:10	保留位,硬件强制其值为 0
位 9:0 BRP[9:0]	波特率分频器,该位域定义了时间单元(t_q)的时间长度,$t_q = (BRP[9:0]+1) \times t_{PCLK}$

STM32 提供了两种测试模式:环回模式和静默模式,当它们组合还可以组合成环回静默模式。这里重点介绍环回模式。在环回模式下,bxCAN 把发送的报文当作接收的报文保存在接收邮箱里,也就是环回模式是一个自发自收的模式。环回模式可用于自测试。为了避免外部的影响,在环回模式下,CAN 内核忽略确认错误,在数据/远程帧的确认位时刻,不检测是否有显性位。在环回模式下,bxCAN 在内部把 Tx 输出回馈到 Rx 输入上,而完全忽略 CANRX 引脚的实际状态。发送的报文可以在 CANTX 检测到。

3. 发送邮箱标识符寄存器(CAN_TIxR)

该寄存器的各位描述如图 9-15 和表 9-5 所示。

31	30	29	28	27	26	25	24	23	22	21	20	19	18	17	16
			STID[10:0]/EXID[28:18]									EXID[17:13]			
rw	rw	rw	rw	rw	rw	rw	rw	rw	rw	rw	rw	rw	rw	rw	rw

15	14	13	12	11	10	9	8	7	6	5	4	3	2	1	0
				EXID[12:0]									IDE	RTR	TXRQ
rw	rw	rw	rw	rw	rw	rw	rw	rw	rw	rw	rw	rw	rw	rw	rw

图 9-15 寄存器 CAN_TIxR

表 9-5 寄存器 CAN_TIxR 各位描述

位	描 述
位 31:21 STID[10:0]/EXID[28:18]	标准标识符或扩展标识符,依据 IDE 位的内容,这些位或是标准标识符,或是扩展身份标识的高字节
位 20:3 EXID[17:0]	扩展标识符,扩展身份标识的低字节
位 2 IDE	标识符选择,该位决定发送邮箱中报文使用的标识符类型 0:使用标准标识符;1:使用扩展标识符
位 1 RTR	远程发送请求。0:数据帧;1:远程帧
位 0 TXRQ	发送数据请求,由软件对其置 1,来请求发送邮箱的数据。当数据发送完成,邮箱为空时,硬件对其清 0

4. 发送邮箱数据长度和时间戳寄存器(CAN_TDTxR)(x=0..2)

该寄存器的各位描述如图 9-16 和表 9-6 所示。

31	30	29	28	27	26	25	24	23	22	21	20	19	18	17	16
							TIME[15:0]								
rw	rw	rw	rw	rw	rw	rw	rw	rw	rw	rw	rw	rw	rw	rw	rw
15	14	13	12	11	10	9	8	7	6	5	4	3	2	1	0
			保留				TGT		保留				DLC[3:0]		
			res				rw		res				rw	rw	rw	rw

图 9-16　寄存器 CAN_TDTxR

表 9-6　寄存器 CAN_TDTxR 各位描述

位	描　述
位 31:16 TIME[15:0]	报文时间戳,该域包含了在发送该报文 SOF 的时刻,16 位定时器的值
位 15:9	保留位
位 8 TGT	发送时间戳,只有在 CAN 处于时间触发通信模式,即 CAN_MCR 寄存器的 TTCM 位为 1 时,该位才有效 0: 不发送时间戳 TIME[15:0]; 1: 发送时间戳 TIME[15:0] 在长度为 8 的报文中,时间戳 TIME[15:0]是后 2 个发送的字节: TIME[7:0]作为第 7 个字节,TIME[15:8]为第 8 个字节,它们替换了写入 CAN_TDHxR[31:16]的数据(DATA 6[7:0]和 DATA 7[7:0])。为了把时间戳的 2 字节发送出去,DLC 必须编程为 8
位 7:4	保留位
位 3:0 DLC[15:0]	发送数据长度,该域指定了数据报文的数据长度或者远程帧请求的数据长度。1 个报文包含 0~8 字节数据,而这由 DLC 决定

5. 发送邮箱低字节数据寄存器（CAN_TDLxR）（x＝0..2）

该寄存器的各位描述如图 9-17 和表 9-7 所示。

31	30	29	28	27	26	25	24	23	22	21	20	19	18	17	16
			DATA3[7:0]								DATA2[7:0]				
rw	rw	rw	rw	rw	rw	rw	rw	rw	rw	rw	rw	rw	rw	rw	rw
15	14	13	12	11	10	9	8	7	6	5	4	3	2	1	0
			DATA1[7:0]								DATA0[7:0]				
rw	rw	rw	rw	rw	rw	rw	rw	rw	rw	rw	rw	rw	rw	rw	rw

图 9-17　寄存器 CAN_TDLxR

表 9-7　寄存器 CAN_TDLxR 各位描述

位	描　述
位 31:24 DATA3[7:0]	数据字节 3,报文的数据字节 3
位 23:16 DATA2[7:0]	数据字节 2,报文的数据字节 2
位 15:8 DATA1[7:0]	数据字节 1,报文的数据字节 1
位 7:0 DATA0[7:0]	数据字节 0,报文的数据字节 0。报文包含 0~8 字节数据,且从字节 0 开始

6. 接收 FIFO 邮箱标识符寄存器（CAN_RIxR）（x＝0..1）

该寄存器的各位描述如图 9-18 和表 9-8 所示。

31	30	29	28	27	26	25	24	23	22	21	20	19	18	17	16
STID[10:0]/EXID[28:18]											EXID[17:13]				
r	r	r	r	r	r	r	r	r	r	r	r	r	r	r	r

15	14	13	12	11	10	9	8	7	6	5	4	3	2	1	0
EXID[12:0]													IDE	RTR	保留
r	r	r	r	r	r	r	r	r	r	r	r	r	r	r	res

图 9-18　寄存器 CAN_RIxR

表 9-8　寄存器 CAN_RIxR 各位描述

位	描 述
位 31:21 STID[10:0]/EXID[28:18]	标准标识符或扩展标识符,依据 IDE 位的内容,这些位或是标准标识符, 或是扩展身份标识的高字节
位 20:3 EXID[17:0]	扩展标识符扩展标识符的低字节
位 2 IDE	标识符选择,该位决定接收邮箱中报文使用的标识符类型 0:使用标准标识符;1:使用扩展标识符
位 1 RTR	远程发送请求 0:数据帧;1:远程帧
位 0	保留位

7. CAN 过滤器模式寄存器(CAN_FM1R)

该寄存器的各位描述如图 9-19 和表 9-9 所示。

31	30	29	28	27	26	25	24	23	22	21	20	19	18	17	16
保留				FBM27	FBM26	FBM25	FBM24	FBM23	FBM22	FBM21	FBM20	FBM19	FBM18	FBM17	FBM16
				rw	rw	rw	rw	rw	rw	rw	rw	rw	rw	rw	rw

15	14	13	12	11	10	9	8	7	6	5	4	3	2	1	0
FBM15	FBM14	FBM13	FBM12	FBM11	FBM10	FBM9	FBM8	FBM7	FBM6	FBM5	FBM4	FBM3	FBM2	FBM1	FBM0
rw	rw	rw	rw	rw	rw	rw	rw	rw	rw	rw	rw	rw	rw	rw	rw

图 9-19　寄存器 CAN_FM1R

表 9-9　寄存器 CAN_FM1R 各位描述

位	描 述
位 31:28	保留位,硬件强制为 0
位 13:0 FBMx	过滤器模式(Filter mode)过滤器组 x 的工作模式 0:过滤器组 x 的 2 个 32 位寄存器工作在标识符屏蔽位模式 1:过滤器组 x 的 2 个 32 位寄存器工作在标识符列表模式 注:位 27:14 只出现在互联型产品中,其他产品为保留位

9.3.2　库函数方式操作 CAN 总线

通过以上寄存器的介绍,了解了 STM32 的 CAN 寄存器模式的相关设置,接下来学习库函数方式操作定时器。表 9-10 给出了操作 CAN 总线的库函数列表,本节重点介绍几个常用的函数。

视频讲解

表 9-10　操作 CAN 总线的库函数

函 数 名	描 述
CAN_DeInit	将外设 CAN 的全部寄存器重设为缺省值
CAN_Init	根据 CAN_InitStruct 中指定的参数初始化外设 CAN 的寄存器

续表

函　数　名	描　　述
CAN_FilterInit	根据 CAN_FilterInitStruct 中指定的参数初始化外设 CAN 的寄存器
CAN_StructInit	把 CAN_InitStruct 中的每一个参数按缺省值填入
CAN_ITConfig	使能或者失能指定的 CAN 中断
CAN_Transmit	开始一个消息的传输
CAN_TransmitStatus	检查消息传输的状态
CAN_CancelTransmit	取消一个传输请求
CAN_FIFORelease	释放一个 FIFO
CAN_MessagePending	返回挂号的信息数量
CAN_Receive	接收一个消息
CAN_Sleep	使 CAN 进入低功耗模式
CAN_WakeUp	将 CAN 唤醒
CAN_GetFlagStatus	检查指定的 CAN 标志位被设置与否
CAN_ClearFlag	清除 CAN 的待处理标志位
CAN_GetITStatus	检查指定的 CAN 中断发生与否
CAN_ClearITPendingBit	清除 CAN 的中断待处理标志位

1. 函数 CAN_DeInit

CAN 寄存器重设为缺省值的函数为 CAN_DeInit，表 9-11 描述了该函数的具体含义。

表 9-11　CAN_DeInit 函数

函　数　名	CAN_DeInit
函数原形	void CAN_DeInit(void)
功能描述	将外设 CAN 的全部寄存器重设为缺省值
输入参数	无
输出参数	无
返回值	无
先决条件	无
被调用函数	RCC_APB1PeriphResetCmd()

2. 函数 CAN_Init

初始化 CAN 寄存器的函数为 CAN_Init，表 9-12 描述了该函数的具体含义。

表 9-12　CAN_Init 函数

函　数　名	CAN_Init
函数原形	u8 CAN_Init(CAN_InitTypeDef * CAN_InitStruct)
功能描述	根据 CAN_InitStruct 中指定的参数初始化外设 CAN 的寄存器
输入参数	CAN_InitStruct：指向结构 CAN_InitTypeDef 的指针，包含了指定外设 CAN 的配置信息
输出参数	无
返回值	指示 CAN 初始化成功的常数 CANINITFAILED ＝初始化失败 CANINITOK ＝初始化成功
先决条件	无
被调用函数	无

CAN_InitTypeDef 的结构体定义于文件 stm32f10x_can.h 中,如下所示:

```
typedef struct
{
FunctionnalState CAN_TTCM;
FunctionnalState CAN_ABOM;
FunctionnalState CAN_AWUM;
FunctionnalState CAN_NART;
FunctionnalState CAN_RFLM;
FunctionnalState CAN_TXFP;
u8 CAN_Mode;
u8 CAN_SJW;
u8 CAN_BS1;
u8 CAN_BS2;
u16 CAN_Prescaler;
```

(1) CAN_TTCM:用来使能或者失能时间触发通信模式,可以设置这个参数的值为 ENABLE 或者 DISABLE。

(2) CAN_ABOM:用来使能或者失能自动离线管理,可以设置这个参数的值为 ENABLE 或者 DISABLE。

(3) CAN_AWUM:用来使能或者失能自动唤醒模式,可以设置这个参数的值为 ENABLE 或者 DISABLE。

(4) CAN_NART:用来使能或者失能非自动重传输模式,可以设置这个参数的值为 ENABLE 或者 DISABLE。

(5) CAN_RFLM:用来使能或者失能接收 FIFO 锁定模式,可以设置这个参数的值为 ENABLE 或者 DISABLE。

(6) CAN_TXFP:用来使能或者失能发送 FIFO 优先级,可以设置这个参数的值为 ENABLE 或者 DISABLE。

(7) CAN_Mode:设置了 CAN 的工作模式,表 9-13 给出了该参数可取的值。

表 9-13　CAN_Mode 值

CAN_Mode	描　述
CAN_Mode_Normal	CAN 硬件工作在正常模式
CAN_Mode_Silent	CAN 硬件工作在静默模式
CAN_Mode_LoopBack	CAN 硬件工作在环回模式
CAN_Mode_Silent_LoopBack	CAN 硬件工作在静默环回模式

(8) CAN_SJW:定义了重新同步跳跃宽度(SJW),即在每位中可以延长或缩短多少个时间单位的上限,表 9-14 给出了该参数可取的值。

表 9-14　CAN_SJW 值

CAN_SJW	描　述
CAN_SJW_1tq	重新同步跳跃宽度 1 个时间单位
CAN_SJW_2tq	重新同步跳跃宽度 2 个时间单位
CAN_SJW_3tq	重新同步跳跃宽度 3 个时间单位
CAN_SJW_4tq	重新同步跳跃宽度 4 个时间单位

(9) CAN_BS1:设定了时间段 1 的时间单位数目,表 9-15 给出了该参数可取的值。

表 9-15　CAN_BS1 值

CAN_BS1	描　述
CAN_BS1_1tq	时间段 1 为 1 个时间单位
⋮	⋮
CAN_BS1_16tq	时间段 1 为 16 个时间单位

（10）CAN_BS2：设定了时间段 2 的时间单位数目，表 9-16 给出了该参数可取的值。

表 9-16　CAN_BS2 值

CAN_BS2	描　述
CAN_BS2_1tq	时间段 2 为 1 个时间单位
⋮	⋮
CAN_BS2_8tq	时间段 2 为 8 个时间单位

（11）CAN_Prescaler：设定了一个时间单位的长度，它的范围为 1～1024。

3. 函数 CAN_FilterInit

初始化 CAN_Filter 寄存器的函数为 CAN_FilterInit，表 9-17 描述了该函数的具体含义。

表 9-17　CAN_FilterInit 函数

函　数　名	CAN_FilterInit
函数原形	void CAN_FilterInit(CAN_FilterInitTypeDef * CAN_FilterInitStruct)
功能描述	根据 CAN_FilterInitStruct 中指定的参数初始化外设 CAN 的寄存器
输入参数	CAN_FilterInitStruct：指向结构 CAN_FilterInitTypeDef 的指针，包含了相关配置信息
输出参数	无
返回值	无
先决条件	无
被调用函数	无

CAN_FilterInitTypeDef 的结构体定义于文件 stm32f10x_can.h 中，如下所示：

```
typedef struct
{
  u8 CAN_FilterNumber;
  u8 CAN_FilterMode;
  u8 CAN_FilterScale;
  u16 CAN_FilterIdHigh;
  u16 CAN_FilterIdLow;
  u16 CAN_FilterMaskIdHigh;
  u16 CAN_FilterMaskIdLow;
  u16 CAN_FilterFIFOAssignment;
  FunctionalState CAN_FilterActivation;
} CAN_FilterInitTypeDef;
```

（1）CAN_FilterNumber：指定了待初始化的过滤器，其范围为 1～13。

（2）CAN_FilterMode：指定了过滤器将被初始化的模式。表 9-18 给出了该参数可取的值。

表 9-18　CAN_FilterMode 值

CAN_FilterMode	描　述
CAN_FilterMode_IdMask	标识符屏蔽位模式
CAN_FilterMode_IdList	标识符列表模式

（3）CAN_FilterScale：给出了过滤器位宽，表 9-19 给出了该参数可取的值。

表 9-19　CAN_FilterScale 值

CAN_FilterScale	描　述
CAN_FilterScale_Two16bit	2 个 16 位过滤器
CAN_FilterScale_One32bit	1 个 32 位过滤器

（4）CAN_FilterIdHigh：用来设定过滤器标识符。若筛选器工作在 32 位模式，则它存储的是所筛选 ID 的高 16 位；若筛选器工作在 16 位模式，它存储的就是一个完整的要筛选的 ID。

（5）CAN_FilterIdLow：用来设定过滤器标识符。若筛选器工作在 32 位模式，则它存储的是所筛选 ID 的低 16 位；若筛选器工作在 16 位模式，它存储的就是一个完整的要筛选的 ID。

（6）CAN_FilterMaskIdHigh：用来设定过滤器屏蔽标识符或者过滤器标识符。当筛选器工作在标识符列表模式时，它的功能与 CAN_FilterIdHigh 相同，都是存储要筛选的 ID；而当筛选器工作在掩码模式时，它存储的是 CAN_FilterIdHigh 成员对应的掩码，与 CAN_FilterIdLow 组成一组筛选器。

（7）CAN_FilterMaskIdLow：用来设定过滤器屏蔽标识符或者过滤器标识符。当筛选器工作在标识符列表模式时，它的功能与 CAN_FilterIdLow 相同，都是存储要筛选的 ID；而当筛选器工作在掩码模式时，它存储的是 CAN_FilterIdLow 成员对应的掩码，与 CAN_FilterIdLow 组成一组筛选器。

（8）CAN_FilterFIFO：设定了指向过滤器的 FIFO(0 或 1)，表 9-20 给出了该参数可取的值。

表 9-20　CAN_FilterFIFO 值

CAN_FilterFIFO	描　述
CAN_FilterFIFO0	过滤器 FIFO0 指向过滤器 x
CAN_FilterFIFO1	过滤器 FIFO1 指向过滤器 x

（9）CAN_FilterActivation：使能或者失能过滤器。该参数可取的值为 ENABLE 或者 DISABLE。

4. 函数 CAN_StructInit

将 CAN_InitStruct 中的每一个参数按缺省值填入的函数为 CAN_StructInit，表 9-21 描述了该函数的具体含义。表 9-22 为相应的结构缺省值。

表 9-21　CAN_StructInit 函数

函　数　名	CAN_StructInit
函数原形	void CAN_StructInit(CAN_InitTypeDef * CAN_InitStruct)
功能描述	把 CAN_InitStruct 中的每一个参数按缺省值填入

续表

函 数 名	CAN_StructInit
输入参数	CAN_InitStruct：指向待初始化结构 CAN_InitTypeDef 的指针
输出参数	无
返回值	无
先决条件	无
被调用函数	无

表 9-22　CAN_InitStruct 结构缺省值

成　员	缺　省　值
CAN_TTCM	DISABLE
CAN_ABOM	DISABLE
CAN_AWUM	DISABLE
CAN_NART	DISABLE
CAN_RFLM	DISABLE
CAN_TXFP	DISABLE
CAN_Mode	CAN_Mode_Normal
CAN_SJW	CAN_SJW_1tq
CAN_BS1	CAN_BS1_4tq
CAN_BS2	CAN_BS2_3tq
CAN_Prescaler	1

5. 函数 CAN_Transmit

CAN 消息传输函数为 CAN_Transmit，表 9-23 描述了该函数的具体含义。

表 9-23　CAN_Transmit 函数

函 数 名	CAN_Transmit
函数原形	u8 CAN_Transmit(CanTxMsg * TxMessage)
功能描述	开始一个消息的传输
输入参数	TxMessage：指向某结构的指针，该结构包含 CAN id、CAN DLC 和 CAN data
输出参数	无
返回值	所使用邮箱的号码,如果没有空邮箱返回 CAN_NO_MB
先决条件	无
被调用函数	无

CanTxMsg 结构体定义于文件 stm32f10x_can.h 中,具体如下:

```
typedef struct {
  u32 StdId;
  u32 ExtId;
  u8 IDE;
  u8 RTR;
  u8 DLC;
  u8 Data[8];
} CanTxMsg;
```

（1）StdId：用来设定标准标识符。它的取值范围为 0～0x7FF。

（2）ExtId：用来设定扩展标识符。它的取值范围为 0～0x3FFFF。

（3）IDE：用来设定消息标识符的类型，表 9-24 给出了该参数可取的值。

表 9-24 IDE 值

IDE	描 述
CAN_ID_STD	使用标准标识符
CAN_ID_EXT	使用标准标识符＋扩展标识符

（4）RTR：用来设定待传输消息的帧类型。它可以设置为数据帧或者远程帧，见表 9-25。

表 9-25 RTR 值

RTR	描 述
CAN_RTR_DATA	数据帧
CAN_RTR_REMOTE	远程帧

（5）DLC：用来设定待传输消息的帧长度。它的取值范围是 0～0x8。

（6）Data[8]：包含了待传输数据，它的取值范围为 0～0xFF。

6. 函数 CAN_Receive

CAN 接收消息函数为 CAN_Receive，表 9-26 描述了该函数的具体含义。

表 9-26 CAN_Receive 函数

函 数 名	CAN_Receive
函数原形	void CAN_Receive(u8 FIFONumber, CanRxMsg * RxMessage)
功能描述	接收一个消息
输入参数	FIFO number：接收 FIFO、CANFIFO0 或者 CANFIFO1
输出参数	RxMessage：指向某结构的指针，该结构包含 CAN id、CAN DLC 和 CAN data
返回值	无
先决条件	无
被调用函数	无

CanRxMsg 结构体定义文件 stm32f10x_can.h 中，如下所示：

```
typedef struct
{
  u32 StdId;
  u32 ExtId;
  u8 IDE;
  u8 RTR;
  u8 DLC;
  u8 Data[8];
  u8 FMI;
} CanRxMsg;
```

（1）StdId：用来设定标准标识符。它的取值范围为 0～0x7FF。

（2）ExtId：用来设定扩展标识符。它的取值范围为 0～0x3FFFF。

（3）IDE：用来设定消息标识符的类型，表 9-27 给出了该参数可取的值。

表 9-27 IDE 值

IDE	描 述
CAN_ID_STD	使用标准标识符
CAN_ID_EXT	使用标准标识符＋扩展标识符

（4）RTR：用来设定待传输消息的帧类型。它可以设置为数据帧或者远程帧，如表9-28所示。

表 9-28　RTR 值

RTR	描　　述
CAN_RTR_DATA	数据帧
CAN_RTR_REMOTE	远程帧

（5）DLC：用来设定待传输消息的帧长度。它的取值范围为0～0x8。

（6）Data[8]：包含了待传输数据，它的取值范围为0～0xFF。

（7）FMI：设定为消息将要通过的过滤器索引，这些消息存储于邮箱中。该参数取值范围为0～0xFF。

7. 函数 CAN_ITConfig

CAN 中断使能函数为 CAN_ITConfig，表9-29描述了该函数的具体含义。

表 9-29　CAN_ITConfig 函数

函　数　名	CAN_ITConfig
函数原形	void CAN_ITConfig(u32 CAN_IT, FunctionalState NewState)
功能描述	使能或者失能指定的 CAN 中断
输入参数1	CAN_IT：待使能或者失能的 CAN 中断
输入参数2	NewState：CAN 中断的新状态，这个参数可以取 ENABLE 或者 DISABLE
输出参数	无
返回值	无
先决条件	无
被调用函数	无

CAN_IT 输入参数 CAN_IT 为待使能或者失能的 CAN 中断。可以使用表9-30中的一个参数，或者它们的组合。

表 9-30　CAN_IT 值

CAN_IT	描　　述
CAN_IT_TME	发送邮箱空中断屏蔽
CAN_IT_FMP0	FIFO0 消息挂号中断屏蔽
CAN_IT_FF0	FIFO0 满中断屏蔽
CAN_IT_FOV0	FIFO0 溢出中断屏蔽
AN_IT_FMP1	FIFO1 消息挂号中断屏蔽
CAN_IT_FF1	FIFO1 满中断屏蔽
CAN_IT_FOV1	FIFO1 溢出中断屏蔽
CAN_IT_EWG	错误警告中断屏蔽
CAN_IT_EPV	错误被动中断屏蔽
CAN_IT_BOF	离线中断屏蔽
CAN_IT_LEC	上次错误号中断屏蔽
CAN_IT_ERR	错误中断屏蔽
CAN_IT_WKU	唤醒中断屏蔽
CAN_IT_SLK	睡眠标志位中断屏蔽

视频讲解

9.3.3　CAN 总线设置步骤

CAN 总线设置步骤如下。

（1）配置相关引脚的复用功能，使能 CAN 时钟。

（2）设置 CAN 工作模式及波特率等。

（3）设置过滤器。

（4）发送、接收消息。

（5）CAN 状态获取。

9.4　CAN 通信示例

视频讲解

CAN 在工业上有较多的应用，本节通过 CAN 总线主机和从机通信案例说明 CAN 通信的基本过程。

主机通信过程的设置如下。

（1）CAN 配置代码，包括 CAN 的 GPIO 配置、PB8 上拉输入、PB9 推挽输出。

```
static void CAN_GPIO_Config(void)
{
  GPIO_InitTypeDef GPIO_InitStructure;
  /* 外设时钟设置 */
  RCC_APB2PeriphClockCmd(RCC_APB2Periph_AFIO|
                         RCC_APB2Periph_GPIOB,ENABLE);
  RCC_APB1PeriphClockCmd(RCC_APB1Periph_CAN1, ENABLE);
  /* IO 设置 */
  GPIO_PinRemapConfig(GPIO_Remap1_CAN1, ENABLE);
  /* Configure CAN pin: RX */                      //PB8
  GPIO_InitStructure.GPIO_Pin = GPIO_Pin_8;
  GPIO_InitStructure.GPIO_Mode = GPIO_Mode_IPU;    //上拉输入
  GPIO_InitStructure.GPIO_Speed = GPIO_Speed_50MHz;
  GPIO_Init(GPIOB, &GPIO_InitStructure);
   /* Configure CAN pin: TX */                     //PB9
   GPIO_InitStructure.GPIO_Pin = GPIO_Pin_9;
  GPIO_InitStructure.GPIO_Mode = GPIO_Mode_AF_PP;  //复用推挽输出
  GPIO_InitStructure.GPIO_Speed = GPIO_Speed_50MHz;
  GPIO_Init(GPIOB, &GPIO_InitStructure);
}
```

（2）CAN 的 NVIC 配置代码，设置第 1 优先级组（0，0）优先级。

```
static void CAN_NVIC_Config(void)
{
  /* 配置中断优先级 */
  NVIC_InitTypeDef NVIC_InitStructure;
  /* 中断设置 */
  NVIC_PriorityGroupConfig(NVIC_PriorityGroup_1);
  //CAN1 RX0 中断
  NVIC_InitStructure.NVIC_IRQChannel = USB_LP_CAN1_RX0_IRQn;
  //抢占优先级 0
  NVIC_InitStructure.NVIC_IRQChannelPreemptionPriority = 0;
  //子优先级为 0
```

```
    NVIC_InitStructure.NVIC_IRQChannelSubPriority = 0;
    NVIC_InitStructure.NVIC_IRQChannelCmd = ENABLE;
    NVIC_Init(&NVIC_InitStructure);
}
```

（3）CAN 的模式配置。

```
static void CAN_Mode_Config(void)
{
    / * CAN 寄存器初始化 * /
    CAN_InitTypeDef CAN_InitStructure;
    CAN_DeInit(CAN1);
    / * CAN 单元初始化 * /
    CAN_StructInit(&CAN_InitStructure);
    //MCR - TTCM 关闭时间触发通信模式使能
    CAN_InitStructure.CAN_TTCM = DISABLE;
    //MCR - ABOM 自动离线管理
    CAN_InitStructure.CAN_ABOM = ENABLE;
    //MCR - AWUM 使用自动唤醒模式
    CAN_InitStructure.CAN_AWUM = ENABLE;
    //MCR - NART 禁止报文自动重传,DISABLE - 自动重传
    CAN_InitStructure.CAN_NART = DISABLE;
    //MCR - RFLM 接收 FIFO 锁定模式,DISABLE - 溢出时新报文会覆盖原有报文
    CAN_InitStructure.CAN_RFLM = DISABLE;
    //MCR - TXFP 发送 FIFO 优先级,DISABLE - 优先级取决于报文标示符
    CAN_InitStructure.CAN_TXFP = DISABLE;
    //正常工作模式
    CAN_InitStructure.CAN_Mode = CAN_Mode_Normal;
    //BTR - SJW 重新同步跳跃宽度 2 个时间单元
    CAN_InitStructure.CAN_SJW = CAN_SJW_2tq;
    //BTR - TS1 时间段 1 占用了 6 个时间单元
    CAN_InitStructure.CAN_BS1 = CAN_BS1_6tq;
    //BTR - TS1 时间段 2 占用了 3 个时间单元
    CAN_InitStructure.CAN_BS2 = CAN_BS2_3tq;
    //BTR - BRP 波特率分频器 定义了时间单元的时间长度 36/(1 + 6 + 3)/4 = 0.9Mb/s
    CAN_InitStructure.CAN_Prescaler = 4;
    CAN_Init(CAN1, &CAN_InitStructure);
}
```

（4）CAN 的过滤器配置。

```
static void CAN_Filter_Config(void)
{
    / * CAN 过滤器初始化 * /
    CAN_FilterInitTypeDef CAN_FilterInitStructure;
    //过滤器组 0
    CAN_FilterInitStructure.CAN_FilterNumber = 0;
    //工作在标识符屏蔽位模式
    CAN_FilterInitStructure.CAN_FilterMode = CAN_FilterMode_IdMask;
    //过滤器位宽为单个 32 位
    CAN_FilterInitStructure.CAN_FilterScale = CAN_FilterScale_32bit;
    //使能报文标示符过滤器按照标示符的内容进行比对过滤,扩展 ID 不是如下的就抛弃掉,否则
    //会存入 FIFO0
    //要过滤的 ID 高位
    CAN_FilterInitStructure.CAN_FilterIdHigh = (((u32)0x1314 << 3)&0xFFFF0000)>> 16;
    //要过滤的 ID 低位
```

```
CAN_FilterInitStructure.CAN_FilterIdLow = (((u32)0x1314 << 3)|CAN_ID_EXT|CAN_RTR_DATA)
&0xFFFF;
    //过滤器高 16 位每位必须匹配
    CAN_FilterInitStructure.CAN_FilterMaskIdHigh = 0xFFFF;
    //过滤器低 16 位每位必须匹配
    CAN_FilterInitStructure.CAN_FilterMaskIdLow = 0xFFFF;
    //过滤器被关联到 FIFO0
    CAN_FilterInitStructure.CAN_FilterFIFOAssignment = CAN_Filter_FIFO0;
    CAN_FilterInitStructure.CAN_FilterActivation = ENABLE;        //使能过滤器
    /* CAN 通信中断使能 */
    CAN_FilterInit(&CAN_FilterInitStructure);
    CAN_ITConfig(CAN1, CAN_IT_FMP0, ENABLE);
}
```

（5）完整配置 CAN 的功能。

```
void CAN_Config(void)
{
    CAN_GPIO_Config();
    CAN_NVIC_Config();
    CAN_Mode_Config();
    CAN_Filter_Config();
}
```

（6）CAN 通信报文内容设置。

```
void CAN_SetMsg(void)
{
    TxMessage.ExtId = 0x1314;               //使用的扩展 ID
    TxMessage.IDE = CAN_ID_EXT;             //扩展模式
    TxMessage.RTR = CAN_RTR_DATA;           //发送的是数据
    TxMessage.DLC = 2;                      //数据长度为 2 字节
    TxMessage.Data[0] = 0xAB;
    TxMessage.Data[1] = 0xCD;
}
```

（7）CAN 主机代码。

```
int main(void)
{
    /* 初始化串口模块 */
    USART1_Config();
    /* 配置 CAN 模块 */
    CAN_Config();
    printf("\r\n ***** 这是一个双 CAN 通信实验 ******** \r\n");
    printf("\r\n 这是 "主机端" 的反馈信息: \r\n");
    /* 设置要通过 CAN 发送的信息 */
    CAN_SetMsg();
    printf("\r\n 将要发送的报文内容为:\r\n");
    printf("\r\n 扩展 ID 号 ExtId:0x%x",TxMessage.ExtId);
    printf("\r\n 数据段的内容:Data[0] = 0x%x ,Data[1] = 0x%x \r\n",
                                        TxMessage.Data[0],TxMessage.Data[1]);
    /* 发送消息 "ABCD" ** */
    CAN_Transmit(CAN1, & TxMessage);
    while(flag == 0xff);                    //flag = 0, success
    printf("\r\n 成功接收到"从机"返回的数据\r\n");
```

```
        printf("\r\n 接收到的报文为:\r\n");
        printf("\r\n 扩展 ID 号 ExtId:0x%x",RxMessage.ExtId);
        printf("\r\n 数据段的内容:Data[0] = 0x%x,Data[1] = 0x%x \r\n",
                                RxMessage.Data[0],RxMessage.Data[1]);
    while(1);
  }
```

（8）从机代码。

```
int main(void)
{
    /* USART1 config */
    USART1_Config();
    /* 配置 CAN 模块 */
    CAN_Config();
    printf("\r\n ***** 这是一个双 CAN 通信实验 ******** \r\n");
    printf("\r\n 这是 "从机端" 的反馈信息: \r\n");
    /* 等待主机端的数据 */
    while(flag == 0xff);
      printf("\r\n 成功接收到"主机"返回的数据\r\n");
      printf("\r\n 接收到的报文为:\r\n");
      printf("\r\n 扩展 ID 号 ExtId:0x%x",RxMessage.ExtId);
      printf("\r\n 数据段的内容:Data[0] = 0x%x ,Data[1] = 0x%x \r\n",
                        RxMessage.Data[0],RxMessage.Data[1]);
      /* 设置要通过 CAN 发送的信息 */
      CAN_SetMsg();
      printf("\r\n 将要发送的报文内容为:\r\n");
      printf("\r\n 扩展 ID 号 ExtId:0x%x",TxMessage.ExtId);
      printf("\r\n 数据段的内容:Data[0] = 0x%x ,Data[1] = 0x%x \r\n",
                                TxMessage.Data[0],TxMessage.Data[1]);
      /* 发送消息 "CDAB" * */
      CAN_Transmit(CAN1, & TxMessage);
      while(1);
}
```

9.5 本章小结

目前 CAN 的高性能和可靠性已被认同，并广泛地应用于工业自动化、船舶医疗、工业设计等方面。现场总线是当今自动化领域技术发展的热点之一，它的出现为分布式控制系统各节点之间实时、可靠的数据通信提供了强有力的技术支持。通过本章的学习，读者可以自己用两块 STM32 最小系统，配合 TJA1050 芯片实现 CAN 通信。

9.6 习题

（1）CAN 总线报文格式是什么？
（2）CAN 总线的拓扑结构是什么？
（3）CAN 总线的初始化过程什么？

第 10 章

倒立摆设计

10.1 本章导读

倒立摆是一个具备耦合性强、非线性、多变量等特征的不稳定装置,常被看作检验各种控制策略的有效实验设备,还是学习和研究控制理论的典型物理模型。为了便于对自动控制理论的学习和提高动手能力,对倒立摆设备的控制原理进行分析和设计是非常必要的。

本章完成的倒立摆装置设计,主要包括机械部分和电控部分。机械部分包括底座、旋臂、摆杆、联轴器等组成;电控部分由控制器、传感器、功放、电机、电源、无线传输、串口通信及提示电路等组成。为了消除环形倒立摆旋转时对摆杆角度检测信号线的缠绕及简化系统机械结构设计,在设计中使用独立的检测电路对摆杆角度进行测量,然后通过 2.4G 无线技术把摆杆角度信号无线传输至主控电路,实现了摆杆角度的无线检测。为了使系统参数的调试更方便并能清晰地体现参数变化对系统性能指标的影响,该方案与上位机进行通信,能将性能指标传输至上位机进行波形显示。出于安全的考虑,该设计还有语音提示和状态指示电路,提醒使用者注意安全。

10.2 设计要求

本章完成的倒立摆在设计时主要采用了无线通信的模式。设计的具体要求如下。
(1) 具有自动起摆功能。
(2) 摆杆偏离竖直方向的角度控制在 $\pm 10°$ 范围内,旋臂旋转角度控制在 $\pm 100°$ 范围内。
(3) 采用无线检测对摆杆角度进行测量。
(4) 具有运行状态自动检测,控制失败自动停止功能。
(5) 具有状态显示和语音提示功能。
(6) 具有上位机显示功能,显示相应性能指标。
(7) 完成倒立摆装置机械和电控部分的制作和调试。

10.3 设计分析

倒立摆的设计核心是机械结构设计、硬件电路的设计和 PID 参数的调整,本章设计主要采用了无线通信的模式，方便调试。

10.3.1　倒立摆的选择

倒立摆系统有以下几种形式：直线倒立摆、旋转倒立摆、环形倒立摆及平面型倒立摆等。这几种形式最大的不同就是机械结构，但实质上都是非线性的机电装置。所以，可以用相似的研究手段和研究方法对倒立摆系统进行研究，下面分别介绍几种常见的倒立摆系统。

1. 直线倒立摆系统

直线倒立摆系统是当下最流行的倒立摆装置，目前的研究级数从 1 级到 5 级都有。常见的二阶直线倒立摆构造如图 10-1 所示，组成结构包括能沿导轨来回运动的小车及一端安装在小车上的匀质摆杆，通过力矩电机带动旋转丝杆来使小车在有限长度的导轨内来回运动。

2. 环形倒立摆系统

环形倒立摆的典型结构如图 10-2 所示，系统由电机旋转带动的旋臂在水平面上做圆周运动，摆杆在旋臂的末端自由连接，实质上就是做圆周运动的直线倒立摆。环形倒立摆的优势是在行程上没有物理限制，然而带来了额外的非线性因素——离心力。

3. 旋转倒立摆系统

旋转倒立摆和环形倒立摆的不同之处在于环形倒立摆的旋臂是在水平面上旋转，而旋转倒立摆的旋臂是在竖直平面上旋转。图 10-3 展示的是一阶旋转倒立摆，旋臂的一头和电机的输出轴衔接，另一头与摆杆自由衔接，旋臂通过电机来驱动，而摆杆通过旋臂带动，从而控制摆杆的倒立，整个系统复杂、不稳定。

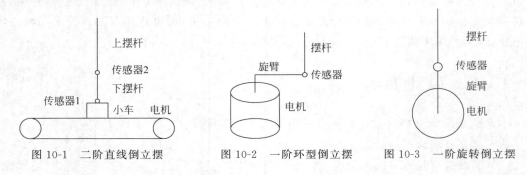

图 10-1　二阶直线倒立摆　　　图 10-2　一阶环型倒立摆　　　图 10-3　一阶旋转倒立摆

直线倒立摆和环形倒立摆被众多研究者选择作为研究对象。通过对两者进行分析，可知：

① 直线倒立摆要用较长的导轨以供小车运动，占用比较大的空间；环形倒立摆机械构造比较简单，没有很多的中间传动环节，整个系统的结构更加易于制作。

② 直线倒立摆有很多传动装置，调试过程中往往因为机械部分的误差或者不稳定影响到控制效果，从而会对控制算法自身的有效性和可行性的判断进行干扰。

③ 直线倒立摆在行程上有物理限制，因此加大了控制的难度，造成一些控制方式在直线倒立摆装置上实现不了；然而环形倒立摆的旋臂能够在水平面内随意转动，没有行程的限制，控制起来相对简单一些。

综上所述,本方案选择一阶环形倒立摆作为控制对象。

10.3.2　系统结构组成

倒立摆装置主要包含旋臂、摆杆、电位器角度传感器、直流力矩电机、正交编码器、单片机控制器、电源电路与电机驱动电路等。倒立摆设备的旋臂经过联轴器安装在直流力矩电机的转轴上,旋臂前端固定电位器角度传感器,摆杆固定在电位器角度传感器的出轴上。旋臂由力矩电机的转轴通过联轴器连接驱动,可以围绕电机出轴在垂直于电机转轴的水平面内旋转。旋臂和摆杆之间由电位器角度传感器的活动转轴相连,摆杆可绕转轴在垂直于转轴的铅直平面内转动。电机作为执行机构,可以用专业的电机驱动芯片,例如 L293、BTS7960 等驱动,也可用分立元件 MOSFET 自行搭建 H 桥驱动。摆杆和旋臂的角度信号用角度传感器测量获得,作为系统的输出信号送到控制芯片中,控制器根据设定的控制算法计算得到控制规律,并输出 PWM 电压信号提供给电机驱动电路,用来驱动执行电机,使之转动,然后带动旋臂做水平旋转,旋臂再带动摆杆,从而实现控制摆杆能够倒立的效果。一阶环形倒立摆的机械构造如图 10-4 所示。

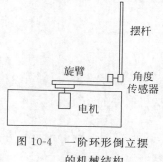

图 10-4　一阶环形倒立摆的机械结构

10.3.3　系统模型分析

一阶环形倒立摆设备是一个水平旋臂和摆杆组成的装置,旋臂通过联轴器连接在电机输出轴上,被电机驱动在水平面上做环形运动,通过角度传感器带动摆杆运动,一阶环形倒立摆力学分析如图 10-5 所示。

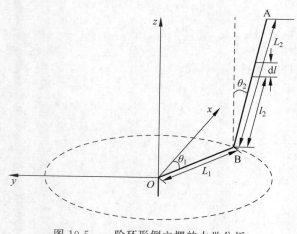

图 10-5　一阶环形倒立摆的力学分析

设倒立摆装置中,旋臂长度为 L_1,质量为 m_1,旋臂相对水平面上的零点角度为 θ_1,角速度为 $\dot{\theta}_1$,摆杆的长度为 L_2,质量为 m_2,相对垂直方向的角度为 θ_2,角速度为 $\dot{\theta}_2$,传感器的质量为 m_3。

1. 系统总动能

1）摆杆动能

旋臂和摆杆的节点为 B，在距离 B 点 l_2 的地方，取一段长为 dl 的一小段，它的坐标是

$$\begin{cases} x = L_1\cos\theta_1 - l_2\sin\theta_2\sin\theta_1 \\ y = L_1\sin\theta_1 + l_2\sin\theta_2\cos\theta_1 \\ z = l_2\cos\theta_2 \end{cases}$$

这一小段的动能为

$$dT = \frac{m_2}{2L_2}dl\,(\dot{x}^2 + \dot{y}^2 + \dot{z}^2)$$

其中

$$\dot{x}^2 + \dot{y}^2 + \dot{z}^2 = L_1^2\dot{\theta}_1^2 + l_2^2\dot{\theta}_2^2 + l_2^2\sin^2\theta_2\dot{\theta}_1^2 + 2L_1l_2\cos\theta_2\dot{\theta}_1\dot{\theta}_2$$

所以，摆杆的动能为

$$T_2 = \int_0^{L_2} dT = \left(\frac{1}{2}L_1^2 + \frac{1}{6}L_2^2\sin^2\theta_2\right)m_2\dot{\theta}_1^2 + \frac{1}{2}m_2L_1L_2\cos\theta_2\dot{\theta}_1\dot{\theta}_2 + \frac{1}{6}m_2L_2^2\dot{\theta}_2^2$$

2）旋臂动能

按照同样的道理，在旋臂上面距离 O 点 l_1 远的地方取一段长为 dl 的一小段，其坐标为

$$\begin{cases} x = l_1\cos\theta_1 \\ y = l_1\sin\theta_1 \\ z = 0 \end{cases}$$

$$dT = \frac{m_1}{2L_1}dl\,(\dot{x}^2 + \dot{y}^2 + \dot{z}^2)$$

所以，旋臂动能为

$$T_1 = \int_0^{L_1} dT = \frac{1}{6}m_1L_1^2\dot{\theta}_1^2$$

3）连接旋臂和摆杆的传感器的动能

传感器坐标为

$$\begin{cases} x = L_1\cos\theta_1 \\ y = L_1\sin\theta_1 \\ z = 0 \end{cases}$$

所以

$$T_3 = \frac{1}{2}m_3(\dot{x}^2 + \dot{y}^2 + \dot{z}^2) = \frac{1}{2}m_3L_1^2\dot{\theta}_1^2$$

系统总动能为

$$T = T_1 + T_2 + T_3$$

2. 系统总势能

把摆杆自然垂下时，质心所在的平面为零势能面，那么系统总势能为

$$V = \frac{1}{2}m_1gL_2 + \frac{1}{2}m_2(1 + \cos\theta_2)gL_2 + \frac{1}{2}m_3gL_2$$

3. 拉格朗日方程

从上面的计算能得出,拉格朗日算子为

$$H = T - V = \frac{1}{6} m_1 L_1^2 \dot{\theta}_1^2 + \left(\frac{1}{2} L_1^2 + \frac{1}{6} L_2^2 \sin^2\theta_2 \right) m_2 \dot{\theta}_1^2 + \frac{1}{2} m_2 L_1 L_2 \cos\theta_2 \dot{\theta}_1 \dot{\theta}_2$$

$$+ \frac{1}{6} m_2 L_2^2 \dot{\theta}_2^2 + \frac{1}{2} m_3 L_1^2 \dot{\theta}_1^2 - \frac{1}{2} m_1 g L_2 - \frac{1}{2} m_2 (1 + \cos\theta_2) g L_2 - \frac{1}{2} m_3 g L_2$$

可以知道,系统广义坐标为

$$q = \{\theta_1, \theta_2\}$$

所以,由拉格朗日方程

$$\frac{\mathrm{d}}{\mathrm{d}t} \left(\frac{\partial H}{\partial \dot{q}_i} \right) - \frac{\partial H}{\partial q_i} = f_i \quad (i = 1, 2)$$

有

$$\begin{cases} \dfrac{\mathrm{d}}{\mathrm{d}t} \left(\dfrac{\partial H}{\partial \dot{\theta}_1} \right) - \dfrac{\partial H}{\partial \theta_1} = f_1 = M - C_1 \dot{\theta}_1 \\[3mm] \dfrac{\mathrm{d}}{\mathrm{d}t} \left(\dfrac{\partial H}{\partial \dot{\theta}_2} \right) - \dfrac{\partial H}{\partial \theta_2} = f_2 = -C_2 \dot{\theta}_2 \end{cases} \tag{10-1}$$

其中,f_i 为广义坐标 q_i 上非有势力对应的广义外力;M 为电机输出转矩;C_1、C_2 为阻尼系数。

$$\frac{\mathrm{d}}{\mathrm{d}t} \left(\frac{\partial H}{\partial \dot{\theta}_1} \right) = \left(\frac{1}{3} m_1 L_1^2 + m_2 L_1^2 + m_3 L_1^2 + \frac{1}{3} m_2 L_2^2 \sin^2\theta_2 \right) \ddot{\theta}_1 +$$

$$\frac{1}{3} m_2 L_2^2 \sin 2\theta_2 \cdot \dot{\theta}_1 \dot{\theta}_2 - \frac{1}{2} m_2 L_1 L_2 \sin\theta_2 \cdot \dot{\theta}_2^2 + \frac{1}{2} m_2 L_1 L_2 \cos\theta_2 \cdot \ddot{\theta}_2$$

$$\frac{\partial H}{\partial \theta_1} = 0$$

$$\frac{\mathrm{d}}{\mathrm{d}t} \left(\frac{\partial H}{\partial \dot{\theta}_2} \right) = -\frac{1}{2} m_2 L_1 L_2 (\sin\theta_2 \dot{\theta}_1 \dot{\theta}_2 - \cos\theta_2 \ddot{\theta}_1) + \frac{1}{3} m_2 L_2^2 \ddot{\theta}_2$$

$$\frac{\partial H}{\partial \theta_2} = \frac{1}{6} m_2 L_2^2 \sin 2\theta_2 \dot{\theta}_1^2 - \frac{1}{2} m_2 L_1 L_2 \sin\theta_2 \dot{\theta}_1 \dot{\theta}_2 + \frac{1}{2} m_2 g L_2 \sin\theta_2$$

代入式(10-1)后,在 $\theta_1 = 0, \theta_2 = 0, \dot{\theta}_1 = 0, \dot{\theta}_2 = 0$ 处线性化,忽略高次项后,表示成矩阵形式有

$$\begin{bmatrix} \left(\dfrac{1}{3} m_1 + m_2 + m_3 \right) L_1^2 & \dfrac{1}{2} m_2 L_1 L_2 \\[3mm] \dfrac{1}{2} m_2 L_1 L_2 & \dfrac{1}{3} m_2 L_2^2 \end{bmatrix} \begin{bmatrix} \ddot{\theta}_1 \\[2mm] \ddot{\theta}_2 \end{bmatrix} + \begin{bmatrix} K_m K_e + C_1 & 0 \\ 0 & C_2 \end{bmatrix} \begin{bmatrix} \dot{\theta}_1 \\[2mm] \dot{\theta}_2 \end{bmatrix} +$$

$$\begin{bmatrix} 0 & 0 \\[2mm] 0 & -\dfrac{1}{2} m_2 g L_2 \end{bmatrix} \begin{bmatrix} \theta_1 \\[2mm] \theta_2 \end{bmatrix}$$

$$= \begin{bmatrix} K_m \\ 0 \end{bmatrix} u$$

记为

$$G\begin{bmatrix}\ddot{\theta}_1\\\ddot{\theta}_2\end{bmatrix}+C\begin{bmatrix}\dot{\theta}_1\\\dot{\theta}_2\end{bmatrix}+M\begin{bmatrix}\theta_1\\\theta_2\end{bmatrix}=Ku$$

令 $x_1=\theta_1,x_2=\theta_2,x_3=\dot{\theta}_1=\dot{x}_1,x_4=\dot{\theta}_2=\dot{x}_2$，则有

$$\begin{bmatrix}\dot{x}_3\\\dot{x}_4\end{bmatrix}=\begin{bmatrix}\ddot{\theta}_1\\\ddot{\theta}_2\end{bmatrix}=-G^{-1}C\begin{bmatrix}\dot{\theta}_1\\\dot{\theta}_2\end{bmatrix}-G^{-1}M\begin{bmatrix}\theta_1\\\theta_2\end{bmatrix}+G^{-1}Ku$$

得出一阶环形倒立摆系统的状态空间表达式为

$$\dot{x}=\begin{bmatrix}\dot{x}_1\\\dot{x}_2\\\dot{x}_3\\\dot{x}_4\end{bmatrix}=\begin{bmatrix}O_2 & I_2\\-G^{-1}M & -G^{-1}C\end{bmatrix}x+\begin{bmatrix}O_2\\G^{-1}K\end{bmatrix}u \tag{10-2}$$

$$y=\begin{bmatrix}1&0&0&0\\0&1&0&0\\0&0&1&0\\0&0&0&1\end{bmatrix}x \tag{10-3}$$

本方案倒立摆的各部分参数如下：$m_1=165\text{g},m_2=50\text{g},m_3=70\text{g},L_1=20\text{cm},$ $L_2=25\text{cm},g=9.8\text{m/s}^2,C_1=0.01\text{N·m·S},C_2=0.001\text{N·m·S}$。电机力矩系数 $K_m=0.0327\text{N·m/V}$ 和电机反电势系数 $K_e=0.3822\text{V·S}$，代入式(10-2)、式(10-3)，得出一阶环形倒立摆的数学模型：

$$\dot{x}=Ax+Bu=\begin{bmatrix}0&0&1&0\\0&0&0&1\\0&-13.36&-4.09&0.22\\0&74.84&4.91&-1.22\end{bmatrix}x+\begin{bmatrix}0\\0\\5.95\\-7.13\end{bmatrix}u$$

$$y=Cx=\begin{bmatrix}1&0&0&0\\0&1&0&0\\0&0&1&0\\0&0&0&1\end{bmatrix}x$$

在状态空间表达式、状态方程及输出方程都已知的情况下，很容易获得系统的传递函数，如式(10-4)所示：

$$G(S)=C(sI-A)^{-1}B=\frac{0.13s^3+2.54es^2-0.69s-0.78}{s(s-0.23)(s-1.44)(s+0.81)} \tag{10-4}$$

由式(10-4)可看出，这个高阶系统在 s 的右半平面有极点 $s=0.23$ 和 $s=1.44$，所以是不稳定的，需要加入控制器才能稳定。

10.3.4　系统控制方案确定

由 10.3.3 节的系统模型分析可知，控制器需要加入超前校正环节才能使之稳定，所以

本方案采用 PD(比例积分)控制。由于本方案的性能指标不仅包括摆杆偏离竖直的角度,还要控制旋臂旋转的角度,所以本方案把电位器角度传感器测量得到摆杆的角位移信号和正交编码器测量得到旋臂的角位移信号作为系统的输出量送入单片机控制器,然后根据 PD 控制算法,计算出控制规律,并转换为电压信号提供给驱动电路,以驱动直流力矩电机进行动作,通过电机带动旋臂的转动来控制摆杆的运动,从而使摆杆按照要求起摆或者倒立,所以这是一个双输入单输出的控制系统。系统的原理框图如图 10-6 所示。

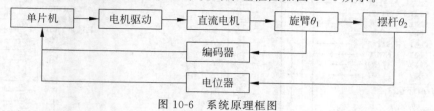

图 10-6 系统原理框图

本方案的两个输入信号送入单片机控制器里后,均进行 PD 运算,再把计算结果结合起来,转换为 PWM 占空比输出至电机驱动电路驱动电机。双闭环 PID 框图如图 10-7 所示。

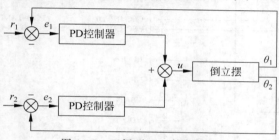

图 10-7 双闭环 PID 控制框图

经过以上分析,设计本系统的结构框图如图 10-8 所示。编码器和 WDD35D4 精密变阻器的测量信号输入至 STM32 单片机,单片机再输出 PWM 信号,经过电机驱动电路进行功率放大后驱动电机。除此之外,本系统还包含语音提示电路、状态指示电路、串口通信电路、无线收发电路等。

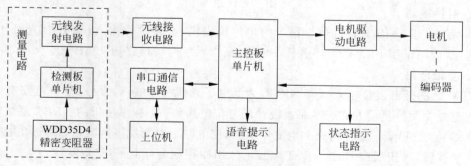

图 10-8 系统结构框图

10.4 设计步骤

系统设计包括系统硬件设计和系统软件设计。系统硬件设计主要包括最小系统设计、电机驱动控制电路设计、测量电路设计、通信电路设计及辅助电路设计等。下面进行详细介绍。

10.4.1　单片机最小系统电路设计

STM32F103C8T6 单片机的最小系统电路如图 10-9 所示。

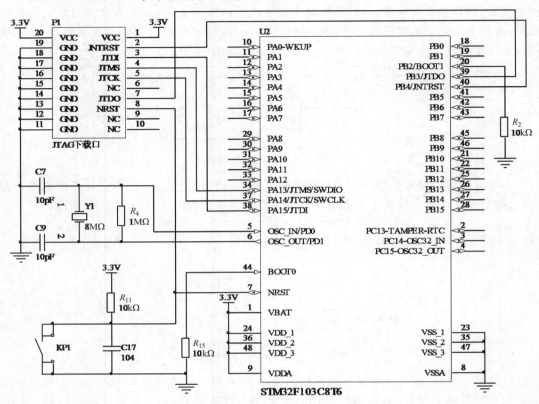

图 10-9　STM32F103C8T6 最小系统电路

最小系统电路包括时钟电路及复位电路,下面就各部分电路分别进行介绍。

1. 时钟电路

本系统采用 8MΩ 外部晶体振荡器为单片机提供 HSE 时钟输入,配两个 10pF 的瓷片电容起振,内部采用 PLL 锁相环进行 9 倍频,所以系统时钟最终为 72MHz。

2. 复位电路

STM32 的外部复位输入引脚 NRST 为低电平且超过 $20\mu s$ 时复位,复位电路有上电复位和按键复位两种复位方式。本系统设计的复位电路如下:在单片机的 NRST 复位输入引脚端和 GND 之间接一电容构成上电复位电路,使电路上电复位得到实现;同时在电容两端并联一个按键,当按键按下时,NRST 复位输入引脚接地为低电平,实现复位。

10.4.2　电机的选择及驱动电路的设计

常用控制倒立摆的执行机构的电机有直流电机和步进电机等,驱动电路可通过MOSFET 分立元件搭建 H 桥电路或者是采用集成芯片作为驱动控制电路,原理大同小异。

1. 电机的选择

方案一:采用步进电机作为执行电机。

步进电机的主要优点如下。

(1) 电机旋转的角度正比于脉冲数。

(2) 电机停转的时候,具有最大的转矩。

(3) 没有误差累积。

(4) 优秀的起停和反转响应。

(5) 由于速度正比于脉冲频率,因而有比较宽的转速范围。

然而,步进电机的弊端也非常明显,假如控制不好,会发生共振,并且难以运行到较高的速度及获得较大的力矩,超出负载时会损坏同步。实验过程中发现,所选用的步进电机转速和力矩有限,不能快速地驱动旋转臂使倒立摆甩起来,故放弃了使用步进电机作为执行机构。

方案二:采用直流电机作为执行电机。

直流电机的构造由定子和转子两大部分构成,静止不动的部分叫作定子,定子的重要功能是产生磁场,由机座、主磁极、换向极、端盖、轴承和电刷等构成。直流电动机调速功能强大,易平滑调速,控制和驱动也比较简单,价格相对较低,这个是步进电机不能代替的。

综上所述,本系统采用方案二,应用额定电压 24V、额定功率 60W、转速 1200rad/min 的直流电机作为执行机构。

2. 电机驱动电路的设计

方案一:采用 MOSFET 分立元件搭建 H 桥电路。

H 桥电机驱动电路基本原理如图 10-10 所示,这个电路能方便地完成电机的四象限运转。

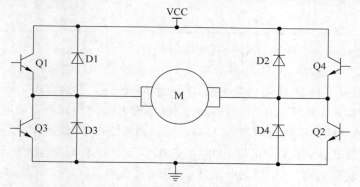

图 10-10 H 桥电机驱动电路原理

H 桥电路的每个功率管都作用在开关状态,Q1、Q2 组成一组,Q3、Q4 组成一组,两组工作在互补情况下,一组开通另一组则断开。Q1、Q2 开通时,电机加在正电压上,此时电机正转或者反向刹车;Q3、Q4 开通时,电机加在反压上,此时电机反转或正向刹车。因为电机是感性负载,电枢电流不能突变,所以需要二极管来续流,以免损坏器件。

倒立摆运转时,要求电机在四个象限不停切换运行,在这种情况下,理论上要求两组控制信号完全互补,但是,由于实际的开关器件都存在开通和关断时间,绝对的互补控制逻辑必然导致上、下桥臂直通短路。因此,要在两组信号之间插入延时,延时可以在硬件上实现,也能用软件实现。

方案二:采用 BTS7960 集成半桥芯片设计。

BTS7960 是大电流的集成半桥电机驱动器件,是应用于电机驱动的大电流半桥集成芯片,上桥臂一个 P 沟道 MOSFET、下桥臂是一个 N 沟道 MOSFET,内部还含有一个驱动

IC,BTS7960内部构造如图10-11所示。驱动IC包含逻辑电平输入、电流检测、死区时间插入、斜率调节及过热、过压、欠压、过流、短路保护的功能,其引脚功能如表10-1所示。

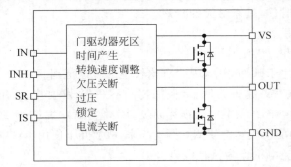

图 10-11 BTS7960 内部结构

表 10-1 BTS7960 引脚功能表

引　　脚	符　　号	功　　能
1	GND	接地
2	IN	PWM 输入
3	INH	使能,低电平时进入休眠模式
4	OUT	功率输出
5	SR	开关速率调整
6	IS	电流采样
7	VS	电源

BTS7960里面是一个半桥,INH引脚为低时,BTS7960进入休眠休式,IN引脚用于确定哪个MOSFET导通,IN和INH都为高电平时,上桥臂MOSFET导通,OUT引脚输出高电平;IN为低电平且INH为高电平时,下桥臂MOSFET开启,OUT引脚变成低电位。通过调节SR引脚连接电阻的阻值,能够改变MOS管开关时间并具备防电磁干扰的作用。IS引脚是电流检测输出引脚,具有电流检测功能。通常情况下,流经IS引脚的电流与上桥臂MOS的电流成比例,如果RIS的阻值为1kΩ,那么IS引脚的电压等于负载电流除以8.5;非正常情况下,经过IS引脚的电流是IIS(lim)(大概是4.5mA),最终的情况是IS为高电位。正常模式下的IS引脚电流流出如图10-12所示,故障模式下的IS引脚电流流出如图10-13所示。导通时,BTS7960的阻值为16mΩ,能够输出43A的电流,该方案电机驱动电路如图10-14所示。

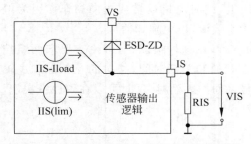

图 10-12 BTS7960 正常模式下 IS 电流流出

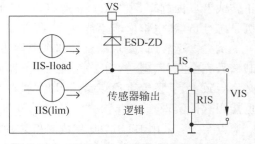

图 10-13 BTS7960 故障模式下 IS 电流流出

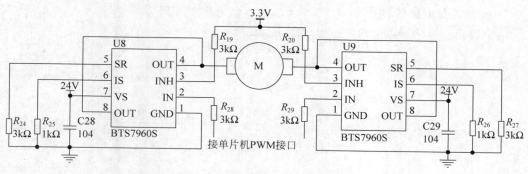

图 10-14　BTS7960 电机驱动电路

10.4.3　测量电路设计

角度的测量在平衡类项目中非常重要,一般采用"陀螺仪＋加速度计"的方案,市面上也有集成的角度测量的传感器,本节给出了一种角度位置的测量方法。

1. 摆杆角度测量电路的设计

1) 角度传感器的旋转

方案一:采用 MPU 6050 运动处理传感器测量角度。

MPU 6050 是世界上第一款含有 9 轴的传感器。其内部含有三轴陀螺仪、三轴加速度计和一个能通过 I2C 接口外接的传感器,外扩之后能够利用 I2C 总线送出九轴信号。MPU 6050 内部分别采用了 6 个 16 位的模数转换器对陀螺仪及加速度计的每一个轴进行测量转换,而且每个轴的测量范围都是可以通过编程改变的。

由于 MPU 6050 的微电子结构,因此其内部的陀螺仪和加速度计存在较大的测量误差,需要通过复杂的滤波算法和角度融合算法才能计算出摆杆的姿态角度,而且其与单片机的接口是采用 I2C 或者 SPI 通信,这些都会增加系统的软件编写难度,不利于开发。

方案二:采用 WDD35D4 角度传感器测量角度。

WDD35D4 是一种高精度、阻值为 $1\sim10k\Omega$ 的精密变阻器,其参数如表 10-2 所示。WDD35D4 转轴转动角度与其输出的电阻成比例,且旋转一周后阻值相等。因此,将电阻值转变成电压信号后,经过模数转换就能测量出转轴的转动角度。

表 10-2　WDD35D4 参数表

阻　　值	阻值偏差	线性度	功　　率	温度系数
$1\sim10k\Omega$	±15%	0.1%	2W	±400ppm/℃
旋转次数	机械角度	电角度	最大测量偏差	工作温度
5000 万次	360°	345°	0.345°	−40~120℃

对方案一及方案二进行分析比较,并且简单试验后得出,在测量摆杆角度时,MPU 6050 对振动较为敏感,容易引起测量误差,难以完成设计;WDD35D4 的检测比较精确,稳定性较好,使用比较方便。综上所述,决定采用方案二,应用阻值为 5kΩ 的 WDD35D4 角度传感器来测量摆杆角度。

2）角度测量电路的设计

电位器角度传感器测量角度电路如图 10-15 所示。

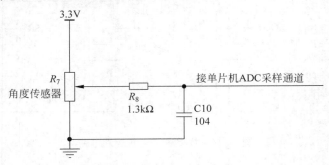

图 10-15　电位器角度传感器测量角度电路

WDD35D 角度传感器实质上是一个能 360°旋转的高精度电位器,将其通过底座与旋臂相连,摆杆连接在它的轴上。以竖直线为参考,摆杆每转过一个角度,WDD35D 就会输出一个摆杆与竖直线之间的角度相对应的阻值,通过电阻网络进行分压,得到一个电压与角度一一对应的关系。输出的电压经过阻容网络进行一阶 RC 低通滤波后接入单片机的 AD 采样通道。

摆杆角度与传感器阻值及单片机 AD 转换值的对应关系如下:

$$\frac{\theta}{360°} = \frac{R}{R_0} = \frac{x}{4096}$$

其中:θ——摆杆偏离竖直线的角度;

R——与 θ 相对应的传感器阻值;

R_0——传感器的总阻值;

x——单片机模数转换值。

WDD35D4 的电压输出信号频率为 $0\sim1$kHz,确保有用信号在通带不产生过于不平衡的衰减,所以设计一个上限截止频率为 1.2kHz 的低通滤波器。

根据一阶 RC 低通滤波器的截止频率公式 $f_c = \frac{1}{2\pi RC}$,计算得 $RC = 1.3 \times 10^{-4}$,经测量得低通滤波器的前级输入阻抗为 $1k\Omega$,后级输出阻抗为 $15k\Omega$,考虑到前后级的阻抗匹配问题,最终选取 $R = 1.3k\Omega$,$C = 0.1\mu F$。

2. 旋臂位置测量电路的设计

1）位置检测传感器的旋转

方案一:采用 UGN3019 霍尔传感器。

UGN3019 测速电路接线如图 10-16 所示。把一个没有磁性的圆盘牢固安装在电机出轴上,把拥有永磁性的磁钢利用树脂均匀粘在圆盘上,霍尔传感器装配在离磁钢 $1\sim3$mm 处。装配时,必须把霍尔传感器的感应面对应磁钢的对应极性,感应面为 S 的需对应磁钢 S 极性进行安装,反之同理。UGN3019 使用 5V 直流供电,在输出引脚连一个 $1k\Omega$ 的电阻至 5V 形成上拉。为了使输出电压在 MCU 的承受范围内以及避免有峰值电压,输出时应当连一个稳压管来限位,这样输出的电压就可以送入 MCU 处理。

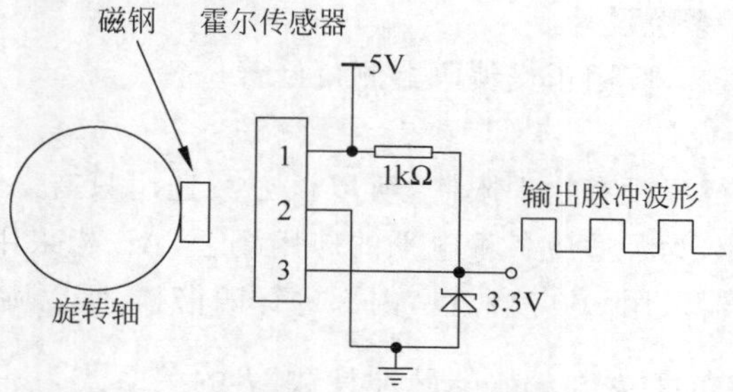

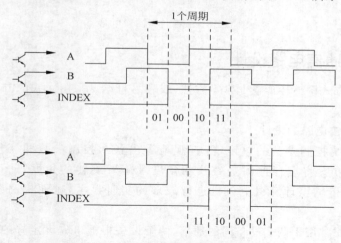

图 10-16　霍尔传感器测速电路

方案二：采用正交编码器。

正交编码器是常见的用于测量转动装置的位置及速度的测量元件，又叫增量编码器。其内部包含有安装在出轴上的刻有开槽的转轮及用来测量开口的发射/测量单元。常见的增量编码器有 3 个输出引脚，分别是 A 相、B 相及 INDEX（索引）相，输出的信号能解码成与电机运行相关的信息，包含旋转的角度和方向。AB 两相的联系是一一对应的，若 A 相在 B 相的前面，则说明电机是正转；若 B 相在 A 相前面，则电机反转；每旋转 360°，INDEX 相就产生一个信号，用来当作基准。这 3 个信号的输出时序图如图 10-17 所示。

图 10-17　正交编码器信号输出时序

编码器输出的 A、B 两相信号可以组合成 4 种不同样式，如图 10-17 中一个周期所示，如果转动方向出现变化，则输出与此相反次序的状态。单片机采集编码器输出的信息，并根据这些信号转换成与位置相关的数值，根据数值的大小及变化趋势就能知道电机的旋转位置和方向。一般转轴正转时，数值会变大；反转时，数值变小。

通过对方案一分析可以发现，霍尔传感器的测量精度取决于电机转轴上磁钢安装的数目，而该方案的电机体积较小，转轴上只能安装较少数目的磁钢；而且应用霍尔传感器进行检测，只能检测电机旋转的角度，并不能检测出电机的旋转方向，所以局限性较大。虽然正交编码器产生的信号需要复杂正交解码器进行捕捉，但是该方案选取的基于 ARM Cortex-M3 内核的 STM32F103 控制器中的定时器有编码器模式接口，可以对正交编码器的输出信号直接进行解码,简化了系统设计。

综上所述,采用方案二,应用正交编码器测量旋臂位置。

2）位置测量电路的设计

由于环形倒立摆的行程没有物理限制,所以该方案选用只有 A、B 两相的正交编码器。编码器的供电电压为 5V,为了适应各种电平的应用场合,AB 相采用开漏输出,所以需要外接两个上拉电阻。编码器采用 600 线码盘,内部进行四倍频,所以旋转一圈输出的脉冲数为 2400 个。所以旋臂旋转角度 Φ 与编码器脉冲计数 N 的关系式为 $\dfrac{\Phi}{360}=\dfrac{N}{2400}$。旋臂位置测量电路如图 10-18 所示。

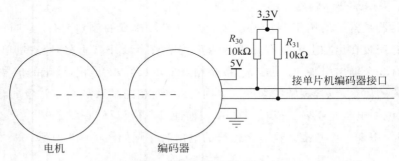

图 10-18   旋臂位置测量电路

10.4.4   通信电路设计

采用有线的方式调整环形摆非常不方便,线容易打结。采用无线的方式调试环形摆方便易行。

1. 上位机通信电路的设计

为了方便系统控制参数的整定,能直观地看出各个控制参数的变化造成的系统输出量的变化,该方案将摆杆偏离竖直线的角度及旋臂旋转的角度,通过单片机的通用异步收发传输器传输至计算机上位机进行波形的实时显示,进而提高系统参数的整定效率。

串行通信方式常用于两个设备间的通信,两个设备根据事先设定好的地址、速度、格式等进行数据传输。在各种串行通信方式里,RS232 通信应用最广泛,如今个人计算机由于体积的限制一般没有串口,而一般都有 USB 接口,因此该方案使用了一个 USB 转串口的方法来完成系统和上位机的通信。

PL2303HX 是一款高度集成的 RS232 转 USB 的芯片,内部包含一个全双工的异步串行通信接口和 USB 接口,只要外加几个电容就能完成 USB 与 RS232 的转换。这个芯片是 USB/RS232 双向的转换器,从上位机获取 USB 信号转换为 RS232 信号输出至外设的同时,也可以从外设获取 RS232 信息转换为 USB 信号上传至上位机,整个流程都是芯片自动实现,用户不用考虑代码设计。其引脚功能如表 10-3 所示,上位机通信电路如图 10-19 所示。

表 10-3 PL232HX 引脚功能表

引 脚	符 号	功 能	引 脚	符 号	功 能
1	TxD	串口输出	15	DP	USBD＋信号
2	DTR_N	数据准备好	16	DM	USBD－信号
3	RTS_N	发送请求	17	VO_33	3.3V 输出
4	VDD_325	RS232 电源	18	GND	接地
5	RxD	串口输入	19	NC	无连接
6	RI_N	串行端口	20	VDD_5	USB 电源
7	GND	接地	21	GND	接地
8	NC	无连接	22	GP0	通用 I/O0
9	DSR_N	数据集就绪	23	GP1	通用 I/O1
10	DCD_N	数据载波检测	24	NC	无连接
11	CTS_N	清除发送	25	GND_A	模拟地锁相环
12	SHTD_N	RS232 关机	26	PLL_TEST	PLL 测试
13	EE_CLK	EEPROM 时钟	27	OSC1	晶振输入
14	EE_DAT	EEPROM 数据	28	OSC2	晶振输出

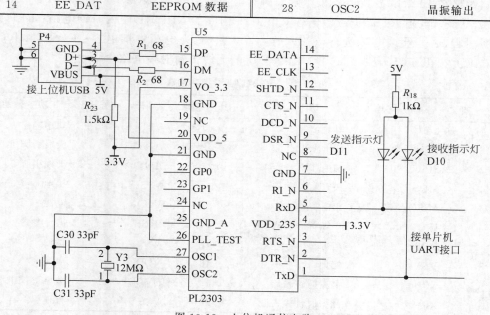

图 10-19 上位机通信电路

P4 是连接至上位机的 USB 公头,USB 包含 5V 电源线、地线、D＋信号线、D－信号线 4 根线。DTR_N、RTS_N、RI_N、DSR_N、DCD_N、CTS_N 是 RS232 的控制引脚,这里只需进行简单的异步通信,所以可以不接。EE_CLK 和 EE_DAT 引脚是外扩 EEPROM 的串行总线,这里无须外扩存储器,也可以不接。DP、DM 对应 USB 的 D＋、D－信号线,中间串接一个 68Ω 的小电阻进行限流。RxD、TxD 对应串口的接收和发送端,外接一个 LED 和限流电阻后上拉至 5V,可用来指示数据传输状态。当数据从倒立摆系统上行至上位机时,发送指示灯闪烁;当数据从上位机下行至倒立摆系统时,接收指示灯闪烁。由于 USB 的电源线能提供 500 毫安的电流,且 PL2303 能耗很低,因此无须外部供电,可由 USB 供电。

2. 无线传输电路的设计

环形倒立摆没有物理行程的限制，旋臂能 360°无限制地旋转，而传输摆杆角度的信号线需经过电机转轴连接至机箱的控制板，旋臂旋转的过程中必然会导致信号线缠绕在电机的旋转轴上，影响系统的稳定。为了消除这一影响系统稳定的因素，简化系统机械结构的设计，本系统设计了一个单独的摆杆角度检测的模块捆绑在旋臂上，采用 2.4G 无线传输技术进行摆杆角度信号的传输。摆杆角度检测结构框图如图 10-20 所示。

图 10-20 摆杆角度检测结构框图

2.4G 无线通信技术是频段处于 $2.405\sim2.485\mathrm{GHz}$ 的一种无线通信技术。该方案使用的是基于 NRF24L01 设计的无线通信模块，NRF24L01 是一款高度集成的射频收发器件，工作频段在 $2.4\sim2.5\mathrm{GHz}$，包含 125 个通信频道，使用速度高达 10MHz 的 SPI 接口与控制器进行连接。NRF24L01 的功耗非常低，在 $1.9\sim3.6\mathrm{V}$ 即可工作，以 $-6\mathrm{dBm}$ 的功率发射时，工作电流只有 9mA；接收时，工作电流只有 12.3mA。其数据传输速率能达到 2Mb/s，最大传输距离在 10 米以上。RF24L01 的引脚功能如表 10-4 所示，2.4G 无线通信模块电路如图 10-21 所示，电阻 R9，晶振 Y2，电容 C15、C16 构成了 NRF24L01 的时钟电路；REF 为电流参考引脚，通过外接电阻进行电流采样，C5、C6、C8 为电源解耦电容；L1、L3、L4、C13、C18、C19、C20 及 PCB 天线组成了 NRF24L01 的无线传输射频电路。

表 10-4 NRF24L01 引脚功能表

引　脚	符　　号	功　　能	引　脚	符　　号	功　　能
1	CE	使能	11	VDD_PA	功率输出
2	CSN	SPI 片选	12	ANT1	天线引脚 1
3	SCK	SPI 时钟	13	ANT2	天线引脚 2
4	MOSI	SPI 数据输入	14	VSS	接地
5	MISO	SPI 数据输出	15	VDD	电源
6	IRQ	中断标志引脚	16	IREF	电流参考
7	VDD	电源	17	VSS	接地
8	VSS	接地	18	VDD	电源
9	XC2	晶振时钟输出	19	DVDD	数字解耦电源
10	XC1	晶振时钟输入	20	VSS	接地

10.4.5 辅助电路设计

1. 语音提示电路的设计

为了使倒立摆系统的运行状态能直观清晰地体现，该方案加入了语音提示模块，其实现的功能有：系统启动时，提醒注意安全；倒立摆运行成功或失败后，提示运行状态等。语音提示电路由 WT588D 语音芯片、25P32 Flash 存储电路、PAM8043 数字功放电路和喇叭构成，其电路如图 10-22 所示。

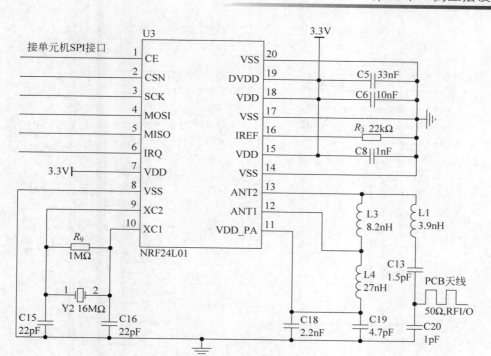

图 10-21　2.4G 无线通信模块电路

1) 语音芯片电路

WT588D 完全具备 6～20K 采样率的音频加载能力,能经过配套软件 VioceChip 轻易做到语音配合播放、插入静音等。WT588D 拥有 220 个可控语音地址位,各个地址位可以加载 128 段语音,按照实际功能的不同,可以外接不同容量的 SPI-Flash 存储器,内部含有 13 位的 DAC 和 12 位的 PWM 输出,拥有 MP3 模式、按键模式、一线串口模式及三线串口模式。本系统中选用三线串口模式,包含片选线、时钟线和数据线,三线串口模式的时序模仿 SPI 通信协议,时钟周期为 $300\mu s\sim 1ms$。经过三线串口能够完成语音芯片的命令控制和语音播放。WT588D 的引脚功能如表 10-5 所示。

表 10-5　WT588D 引脚功能表

引　脚	符　号	功　能	引　脚	符　号	功　能
1	P13	Flash 数据输出	11	P17	忙信号
2	P14	Flash 数据输入	12	CVDD	电源调准
3	P15	Flash 片选	13	OSCI	RC 振荡输入
4	P16	Flash 时钟	14	RESET	复位
5	VDD_SIM	串口电源	15	VSS	接地
6	P00	按键	16	PWM+/DAC	PWM+/DAC 音频输出
7	P01	三线数据输入	17	VDD_SPK	音频电源
8	P02	三线片选	18	PWM-	PWM-音频输出
9	P03	三线时钟	19	VSS_SPK	音频地
10	VDD	电源	20	NC	空

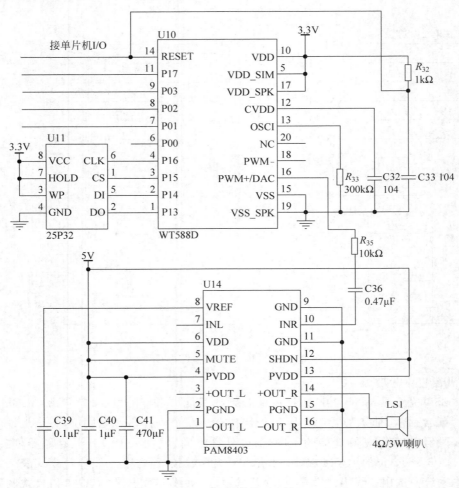

图 10-22　语音提示电路

2）Flash 存储电路

WT588D 内部没有集成存储器，所以需要外扩一个 Flash 用来存放语音。本系统采用容量为 32 兆字节的 25P32 串行 Flash 存储器，使用 SPI 串行总线通信，最大时钟能达到 75MHz，可重复擦写 100 000 次，数据保存长达 20 年。25P32 的引脚功能如表 10-6 所示。

表 10-6　25P32 引脚功能表

引　脚	符　号	功　能	引　脚	符　号	功　能
1	CS	片选	5	DI	数据输入
2	DO	数据输出	6	CLK	串行时钟
3	WP	写保护	7	HOLD	控制信号
4	GND	接地	8	VCC	电源

在 CS 片选上给高电平时，则芯片未被选中，这时数据口呈高阻态；在进行操作前，必须给片选低电平来使能芯片。控制信号 HOLD 用于终止器件与外部的通信，在控制信号有效，即低电平时，输出端口 DO 为高阻态，输入端口 DI、时钟信号 CLK 不用考虑。WP 是写保护引脚，当 WP 引脚输入低电平时，将不允许对芯片的写入和擦除。

3）功放电路

WT588D 的 PWM 输出能直接驱动 8Ω/0.5W 的小喇叭，但是音量较小、音质较差，所以该方案利用 WT588D 的 DAC 输出，外接一个小功率的数字功放后，驱动一个 4Ω/3W 的喇叭，在音量和音质上都得到了比较好的效果。该方案选用的 PAM8403 数字功放在 4Ω 负载和 5V 电源条件下，能以高于 85% 的效率提供 3W 的功率。PAM8403 的引脚功能如表 10-7 所示。

表 10-7　PAM8403 引脚功能表

引　　脚	符　　号	功　　能	引　　脚	符　　号	功　　能
1	−OUT_L	左通道反向输出	9	GND	模拟地
2	PGND	功率低	10	INR	右通道输入
3	+OUT_L	左通道同向输出	11	GND	模拟地
4	PVDD	功率电源	12	SHDN	关断控制
5	MUTE	静音控制	13	PVDD	功率电源
6	VDD	模拟电源	14	+OUT_R	右通道同向输出
7	INL	左通道输入	15	PGND	功率地
8	VREF	模拟基准源	16	−OUT_R	右通道反向输出

PAM8403 能驱动左右两个通道的喇叭，在这里只用到了右通道。音频信号由 W588D 的 DAC 引脚输出后，经过阻容耦合到 PAM8403 的右通道输入端 INR 上，经过 PAM8403 进行功率放大后驱动喇叭进行语音播放。

2．电源电路的设计

本系统设计单独的电源电路，能输出 24V、12V、5V、3.3V 直流电压，以供应系统各部分的不同需求。

1）24V 输出电路的设计

系统选用 220V 交流电提供电源，由降压变压器降至 24V 后，通过整流桥整流，再经过电容滤波电路后，输入至 LM2679 开关电源稳压芯片，24V 稳定的直流电压就输出了。变压器采用 220V/28V 容量 100W 的降压变压器，整流桥模块选用最大平均整流电流 6A、最大反向峰值电压 100V 的 KBJ6B 整流桥。为了消除电网波动对电机转速带来的影响，整流滤波后的电压再输入值 LM2679 进行稳压，以确保系统的稳定。24V 输出电路如图 10-23 所示。

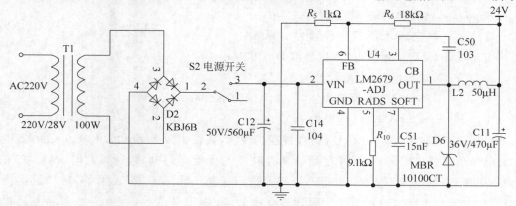

图 10-23　24V 输出电路

LM2679 是一款高度集成的降压型开关电源芯片,可以输出 5A 的负载电流,而且拥有良好的线性和负载调理特征。LM2679 里面含有频率补偿及固定频率产生环节,开关速度为 260kHz,同低频开关调节器进行对比,能够使用更小规格的滤波器件。LM2679 的引脚功能如表 10-8 所示。

表 10-8　LM2679 引脚功能表

引　脚	符　号	功　能
1	OUT	内部功率 MOSFET 开关输出
2	VIN	电源电压
3	CB	内部 MOSFET 栅极升压驱动电容连接端
4	GND	接地
5	RADS	电流采样电阻连接端
6	FB	输出电压反馈端
7	SOFT	软启动电容连接端

该方案采用的是输出可调的 LM2679-ADJ,其输入电压范围为 8~40V,输出电流能达到 5A。回馈引脚 6 的电压经典值为 $V_{REF}=1.21V$,输出电压的计算公式为 $V_{OUT}=V_{REF}\left(1+\dfrac{R_6}{R_5}\right)$,$R_5$ 选用标称值为 1kΩ、精度为 1% 的电阻,为了输出 24V 电压,反馈电阻 R_6 的阻值计算为 18.8kΩ,取标称值为 18kΩ、精度为 1% 的电阻。引脚 3 必须连接一个电容 C_{50} 至引脚 1,当 LM2679 内部的 MOSFET 完全开启时,用来自举 MOSFET 的栅极电压,其典型值为 10nF。LM2679 的过流保护是依靠电阻 R_{10} 对电流进行采样完成的,可以通过设定不同的电阻值来调整输出电流的最大值,采样电阻 R_{ads} 与最大输出电流 I_{lim} 的关系为 $I_{lim}=37\,125/R_{ads}$,这里 R_{10} 的取值为 9.1kΩ,所以最大输出电流为 4A。C_{51} 是软启动电容,通过 LM2679 内部的恒流源对其进行充电,当其两端电压达到启动阈值电压时,LM2679 完成启动,所以改变其容值可以改变 LM2679 在上电启动时的速率。软启动电容 C_{51} 的计算公式为

$$C_{51}=\frac{I_{SST}\times T_{SS}}{V_{SST}+2.6\times V_{OUT}+\dfrac{V_{SKY}}{V_{IN}}}=14.8nF$$

其中：I_{SST}——软启动电流,典型值为 3.7μA;

　　　T_{SS}——软启动时间,这里设计为 10ms;

　　　V_{SST}——软启动阈值电压,典型值为 0.63V;

　　　V_{OUT}——输出电压,这里设计为 24V;

　　　V_{SKY}——肖特基二极管导通压降,典型值为 0.5V;

　　　V_{IN}——最大输入电压,这里为 34V。

所以 C_{51} 的取值为 15nF。D_6 为肖特基二极管,其作用为当 LM2679 内部关断时,电感 L_2 放电为负载提供电流,电流经过地线从肖特基二极管回到电感,所以此时 LM2679 的 1 脚为负电压,但其电压不能低于 −1V,所以要选用导通压降低于 1V 的肖特基二极管,流过二极管的电流与 LM2679 的开关 PWM 占空比 D 有关,其值为 $(1-D)I_{load}$,肖特基二极管

承受的最大反向电压为 1.3 倍的最大输入电压,其值为 44V。按照前面的分析,这里采用 MBR10100CT 肖特基二极管,其最大平均电流为 10A,最大反向峰值电压为 100V。由于 LM2679 内部为 Buck 降压变换器,所以电感 L_2 的计算公式为

$$L_2 = \frac{V_o\left(1 - \dfrac{V_o}{V_{in\_max}}\right)}{0.2 \times I_n \times f} = 45.23\mu H$$

其中:V_o——输出电压,为 24V;

　　　V_{in_max}——最大输入电压,为 34V;

　　　I_n——输出额定电压,取 3A;

　　　f——LM2679 开关频率,为 260kHz。

所以取 $L_2 = 50\mu H$。

5V 和 3.3V 输出电路如图 10-24 所示。

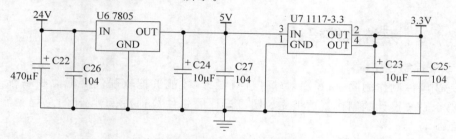

图 10-24　5V 和 3.3V 输出电路

24V 电压经过电容滤波后输入到 7805 稳压片输入端,在 7805 输出端就得到比较稳定的 5V 电压。5V 电压经过滤波后输入 ASM1117-3.3 输入端,输出 3.3V 电压。

7805 是正电压输出 78 系列中的一员,其最大输出电流能达到 1.5A,峰值电流达到 2.2A,输出电压为 5V,输入电压范围为 7.5~35V。因为芯片中含有电流限制单元、过温保护单元,所以基本不会损坏。

AMS1117-3.3 是一个应用非常广泛的低压差线性降压芯片,最大的电压输入为 12V,最大输出电流为 1A,输出电压为 3.3V,输出电压精度达到 2%。AMS1117 还含有过温和过流保护电路,使得电源系统的稳定性大大提高。

2)检测板电源电路设计

该方案的摆杆角度是使用独立的检测板进行检测,所以需要设计独立的电源电路。由于检测板需要捆绑在旋臂上,要求体积小重量轻,因此选用 3.7V 锂电池为检测板供电,为了方便锂电池充电,还加了一个 MicroUSB 接口,可以使用手机充电器方便地进行充电。检测板的单片机、无线模块和传感器都由 3.3V 供电,所以需要将 3.7V 稳压到 3.3V。该方案选用的稳压芯片 XC6206 是一款高精度、超低压差、大电流的集成稳压芯片,内部包含限流电路、功率晶体管、精密基准电压源等电路单元。其最大输入电压为 6V,最大输出电流为 250mA,在输出 3V100mA 时,其降压可低至 250mV,XC6206 引脚功能如表 10-9 所示,检测板电源电路如图 10-25 所示。

表 10-9　XC6206 引脚功能图

引　　脚	符　　号	功　　能
1	VSS	地
2	VOUT	输出
3	VIN	输入

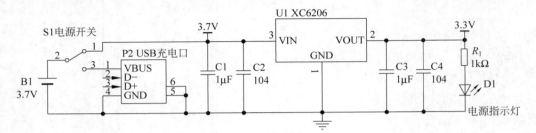

图 10-25　检测板电源电路

10.4.6　系统软件设计

1. 系统控制程序设计

在完成硬件制作的同时,还要对软件进行设计,才能够把软硬件更好地联系在一起,从而完成整个系统设计的制作。这里先说明该设计的软件流程,系统设计的总程序流程图如图 10-26 所示。

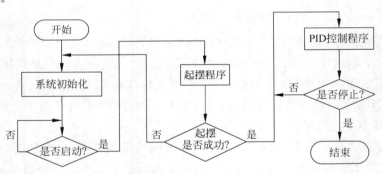

图 10-26　总程序流程图

设计主程序如下:

```
int main(void)
{
    SystemInit();                    //系统时钟初始化
    Delay_Init(72);                  //延时初始化
    USART3_Config(115200);           //串口初始化
    EXTI_Config();                   //外部中断初始化
    TIM1_EncoderConfig();            //定时器编码器模式初始化
    Motor_Init();                    //电机初始化
    PID_Init(0,0,0,0);               //PID 初始化
    NRF24L01_IOConfig();             //2.4g 无线模块初始化
    while(NRF24L01_Check());         //2.4g 无线模块自检
    NRF24L01_SetRxMode();            //设置 2.4g 无线模块为接收模式
    Delay_ms(500);                   //延时 500ms,等待器件上电
```

```
    TIM3_BaseConfig();                                          //定时器定时 1μs 初始化
    NVIC_Config(NVIC_PriorityGroup_2, TIM3_IRQn, 0, 0);
    NVIC_Config(NVIC_PriorityGroup_2, EXTI15_10_IRQn, 2, 0);
    Sys_Launch();
    while(1)
    {
        if((pulse_cnt > 4800) || (pulse_cnt < -4800))            //旋转失控
        {
            Motor_Run(0);
            motor_state = 1;                                     //电机旋转失控
            LED_OFF(GPIOA, P10, 0);                              //失控指示
            LED_ON(GPIOA, P11, 0);
        }
        if(start_flag == 0)
        {
        if(ang_adc_val > 2100 || ang_adc_val < 1400)             //超出范围
            {
                angle_state = 1;
                Motor_Run(0);
                LED_OFF(GPIOA, P10, 0);
                LED_ON(GPIOA, P11, 0);
            }
        }
        uart_ang = (s16)(PID.PrerError * 0.08789);
        uart_pos = (s16)(pulse_cnt * 0.15);
        USART_TxForHunter(USART3, uart_ang, uart_pos);
        Delay_ms(10);
    }
}
```

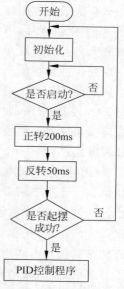

图 10-27　起摆程序流程图

设备上电后,首先进行初始化,继而等候启动按键的按下,启动按键按下后进入起摆环节,使摆杆从自然下垂状态控制到竖直倒立状态。如果启动失败,则重新回到初始化程序并等待下一次的启动命令;如果启动成功,则执行 PID 控制程序,直至收到停止命令。

2. 起摆程序设计

系统的起摆原理很简单,主要是利用惯性将摆杆甩起。启摆程序流程如图 10-27 所示。先让电机以 50％占空比的 PWM 正转 200ms,让旋臂和摆杆产生一个正方向的动能;然后再让电机快速停止,为了使电机尽快停止,这里让电机以最快的速度反转 50ms,达到快速制动的效果。因为旋臂是衔接在电机轴上的,于是旋臂也快速地停下来,而摆杆通过角度传感器连接在旋臂末端,它能绕传感器轴自由转动,所以摆杆会由于之前的动能以传感器轴为轴线做圆周运动,达到倒立状态。只要达到倒立状态,就能通过 PID 算法控制摆杆保持倒立。

起摆子程序如下:

```
void Sys_Launch(void)         //起摆函数
{
    if(start_en == 1)         //判断启动标志
```

```
    {
    start_en = 0;                  //清除启动标志
    Motor_Run(50);                 //以 50％占空比正转
    Delay_ms(200);                 //延时 200ms
    Motor_Run( -100);              //以 100％占空比反转
    Delay_ms(50);                  //延时 50ms
    Motor_Run(0);                  //停止
    LED_ON(GPIOA, P10, 0);         //启动指示灯亮
    LED_OFF(GPIOA, P11, 0);
    }
}
```

3. PID 控制程序设计

起摆程序只是让摆杆从自然下垂状态转换到竖直倒立状态，并不能让摆杆保持倒立，所以需要设计 PID 控制程序使摆杆保持倒立不倒。PID 控制程序流程图如图 10-28 所示。

系统起摆成功后，通过定时器产生 1ms 的定时中断，在中断里调用 PID 控制程序，从而产生固定的 PID 控制周期。本系统采用双闭环 PID 控制，以旋臂角度 θ_1 和摆杆角度 θ_2 作为反馈信号，不仅对系统的摆杆角度进行控制，而且对旋臂角度也进行了闭环控制。进入 PID 控制程序后，先读取摆杆的角度值 θ_2，再计算摆杆角度的偏移量，通过偏移量判断摆杆是否在可控范围内，如果不在可控范围内，则退出 PID 控制程序；如果在可控范围内，则读取旋臂角度，计算旋臂角度的偏移量。再对摆杆角度偏移量和旋臂角度偏移量分别进行 PD 计算，再将两者的计算值叠加转化成 PWM 占空比输出至电机驱动电路，驱动直流电机使摆杆保持倒立。这里之所以选择 PD 控制，而不是 PID 或 PI 控制，是由于倒立摆体系包含较大的惯性和滞后环节，其拥有抑制误差的作用，使变化总是落后于误差的变化。解决办

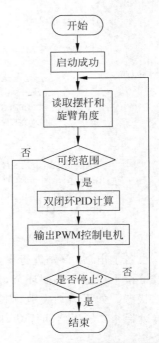

图 10-28　PID 控制程序流程图

法是使抑制误差的作用变化"超前"，即在误差接近零时，抑制误差的作用就应该是零。所以对于倒立摆系统，比例＋微分（PD）控制器能改善系统在调节过程中的动态特性。经过反复试凑整定后，摆杆角度闭环的 PID 参数为 $KP_1=0.4, KI_1=0, KD_1=1.92$；旋臂闭环的 PID 参数为 $KP_2=0.05, KI_2=0, KD_2=16.25$。PID 控制程序如下：

```
void PID_Control(void)
{
    static u16 trans_cnt = 0;
    static u16 pid_cnt = 0;
    NRF24L01_RxPacket(adc_ang_val);                            //读取角度 AD 值
    ang_adc_val = adc_ang_val[0] | ((u16)adc_ang_val[1]<< 8);
    PID.PrerError = ang_adc_val - PID.SetPoint;                //计算 PID 偏差
    if((start_flag== 1&&PID.PrerError> -10&&PID.PrerError<10))
    {                                                          //判断是否启动成功
        start_flag = 0;                                        //清除启动标志
        trans_flag = 1;                                        //进入过渡状态
```

```
    }
    pulse_cnt *= 0.99;                                    //计算编码器脉冲
    if(TIM1->CNT > 32767)                                 //定时器下溢
        pulse_cnt += (TIM1->CNT - 65536) * 0.01;          //脉冲数减小
    else                                                  //定时器无溢出
        pulse_cnt += TIM1->CNT * 0.01;                    //脉冲数增加
    if(trans_flag == 1)                                   //过渡控制参数
    {
        PID.P_ANG = 1;
        PID.D_ANG = 100;
        PID.D_ENCOD = 0;
        PID.P_ENCOD = 0;
        trans_cnt++;
        if(trans_cnt > 500)                               //进入双PID状态
        {
            trans_flag = 0;
            trans_cnt = 0;
            run_mode = 0;
            pulse_cnt = 0;
            pulse_cnt_old = 0;
        }
    }
    if(start_flag == 0&&trans_flag == 0&&run_mode == 0&& uart_en == 0)
    {
        PID.P_ANG = 0.4;
        PID.D_ANG = 1.92;
        PID.P_ENCOD = 0.05;
        PID.D_ENCOD = 16.25;
        pid_cnt++;
        if(pid_cnt == 1000)uart_en = 1;
    }
    pid_angle = PID.P_ANG * PID.PrerError;                //摆杆PID计算
    pid_angle += PID.D_ANG * (PID.PrerError - PID.LastError);  //比例+微分
    angle_speed *= 0.97;
    angle_speed += (PID.PrerError - PID.LastError) * 0.03;
    PID.LastError = PID.PrerError;
    pid_encod = - PID.P_ENCOD * pulse_cnt;                //旋臂PID计算
    pulse_cnt_err = (pulse_cnt - pulse_cnt_old);
    pid_encod -= PID.D_ENCOD * pulse_cnt_err;
    pulse_cnt_old = pulse_cnt;
    pid_angle += pid_encod;
    if(pid_angle < 0)pid_angle -= 5;                      //加电机PWM死区
    if(pid_angle > 0)pid_angle += 5;
    if(start_flag == 0)Motor_Run(- pid_angle);
    if(motor_state == 1)Motor_Run(0);
}
```

4. 电机驱动程序设计

本制作选用 PWM 调速对电机进行调速,通过软件控制单片机的定时器输出 PWM 波形。使用 PWM 系统进行调速,最重要的是占空比的控制,在电机供电电压恒定的时候,电枢两端的电压均值是由占空比决定的,只要改变占空比,就可以改变电枢电压,这样就达到了调试的目的。调节占空比 D 的值有 3 种方法:①定宽调频法:保持 t_1 不变,只改变 t_2,这样使 PWM 周期(或频率)也随之改变;②调宽调频法:保持 t_2 不变,只改变 t_1,这样使 PWM 周期(或频率)也随之改变;③定频调宽法:保持 PWM 周期 T(或频率)不变,同时改

变 t_1 和 t_2。前两种方法在调速时,改变了控制脉冲的周期(或频率),当控制脉冲的频率与系统的固有频率接近时,将会引起振荡,因此采用定频调宽法来改变占空比,从而改变直流电动机电枢两端电压。PWM 调速方波与平均电压的关系如图 10-29 所示。

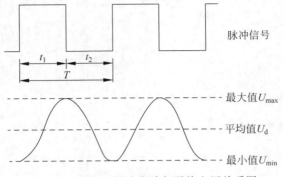

图 10-29　PWM 调速方波与平均电压关系图

把 PID 控制程序计算出的数值,设置为单片机定时器的 CCR 值,当定时器的计数值小于 CCR 值时,单片机 PWM 输出口输出高电平;当定时器计数值大于 CCR 值而小于定时器设定的溢出值 ARR 时,单片机 PWM 输出口输出低电平;当定时器计数值达到溢出值 ARR 时,定时器进行溢出更新,达到下一个 PWM 周期,重新输出高电平。电机驱动子程序如下:

```
void Motor_Run(s16 speed)           //电机驱动函数,参数为 PWM 占空比
{
    if(speed > 100)                 //如果占空比大于 100
        speed = 100;                //占空比等于 100
    if(speed < - 100)               //如果占空比小于 - 100
        speed = - 100;              //占空比等于 - 100
    if(speed >= 0)                  //如果占空比大于 0
    {
        TIM2 -> CCR2 = 0;
        __NOP;                      //短延时
        TIM2 -> CCR1 = speed;       //输出新占空比
    }
    else                            //如果占空比小于 0
    {
        TIM2 -> CCR1 = 0;
        __NOP;                      //短延时
        TIM2 -> CCR2 = - speed;     //输出新占空比
    }
}
```

5. 上位机通信程序设计

在系统运行过程中,控制器会不断地把摆杆偏离竖直的角度和旋臂旋转的角度,通过串口传送至 PC 上位机,在上位机上的串口助手软件中通过曲线波形直观地显示出来,从而方便系统控制参数的整定。串口通信配置参数如表 10-10 所示。

表 10-10　串口通信配置参数表

波特率	数据位	停止位	校验位	通信模式
115200	8	1	无	全双工

发送数据之前,先判断串口是否忙碌,若串口总线忙碌,则等待总线空闲;总线空闲后,

开始发送设定的数据帧头 0XA5,上位机通过帧头 0XA5 识别这是新的一次数据传输;帧头发送完毕后,开始发送摆杆角度,由于摆杆角度是用 16 位的数据变量存储的,而串口的数据位为 8 位,所以先发送摆杆角度的高 8 位,再发送低 8 位;发完摆杆角度后,同理发送旋臂角度值;最后发送数据帧尾 0XAA;上位机自动将帧头和帧尾之间的数据取出用于波形显示。上位机串口助手软件数据显示界面如图 10-30 所示,波形显示界面如图 10-31 所示。

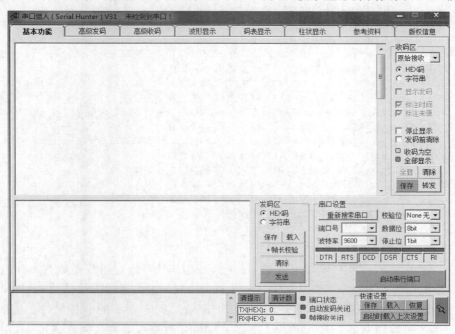

图 10-30　上位机串口助手软件数据显示界面

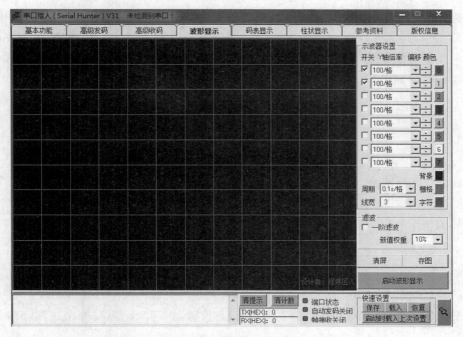

图 10-31　上位机串口助手软件波形显示界面

串口通信程序如下：

```
void USART_TxForHunter(USART_TypeDef * USARTx, s16 data, s16 data1)
{
    u8 temp_h, temp_l;
    u8 temp1_h, temp1_l;
    temp_h = (u8)(data >> 8);
    temp_l = (u8)(data & 0x00ff);
    temp1_h = (u8)(data1 >> 8);
    temp1_l = (u8)(data1 & 0x00ff);
    while(USART_GetFlagStatus(USARTx, USART_FLAG_TXE) == RESET);
    USART_SendData(USARTx, FH);         //发帧头
    while(USART_GetFlagStatus(USARTx, USART_FLAG_TXE) == RESET);
    USART_SendData(USARTx, temp_h);     //发参数1高8位
    while(USART_GetFlagStatus(USARTx, USART_FLAG_TXE) == RESET);
    USART_SendData(USARTx, temp_l);     //发参数1低8位
    while(USART_GetFlagStatus(USARTx, USART_FLAG_TXE) == RESET);
    USART_SendData(USARTx, temp1_h);    //发参数2高8位
    while(USART_GetFlagStatus(USARTx, USART_FLAG_TXE) == RESET);
    USART_SendData(USARTx, temp1_l);    //发参数2低8位
    while(USART_GetFlagStatus(USARTx, USART_FLAG_TXE) == RESET);
    USART_SendData(USARTx, EF);         //发帧尾
}
```

6. 无线通信程序设计

该方案使用的基于 NRF24L01 的 2.4G 无线通信模块是通过 SPI 总线与单片机进行通信的。单片机作为 SPI 主机，NRF24L01 作为 SPI 从机。主机通过先拉低片选 CSN 来选中从机，使从机处于正常工作状态，然后时钟线 SCK 输出固定频率的时钟脉冲，这里设定为 9MHz，在每个时钟周期的上升沿把 SPI 总线上 MOSI 数据线上的数据发送出去，在时钟周期的下降沿进行数据更新，每个数据都是高位在前低位在后。

读操作时，主机先提供 8 个时钟脉冲，同时在 MOSI 数据线上发送 1 字节的读指令，指令包括读操作码和目标地址，读指令发送后，再额外提供 8 个时钟脉冲，用来在 MISO 数据线上读取 1 字节的 8 位从机数据，读完最后 1 位数据再把片选 CSN 拉高来完成读操作，SPI 通信读操作时序如图 10-32 所示。

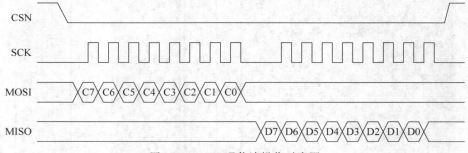

图 10-32　SPI 通信读操作时序图

写操作时，主机先提供 8 个时钟脉冲，同时在 MOSI 数据线上发送 1 字节的写操作指令，包括写操作码和目标地址，写指令发送后，再提供 8 个时钟脉冲，同时在 MOSI 数据线上发送要写入的数据，写完最后 1 位数据后，将片选 CSN 拉高来结束写操作过程，SPI 通信写

操作时序如图 10-33 所示。

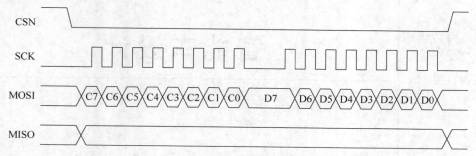

图 10-33　SPI 通信写操作时序图

SPI 的读写程序如下：

```
u8 NRF24L01_SPIReadWriteByte(u8 data)
{
    u8 retry = 0;
    while (SPI_I2S_GetFlagStatus(NRF_SPI, SPI_I2S_FLAG_TXE) == RESET)
    {
        retry++;
        if(retry > 200)return 0;
    }
    SPI_I2S_SendData(NRF_SPI, data);
    retry = 0;
    while(SPI_I2S_GetFlagStatus(NRF_SPI,SPI_I2S_FLAG_RXNE) == RESET)
    {
        retry++;
        if(retry > 200)return 0;
    }
    return SPI_I2S_ReceiveData(NRF_SPI);
}
```

10.5　本章小结

本章对一阶环形倒立摆系统的典型控制方法进行了研究,实际设计和制作了基于单片机的环形倒立摆控制系统。

首先在理论上对一阶环形倒立摆进行了力学分析和数学模型的建立,然后确定了系统的控制方案,设计了倒立摆装置的机械结构和硬件原理图,在完成了对硬件各部分的设计后,还对软件进行了编写和调试,对 PID 控制器的参数进行了整定。对于第一次接触 PID 的读者要认真学习,PID 控制系统属于比较经典的控制方法之一,后面很多地方会用到。

10.6　习题

(1) 控制电机的选择方法和依据是什么?

(2) 采用无线模块调试倒立摆比较方便,说明其工作的基本原理。

(3) PID 参数设定的依据和方法是什么?

第 11 章

智能车设计

11.1　本章导读

本章的智能车控制采用 Cortex-M3 内核作为主控制器,实现小车对陌生路径的寻迹和判断,最终通过路径最优算法实现用最短时间通过迷宫到达预定终点的目的。

通过光电开关检测道路环境,对地面环境进行读取信息,从而对小车的位置进行判断,采用 PID 控制对小车进行控制,完成 PID 寻迹。小车通过收集迷宫路径的数据,对迷宫信息进行记录、判断,从而找出起点到终点的最近距离,实现以最快的速度、最短的路径到达终点。

11.2　设计要求

设计一款小车,通过功能切换实现对非特定迷宫的自动路径收集,完成路径的最优设计。硬件设计主要包含以下几部分。

(1) 选择合适的 STM 32 单片机,完成最小系统电路设计。

(2) 电源电路设计,给 STM 32 系统和电机供电,供电范围为 3.3～9V。

(3) 显示电路设计,用于人机交互,显示小车运行状态或者传感器采集数据。

(4) 采集电路设计,用于巡线。

(5) 无线遥控电路设计,遥控距离不少于 10m。

(6) 电机驱动电路设计。

软件设计部分,主要利用 PID 算法实现小车的快速运动,利用迷宫算法实现寻迹功能。

11.3　设计分析

硬件系统的设计电路主要分为电源电路、OLED 显示电路、红外传感器环境采集电路、Cortex-M3 内核处理器最小系统电路、红外遥控电路、电机驱动电路,系统框图如图 11-1 所示。

(1) 电源电路:为硬件系统提供一个完整的供电系统网络,其中包含了开关电源与线性电源两部分。

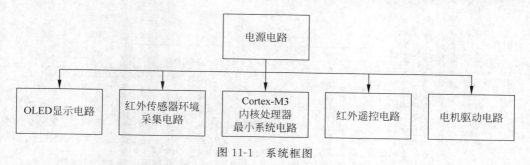

图 11-1 系统框图

（2）OLED 显示电路：在调试的过程中，方便智能车将路面信息及时传递给调试者而设计的显示电路。

（3）红外传感器环境采集电路：通过传感器将环境变量转换为电参数，在后续单片机对环境的辨别起到关键性的作用。

（4）Cortex-M3 内核处理器最小系统电路：是整个系统的核心部分，能对环境数据进行相应的处理，对现在所处的环境进行相应的动作，是系统的重要组成部分。

（5）红外遥控电路：通过遥控器，实现操作者与智能车之间进行相应的命令传递而设定的装置。

（6）电机驱动电路：局限于 Cortex-M3 内核的处理器的驱动能力，处理器只能通过中间媒介来驱动电机，这种媒介也就是电机驱动。

11.4 设计步骤

11.4.1 最小系统电路设计

STM32 系列最小系统电路如图 11-2 所示。

1. 时钟电路

STM32 可以通过内部的 RC 振荡器产生振荡时钟，也可外接晶振电路。该方案采用外部时钟方式，如图 11-3 所示。

在 OSC_IN、OSC_OUT 引脚上外接晶体振荡器，即用外接晶体振荡器和电容组成并联谐振回路。振荡频率可在 1.2～8MHz 选择。电容值无严格要求，但电容取值对振荡频率输出的稳定性、大小及振荡电路的起振速度等有少许影响。C3、C7 电容值可在 10～100pF 取值，并且在 10～30pF 时振荡器有较高的频率稳定性。

2. 复位电路

STM32 的复位电路如图 11-4 所示。STM32 的复位端可以直接接一个 10kΩ 的上拉电阻即可，为了可靠，该方案加入一个 104F 的电容以消除干扰，当低电平持续的时间大于最小脉冲宽度的时间时，复位电路触发复位过程，即使此时并没有时钟信号在运行。当外加信号达到复位的门限电压时，延时周期启动，待到延时结束后 MCU 启动。C2 主要是去除杂波，R_1 起到上拉的作用是让复位电路在 KP1 没有动作时 NRST 能保持高电平，防止环境对复位引脚的干扰。

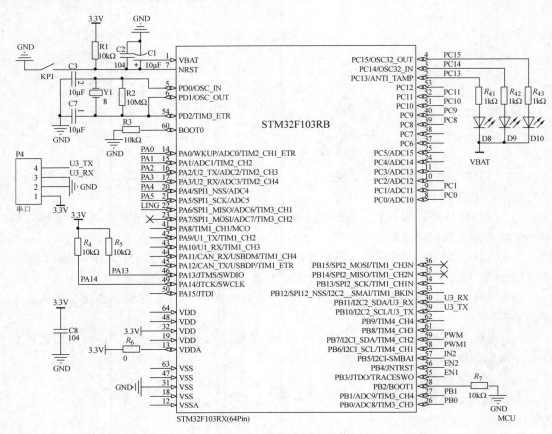

图 11-2　STM32 最小系统

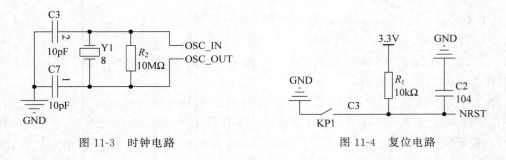

图 11-3　时钟电路　　　　　　　　　　图 11-4　复位电路

11.4.2　电源电路设计

1. 电源总体设计思路

图 11-5 为电源控制系统，主要分为线性电源和开关电源两部分。

1）线性电源

线性电源部分主要通过线性稳压芯片 AP8860 输出。将电压稳定后，分别给 MCU、指示灯、蜂鸣器、OLED 显示及其他数字芯片供电。

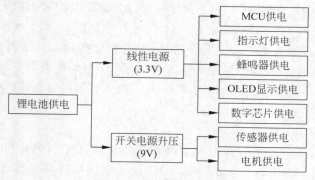

图 11-5　电源控制系统

2）开关电源

开关电源部分是通过开关电源芯片 MC34063 输出 9V 电压，主要为红外传感器和电机供电。

2. 线性电源

线性电源经过整流电路整流后，得到脉冲直流电，后经滤波得到带有微小波纹电压的直流电压，是一种转换电源的方式。

线性电源主回路的工作过程是输入电源先经预稳压电路进行初步交流稳压后，通过主工作变压器隔离整流变换成直流电源，再经过控制电路和单片微处理控制器的智能控制对线性调整元件进行精细调节，使之输出高精度的直流电压源。

为保证系统工作的稳定性，线性电源是必不可少的。该方案采用了线性稳压芯片 AP8860 将锂电池的 3.7V 直流电压稳压到 3.3V，从而对 MCU、指示灯、蜂鸣器、OLED 及电路中的数字芯片供电，如图 11-6 所示。

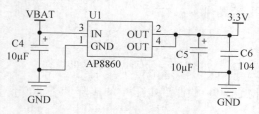

图 11-6　3.3V 线性稳压电路

AP8860 是一款低压差线性稳压电源，内部是由 1.25V 的参考源、误差放大器、P 沟道晶体管和过热保护电路组成。AP8860 最大的输出电流为 1A，输出电压误差为 2%。基于 AP8860 的低压差性能的优越性，该方案采用了该款稳压芯片。

工作过程：VBAT 经过稳压芯片 AP8860 的线性稳压，在输出端输出稳定的 3.3V 线性电压。C4 是为了让输入端能够持续提供一个稳定的输入，C5 和 C6 是输出端的滤波电容，C5 的作用是滤除低频杂波，C6 则是为了滤除高频杂波。

3. 开关电源

开关电源又称为交换式电源或开关变换器，是一种高频化电能转换装置，是将一个基准的电压，通过不同形式的架构转换为用户所需要的电压和电路的一种装置。

本次设计为了使电机能有一个较高的转速，同时又能使电流不会太大，从而选择了一个开关电源,将 3.7V 电压升到 9V。为了使设计合理,同时能保持车体较小的体积与较轻的重量,选择一款合适的开关电源集成芯片是非常必要的。

MC34063 是一款高性能的开关电源芯片,包含了直流到直流变换器的主要功能。同时,带有比较器电路、温度补偿的基准电压源、驱动器、带激励电流限制的占空比可控振荡器和大电流输出开关等。该芯片是专门为降压、升压和倒相应用所设计的一款集成芯片,应用时外围需要的元器件少,满足了设计要求。

1) MC34063 内部电路

如图 11-7 所示,振荡器通过恒流源对外接电容引脚(CT 引脚)上的电容进行充电、放电,产生振荡波形。振荡器的充电、放电都是恒定的,它的振荡频率只取决于外界电容的容值。当与门的 c 端在振荡器对外充电时为高电平,比较器的反相输入端电平低于阈值电平(1.25V)时为高电平。当比较器的反相输入端输入为低,c 端为高电平时,触发器置位,输出高电平,输出开关管导通。相反,当振荡器处于放电状态时,c 端输出为低电平,触发器复位,输出开关管关闭。

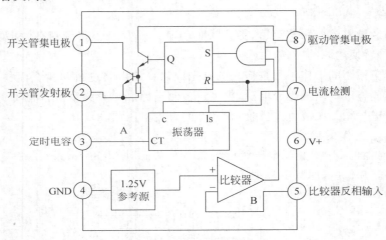

图 11-7　MC34063 内部电路

同时,当限制检测端 SI(5 脚)检测到电阻上的压降低于 300mV 时,MC34063 启动电流限制保护。

2) 开关电源输出电压的确定

开关电源的输出电压,通过 R_{31}、R_{32} 和 R_{40} 共同决定,如图 11-8 所示。V_{boost} 是通过式(11-1)计算出来的。

$$V_{boost} = \left(1 + \frac{R_{31}}{R_{32} + R_{40}}\right) \times 1.25V \tag{11-1}$$

11.4.3　电机驱动电路设计

1. H 桥驱动原理

H 桥,即全桥,一般用于逆变电路及电机的驱动。通过开关的开合,将直流电逆变为某个频率可变的交流电,用于驱动电机。

工作原理:H 桥是由 4 个开关(MOS、晶体管)组成,呈 H 状,如图 11-9 所示。当 K1 和

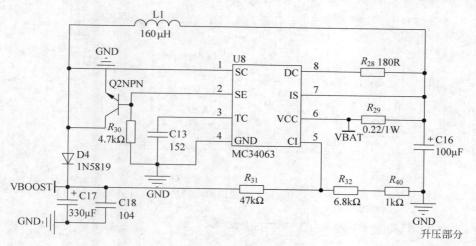

图 11-8　升压电路

K4 导通,电流通过 K1 到达电机的正向输入端(1 为正向输入端,2 为反向输入端),流过电机,再通过 K4 送回到地,形成一个闭合回路,电机假设此时为正转,如图 11-10 所示。当 K2 和 K3 导通,电流通过 K2 到达电机的反向输入端,流过电机,再通过 K3 送回到地,形成一个闭合回路,电机假设此时为反转,如图 11-11 所示。通过对各个开关的组合使用,形成两种电路,让电机能实现正转和反转。

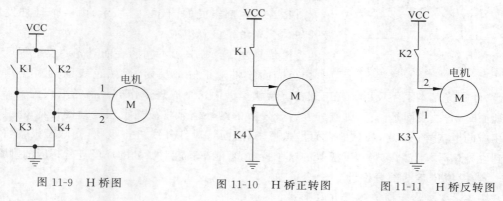

图 11-9　H 桥图　　　　　图 11-10　H 桥正转图　　　　　图 11-11　H 桥反转图

2. L293 驱动介绍

通过对 H 桥的介绍,我们基本上已经了解了 H 桥的工作原理。本次设计采用了 L293 电机驱动芯片对电机进行控制,其内部也利用了 H 桥的原理。

L293 的工作原理如图 11-12 所示,在 EN1 和 EN2 都使能的条件下,当 IN1 为高电平, IN2 为低电平时,电机 1 正转;当 IN1 为低电平,IN2 为高电平时,电机 1 反转。同理,相应的电机 2 的控制方法也相同。

电路图设计中放置 C14 和 C15 电容的作用:由于电机内部是线圈缠绕,具有很强的电感性,是一个非常强的干扰源,加入了两个小电容,主要是为了防止电机对芯片进行干扰,保证芯片的平稳运行。

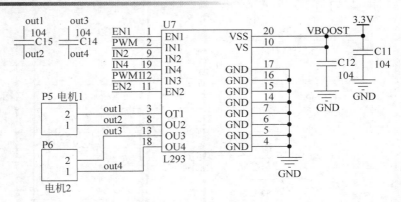

图 11-12   电机驱动电路图

11.4.4   环境检测传感器电路设计

1. 环境检测传感器介绍

传感器在智能产品中有着重要的作用,通过传感器,智能产品才能了解环境。本次设计,采用了 7 路光电式传感器辨别环境。其中在 7 路采集传感器中,有 5 路是采用模拟的形式,2 路采用数字形式对环境进行采集。

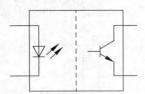

图 11-13   传感器内部结构图

经过几款传感器的对比,本次设计采用了 ITR8307 光电传感器。

ITR8307 内部组成如图 11-13 所示,由一个红外发射二极管与一个光敏三极管组成。

光电传感器工作原理:不同的表面对光的反射程度不相同,白色表面能将光很好地反射,而黑色表面则对光具有吸收性,使得光基本上不反射。光电式传感器就是借用这个原理工作的。当光电式传感器照射到地面时,若地表面是白色,则红外发射管发射的红外信号将被光敏三极管接收到,将其转换为相应的电信号;反之,如果地表面是黑色,则表面将对红外线进行吸收,光敏三极管将接收不到红外信号。借助于光敏三极管的这个特点,智能车就能对所处的环境进行相应的判断。

2. 模拟传感器部分设计

方案一:3 路模拟传感器并联形式。

方案二:5 路模拟传感器并联形式。

方案三:5 路模拟传感器串联形式。

在进行多次试验后,得到以下结论。

(1) 3 路模拟传感器并联形式与 5 路模拟传感器并联形式相比较,3 路模拟传感器的模拟数据变化过于陡峭,不够平滑,使得智能车在进行 PID 控制算法寻迹时不够平滑,速度过快时,容易发生偏离跑道的现象。相比之下,5 路模拟传感器的模拟数据变化比较平滑,基本能满足本次设计的要求,模拟数据对比表如图 11-14 所示。所以本次设计放弃了方案一。

(2) 5 路模拟传感器并联形式和 5 路模拟传感器串联形式相比较,并联模式每路之间的供电是分开供电的,电路中电流的损耗不一样,导致经过每个传感器的电流将存在差别,这种差别将影响 PID 数据处理的准确性,最终让智能车不能很平滑地行走。相反,采用 5 路传感器串联形式解决了这个问题。综上分析,最终采取了方案三。

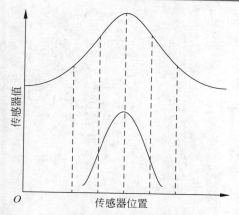

图 11-14 传感器位置与传感器值对应图

5 路传感器串联模式电路如图 11-15 所示，5 路传感器的红外发射管的供电是串联起来的。R_{13}、R_{15}、R_{17}、R_{18}、R_{20} 是 ITR8307 的限流电阻，同时与 ITR8307 中的光敏三极管形成分压电路，供 MCU 采集，R_8 是红外发射管的限流电阻，R_{50} 是为了将数字地与模拟地进行分离而放置的电阻。

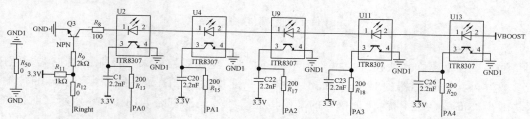

图 11-15 串联模拟传感器

3. 数字传感器部分设计

数字传感器是为了智能车在走迷宫时更准确地转 90° 而设定的电路。传感器依旧采用了 ITR8307，不同的是将 ITR8307 输出的模拟信号经过比较器比较，将模拟信号转换为数字信号，再提供给 MCU 进行采集。

数字传感器部分电路如图 11-16 所示。

传感器采集的模拟数据输入到 LM393 的反相输入端，与参考电压（参考电压是通过 R_{46} 与 R_{47} 分压得到的，可以通过调节电阻的阻值来调节参考电压）进行比较，当传感器模拟输出电压高于 COM 时，则比较器输出为低；当传感器模拟输出电压低于 COM 时，比较器输出为高。

11.4.5 人机交互电路设计

1. OLED 显示电路设计

OLED 即有机发光二极管，又称为有机电激光显示。相对于 LCD，OLED 具有自发光、厚度薄、视角广、反应速度快、对比度高、使用温度范围广、构造较简单等优点，是下一代新兴平面显示器。

OLED 显示电路如图 11-17 所示，通信采用的是 SPI 方式，C9 是为了滤除干扰，使得 OLED 显示更加稳定。

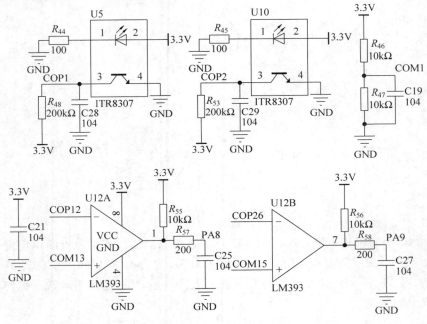

图 11-16　数字传感器电路

2. 红外遥控电路设计

红外遥控电路在本次设计中主要用于红外接收,红外遥控器采用商业的遥控器。经过对多款红外接收传感器的对比,HS38B 传感器只能接收 38kHz 的信号,对于信号的传输,这将减少外部信号的干扰,保证信号的准确传播。红外遥控电路如图 11-18 所示,C10 电容主要的功能是滤除干扰。

3. 蜂鸣器提示电路设计

蜂鸣器分为两种:一种是无源蜂鸣器;另一种是有源蜂鸣器。相比之下,有源蜂鸣器只能发出一种提示声音,多样性差,无源蜂鸣器则能通过不同的驱动频率发出不同的声音。所以在设计中采用无源蜂鸣器进行声音的提示。蜂鸣器提示电路如图 11-19 所示,控制方式如下:当 LING 为高电平时 Q1 截止,蜂鸣器不发声,当 LING 为低电平时,Q1 导通,蜂鸣器根据 LING 的 PWM 频率发出不同的声音。

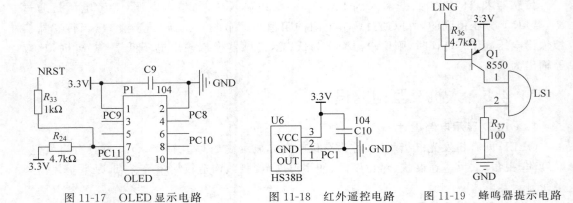

图 11-17　OLED 显示电路　　　　　图 11-18　红外遥控电路　　　图 11-19　蜂鸣器提示电路

11.4.6　总体软件设计

总体的软件设计主要分为3部分：道路基准采集模式软件设计、PID寻迹模式软件设计、迷宫模式软件设计和OLED显示软件设计。

1. 道路基准采集模式软件设计

在道路基准采集模式下，软件设计流程如图11-20所示。

道路基准采集模式，主要是对智能车所处环境的数据进行采集。启动该模式，小车解决了对环境的适应性，保证了小车能更好地适应不同的环境，具有一定的智能化。

道路基准采集，是通过智能车的5路传感器分别在黑线与白底之间经过，通过对其最大、最小模拟值进行记录，给出环境的最大、最小基准，实现智能车在不同环境下采集不同的基准，为小车的PID处理及走迷宫的稳定性打下坚实的基础。

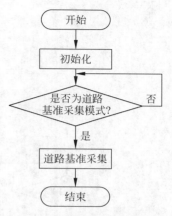

图11-20　道路基准采集模式
软件设计流程图

2. PID寻迹模式软件设计

PID寻迹模式软件设计流程图如图11-21所示。该模式下，系统首先进入的是对智能车行走圈数的设定，然后再根据设定的圈数，进行特定圈数的PID寻迹行走。设置圈数的目的在于让智能车不能无限制地行走，可以通过人为的设定，让智能车更好地实现智能化控制。

3. 迷宫模式软件设计

迷宫模式是在完成PID寻迹的基础上扩展的一个模式，迷宫模式下主要分两步进行：一是迷宫搜索；二是以最短路径到达终点。软件设计流程如图11-22所示。

进入迷宫模式后，根据左手法进行迷宫搜索，在搜索的过程中对路径记录，同时进行道路的最简化处理，最终到达终点。将智能车放回起点，启动开关，智能车开始根据最短路径提供的路线进行快速行进，到达终点。

4. OLED显示软件设计

OLED显示的通信模式分为两种：并接口模式和4线串行模式（SPI模式）。本次设计中采用了4线串行模式，该模式使用的信号线有如下几条。

（1）CS：OLED片选信号。

（2）RST(RES)：硬件复位OLED。

（3）DC：命令/数据标志（0：读写命令；1：读写数据）。

（4）SCLK：串行时钟线。

（5）SDIN：串行数据线。

在4线SPI模式下，每个数据长度均为8位，在SCLK的上升沿，数据从SDIN移入到SSD1306，并且是高位在前。DC线是命令/数据的标志线。在4线SPI模式下，具体的写操作时序如图11-23所示。

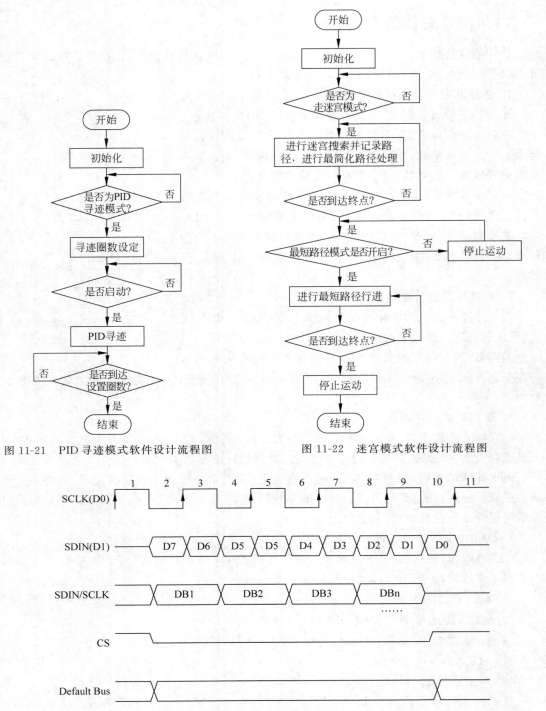

图 11-21　PID 寻迹模式软件设计流程图　　　　图 11-22　迷宫模式软件设计流程图

图 11-23　SSD1306 时序图

　　完成对 OLED 软件写时序的分析后，通过控制语言对 OLED 进行初始化，主要对 OLED 进行如图 11-24 所示的初始化处理。其中包括 OLED 的 I/O 端口的设置、设置时钟分频因子及振荡频率、设置驱动路数、设置显示偏移、设置显示开始行及行数、电荷泵设置、

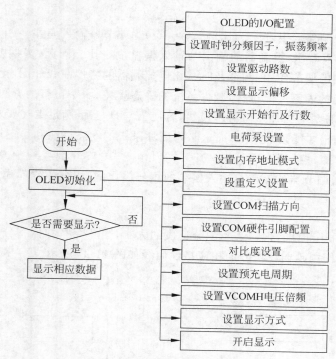

图 11-24　OLED 初始化流程图

设置内存地址模式、段重定义设置、设置 COM 扫描方向、设置 COM 硬件引脚配置、对比度设置、设置预充电周期、设置 VCOMH 电压倍频、设置显示方式、开启显示等。经过 OLED 初始化后，即可通过相应的显示程序对智能车的状态进行显示。

11.4.7　PID 控制软件设计

1. PID 介绍

PID 是比例、积分、微分的缩写，将偏差的比例（P）、积分（I）和微分（D）通过线性组合构成控制量，用这一控制量对被控对象进行控制，这样的控制器称为 PID 控制器，如图 11-25 所示。

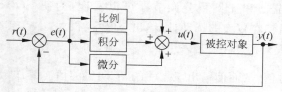

图 11-25　PID 控制方式

PID 控制器具有技术成熟、易于掌握、控制效果好等优点。

PID 控制器的类型有比例控制器、比例积分控制器、比例微分控制器、比例积分微分控制器。

2. 比例（P）控制器

比例控制器的微分方程为

$$y = K_p \times e(t) \tag{11-2}$$

式(11-2)中 y 为控制器输出，K_p 为比例系数，$e(t)$ 为调节器输入偏差。

由式(11-2)可以看出，控制器的输出与输入偏差成正比。因此，当偏差出现时，就能及时产生与之成比例的调节作用，调节及时。比例控制器的特性曲线如图 11-26 所示。

为了提高系统的静态性能指标，减少系统的静态误差，一个可行的办法是提高系统的稳态误差系数，即增加系统的开环增益。显然，若使 K_p 增大，可满足上述要求。然而，只有当 $K_p > \infty$，系统的输出才能跟踪输入，而这必将破坏系统的动态性能和稳定性。

3. 比例积分(PI)控制器

积分作用是指调节器的输出与输入偏差的积分成比例，积分的方程式为

$$y = \frac{1}{T_i} \int e(t) \, dt \tag{11-3}$$

式(11-3)中 T_i 是积分时间常数，表示积分速度的大小，当 T_i 越大时，积分时间长度越长，积分速度越慢，积分作用越弱。积分的相应特性曲线如图 11-27 所示。

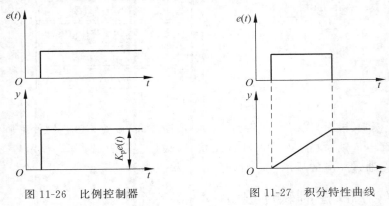

图 11-26　比例控制器　　　　图 11-27　积分特性曲线

若将比例和积分两种作用结合起来，就构成 PI 控制。该控制器的特性曲线如图 11-28 所示。PI 控制规律为

$$y = K_P \left[e(t) + \frac{1}{T_i} \int e(t) \, dt \right] \tag{11-4}$$

通过比较比例调节器和比例积分调节器可以发现，为使 $e(t) \to 0$，在比例调节器中 $K_p \to \infty$，这样若 $|e(t)|$ 存在较大的扰动，则输出 $y(t)$ 也很大，不仅会影响系统的动态性能，也使执行器频繁处于大幅振动中；若采用 PI 调节器，如果要求 $e(t) \to 0$，则控制器输出 y 由 $\frac{1}{T_i} \int e(t) \, dt$ 得到一个常值，从而使输出 $y(t)$ 稳定于期望的值。其次，从参数调节个数来看，比例调节器仅可调节一个参数 K_p，而 PI 调节器则允许调节参数 K_p 和 T_i，这样调节灵活，也较容易得到理想的动、静态性能指标。

4. 比例微分(PD)控制器

微分控制器的微分方程为

$$y = T_d \times \frac{de(t)}{dt} \tag{11-5}$$

微分作用特性曲线如图 11-29 所示。

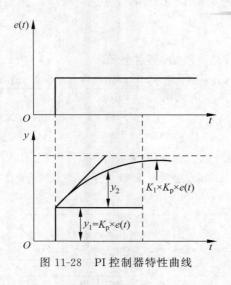

图 11-28　PI 控制器特性曲线

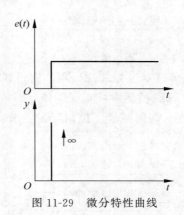

图 11-29　微分特性曲线

比例微分控制器的微分方程为

$$y = K_P \left[e(t) + T_D \frac{\mathrm{d}e(t)}{\mathrm{d}t} \right] \qquad (11\text{-}6)$$

这相当于一个超前校正装置,对系统响应速度的改善是有帮助的。但在实际的控制系统中,单纯采用 PD 控制的系统较少,其原因有两方面,一是纯微分环节在实际中无法实现,二是若采用 PD 控制器,则系统各环节中的任何扰动均将对系统的输出产生较大的波动,尤其对阶跃信号,因此也不利于系统动态性能的真正改善。

PD 控制器对阶跃信号响应的特性曲线如图 11-30 所示。

5. 比例积分微分(PID)控制器

为了进一步改善控制的质量,一般将比例、积分、微分 3 种作用组合起来,形成 PID 控制。理想中的 PID 微分方程为

$$y = K_P \left[e(t) + \frac{1}{T_i} \int e(t)\mathrm{d}t + T_d \left(\frac{\mathrm{d}e(t)}{\mathrm{d}t} \right) \right] \qquad (11\text{-}7)$$

式(11-7)中,y 为控制器输出;K_P 为比例常数;T_i 为积分常数;T_d 为微分常数。

PID 控制器对阶跃信号的响应特性曲线如图 11-31 所示。

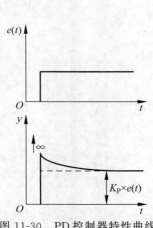

图 11-30　PD 控制器特性曲线

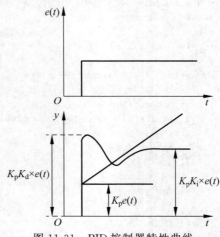

图 11-31　PID 控制器特性曲线

6. PID 寻迹

在进行 PID 算法寻迹之前，5 路传感器的值是离散的，通过公式

$$x = \frac{0 \times value1 + 1000 \times value2 + 2000 \times value3 + 3000 \times value4 + 4000 \times value5}{value1 + value2 + value3 + value4 + value5}$$

(11-8)

对 5 路传感器进行线性处理。通过线性处理将 5 路传感器的偏差整合为一个偏差，通过一次 PID 算法控制即可实现整体上对传感器的偏差进行控制的效果，降低了多次 PID 算法带来的繁杂，同时减轻了控制器的运算，降低了 MCU 的功耗。PID 寻迹算法思路如图 11-32 所示。

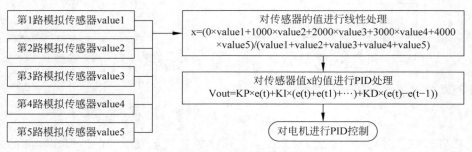

图 11-32　PID 寻迹算法思路

软件函数说明如下。

1) 传感器数值线性化函数

运用对每个传感器加权平均，权重为 1000，所以返回值为零，代表当前的黑线正对着传感器 1，计算如式(11-7)所示。

传感器线性处理软件代码如下：

```
u16 Last_Value(void)
{
    u8 i = 0;
    int x = 0;
    u32 avg = 0;
    u16 denominator,sum = 0;
    static u16 last_value = 0;
    filter();                           //获取 AD 值
    for(i = 0;i < 5;i++)
    {
        value[i] = GetVolt(After_filter[i]);
        denominator = ValueMax[i] - ValueMin[i];
        if(denominator != 0)
        x = (value[i] - ValueMin[i]) * (1000/denominator);
        if(x < 0)
            x = 0;
        if(x > 1000)
            x = 1000;
        value[i] = x;
    }
    for(i = 0;i < 5;i++)
    {
        avg += (u32)(value[i] * i * 1000);
```

```
                sum += value[i];
       }
       last_value = avg/sum;
       return last_value;
}
```

2) PID 算法函数

智能车通过传感器采集的数据,根据偏差,通过 PID 算法调节电机。

PID 算法软件代码如下:

```
void Follow_line(void)
{
       u16 counter = 0;
       int power_difference;
       static u16 Last_P = 0;
       long I = 0;
       int D = 0;
       int P = 0;
       counter = Last_Value();           //读取当前的传感器值
       ca = counter;
       / ****************************************************
       PID: Vout = KP * e(t) + KI * (e(t) + e(t1) + …) + KD * (e(t) − e(t − 1))
        ****************************************************** /
       P = ((int)(counter)) − 2000;
       D = (int)P − Last_P;
       I += (long)P;
       Last_P = P;
       power_difference = P * P_UP/10 + I/I_UP + D * D_UP;
       if(power_difference > max)
             power_difference = max;
         if(power_difference < − max)
              power_difference = − max;
           if(power_difference < 0)
       {
         Set_Motor(Forward, max + power_difference,max);
       }
           else
       {
         Set_Motor(Forward,max,max − power_difference);
       }
}
```

11.4.8　迷宫算法设计

1. 左手法

左手法又称摸墙算法,是一种进行迷宫搜索的初级算法。

若迷宫是简单的相互连接,迷宫搜索者从期待地点开始将用左手扶着墙面前行,总是能保证不会迷失方向,并且能在迷宫中找到存在的出口,这种方法在刚进入迷宫时开始执行,是一个很好的方法,效果最佳。左手法流程图如图 11-33 所示。

2. 迷宫搜索

图 11-34 为迷宫模拟图。

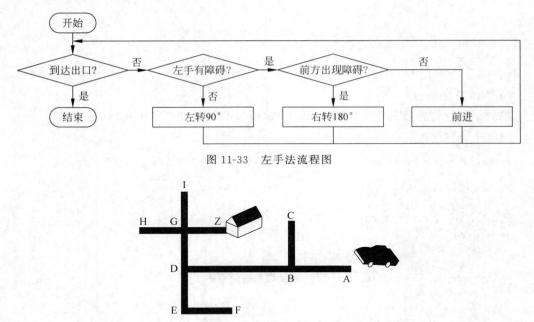

图 11-33　左手法流程图

图 11-34　迷宫模拟图

　　如图 11-34 所示智能车的起点在 A 点,终点在 Z 点,通过对该图的行车路径来说明左手定则。软件代码中,L 代表遇到左转的道路环境,R 代表遇到右转的道路环境,B 代表遇到死胡同的道路环境,S 代表不转向直行。智能车到达 B 点时不发生转向,直行通过 B 点到达 D 点,在 D 点进行左转,到达 E 点,左转到达 F 点,掉头直行,到达 E 点,E 点右转直行到达 D 点直行,到达 G 点,左转直行到达 H 点,掉头直行到达 G 点,左转直行到达 I 点,掉头直行到达 G 点左转直行,到达 Z 点,即终点。这样一个过程即通过左手法完成了对迷宫的搜索任务。智能车对道路的搜索过程中得到的道路情况是 SLLBRSLBLBL。

3. 迷宫最短路径算法

　　智能车的迷宫最短路径的算法主要是通过对道路分析,排除死胡同实现的。

　　软件代码如下:

```
void Simplify_path(void)
{
    signed int total_angle = 0;
      int i;
    //如果第 2 个到最后一个是'B',只需简化路径
      if(path_length < 3 || path[path_length - 2] != 'B')
          return;
      for(i = 1; i <= 3; i++)
      {
          switch(path[path_length - i])
          {
          case'R':
              total_angle += 90;
              break;
          case'L':
              total_angle += 270;
```

```
        break;
    case'B':
        total_angle += 180;
        break;
    }
}
//角度变化,把角度变换为 0°~360°的数值
total_angle = total_angle % 360;
//用一个角度替换所有的转弯
switch(total_angle)
{
case 0:
    path[path_length - 3] = 'S';
    break;
case 90:
    path[path_length - 3] = 'R';
    break;
case 180:
    path[path_length - 3] = 'B';
    break;
case 270:
    path[path_length - 3] = 'L';
    break;
}
//The path is now two steps shorter
path_length -= 2;
}
```

通过迷宫搜索得出的道路情况为 SLLBRSLBLBL,将道路情况代入迷宫最短路径算法得到最短路径的道路情况为 SRR,这就实现了路径的最简化处理。

11.4.9　设计测量方法与数据处理

1. 传感器分布

道路基准采集模式下光电传感器分布情况如图 11-35 所示,1、2、3、4、5 为模拟传感器的分布情况,6、7 为数字传感器分布情况。

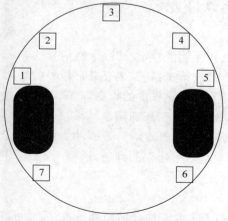

图 11-35　光电传感器分布

2. 五路模拟传感器数据测量

当智能车正对着传感器 3 时（如图 11-36 所示），有

$$value1 = 0 \tag{11-9}$$
$$value2 = 0 \tag{11-10}$$
$$value3 = 500 \tag{11-11}$$
$$value4 = 0 \tag{11-12}$$
$$value5 = 0 \tag{11-13}$$

将式(11-9)～式(11-13)代入式(11-8)，得

$$x = 0$$

当智能车的车头偏离轨迹的正中间时，如图 11-37 所示，假设黑色轨迹处于 2、3 传感器的正中间时，

$$value2 = 250 \tag{11-14}$$
$$value3 = 250 \tag{11-15}$$

其他值不变，代入式(11-8)，解得

$$x = 1500$$

同理，可得到当小车偏离黑色轨迹不同程度时的不同 x 值，这就实现了智能车对自己位置的判断。

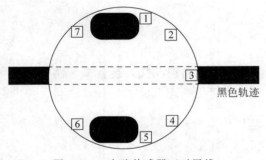

图 11-36　中路传感器正对黑线

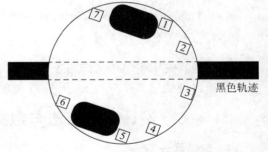

图 11-37　中路传感器偏离黑线

11.4.10　传感器软件滤波

1. 软件滤波处理介绍

用软件来识别有用信号和干扰信号，并滤除干扰信号的方法叫软件滤波。

干扰既有来自信号源本身或传感器的，也有来自外界的。为了进行准确的测量与控制，消除干扰是必不可少的。随着自动化程度的提高，越来越多的控制功能都是通过自动闭环调节来完成的，设备控制的效果取决于外部模拟量采集、控制算法等环节，在现场的环境中也存在电磁干扰、电源干扰，甚至传感器本身带来的影响，最终导致采集到的数据失真、波动，系统在错误的采集数据下进行了错误的判断，这将严重影响性能。所以软件滤波在嵌入式的数据采集和处理中有着重要的作用。

软件滤波的优点如下。

（1）运用软件实现滤波，不需要添加任何硬件设备，因而可靠性高、稳定性好、不存在阻抗匹配问题。

（2）与模拟滤波器相比，软件滤波可以多通道共享一个滤波器，降低了成本。

（3）模拟滤波器由于受到电容容量的影响，滤波最低频率不可能太低，软件滤波则可以对频率很低的信号进行滤波。

（4）软件滤波可以通过改变参数，实现对不同信号的滤波，灵活、方便、快捷。

2. 软件滤波的方法

1）算数平均滤波法

方法：连续取 N 个采样值进行算术平均运算。

优点：适用于一般具有随机干扰的信号，信号有一个平均值，作用的信号在某一个数值范围内上下波动。

缺点：测量速度较慢，不适合用于对数据计算速度要求较快的实时控制系统，比较浪费 RAM。

C 程序如下：

```c
#define N 12
char filter()
{
    int sum = 0;
    for(count = 0;count < N;count++)
    {
        sum += get_ad();
        delay();
    }
    return(char)(sum/N);
}
```

2）中位值平均滤波法

方法：这种滤波方式相当于"中位值滤波法"＋"算术平均滤波法"。简单地说，就是连续采集 N 个数据，采集结束后去掉最大值和最小值，计算 $N-2$ 个数据的算术平均值。

优点：结合了两种滤波法的优点，对于偶然出现的脉冲性干扰，可消除由于脉冲干扰所引起的采样值偏差。

缺点：测量速度比较慢，比较浪费 RAM。

C 程序如下：

```c
#define N 12
char filter()
{
    char count,i,j;
    char value_buf[N];
    int sum = 0;
    for(count = 0;count < N;count++)
    {
        value_buf[count] = get_ad();
        delay();
    }
    for(j = 0;j < N-1;j++)
    {
        for(i = 0;i < N-j;i++)
        {
```

```
            if(value_buf[i]> value_buf[i + 1])
            {
                temp = value_buf[i];
                value_buf[i] = value_buf[i + 1];
                value_buf[i + 1] = temp;
            }
        }
    }
    for(count = 1;count < N - 1;count++)
        sum += value[count];
    return (char)(sum/(N - 2));
}
```

11.5 本章小结

本章着重分析了 Cortex-M3 内核相对于其他款内核在结构、中断、调试方式、低功耗、存储器访问方式上的优势。通过基于 Cortex-M3 内核芯片的智能车制作，直观地说明它的性能。在智能车硬件的设计上，通过多次分析与实验，完成了对电源、传感器、最小系统等电路的设计。在智能车软件设计上，完成了对智能车的基础程序、迷宫算法、线性处理算法、软件滤波算法等软件设计。在环境数据的测量及处理方法上，运用仿真及实验的方式，确定了环境采集传感器的分布；同时，在数据处理方法上采用了简单的软件滤波对数据进行相应的处理，让传感器的传输数据更加稳定准确，确保了智能车的稳定性。智能车能够完成预期的各项功能，能够高效、稳定地持续工作，基本上符合设计的要求。但是，速度与稳定性是矛盾的关系，智能车在速度方面还有很大的提升空间。同时，智能车的体积可以适当减小，以达到节能的目的。

11.6 习题

（1）详述迷宫算法的基本原理。

（2）利用本书提供的电子资料，请读者自制一款走迷宫的小车并调试。

第 12 章

CHAPTER 12

平衡车设计

12.1　本章导读

平衡车设计,实际是倒立摆和一般巡线小车设计的延续,很多设计方法一致。该方案主要完成平衡车的智能控制,采用 Cortex-M3 内核作为主控制器,实现平衡车的平衡保持和前进与后退功能并在后期加入语音控制。该方案先给出了详细的设计方案,重点阐述了智能平衡车的硬件设计原理,通过陀螺仪检测所处的环境,对所处的位置姿态环境进行读取信息,从而对小车的位置进行判断,采用 PID 控制对小车进行位置调整,完成平衡保持。

该方案通过软硬件的调试,通过 PID 控制理论对电机进行控制,实现智能平衡车沿着直线进行平滑的行进,并对车身位置准确判断,从而实现预期的功能。

12.2　设计要求

设计一款平衡车,通过语音交互实现平衡车功能的切换。硬件设计和第 11 章智能小车设计的区别较小,主要包含以下几部分。

(1) 选择合适的 STM32 单片机,完成最小系统电路设计。

(2) 电源电路设计,给 STM32 系统和电机供电,供电范围为 3.3~9V。

(3) 显示电路设计,用于人机交互,显示小车运行状态或者传感器采集数据。

(4) 采集电路设计,利用陀螺仪采集角度数据。

(5) 语音检测电路,完成特定语音识别,指定平衡车运行轨迹。

(6) 电机驱动电路设计。

软件设计部分,主要利用 PID 算法、卡尔曼滤波算法、MPU-6050 角度数据获取等完成平衡车的正常工作。

12.3　设计分析

平衡车的硬件电路设计较少,重点是陀螺仪的使用。本节硬件电路设计方案和前面两章很多部分一致,读者有可针对性地阅读。

硬件系统的设计电路主要分为电源电路、陀螺仪采集电路、红外传感器环境采集电路、

Cortex-M3 内核处理器最小系统电路、电机驱动电路，系统框图如图 12-1 所示。

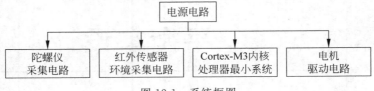

图 12-1　系统框图

（1）电源电路：为硬件系统提供一个完整的供电系统网络，其中包含开关电源与线性电源两部分。

（2）陀螺仪采集电路：为在小车运行过程中能及时地返回小车的位置、速度等相关信息而设计的电路。

（3）红外传感器环境采集电路：通过传感器将环境变量转换为电参数，在后续微控制器对环境的辨别起到关键性的作用。

（4）Cortex-M3 内核处理器最小系统电路：它是整个系统的核心部分，能对环境数据进行相应的处理，对现在所处的环境进行相应的动作，是人工智能的重要组成部分。

（5）电机驱动电路：局限于 Cortex-M3 内核的处理器的驱动能力，处理器只能通过中间的一个媒介来驱动电机，这种媒介即电机驱动。

12.4　设计步骤

本节重点介绍环境检测电路，其中最小系统电路、电机驱动电路、电源电路与智能小车设计一章一致，区别是电源部分增加了给陀螺仪供电引脚，如图 12-2 所示。

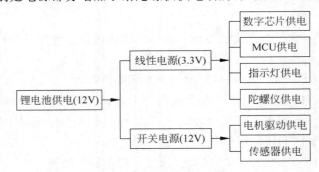

图 12-2　电源控制系统

12.4.1　环境检测传感器电路设计

传感器在智能产品中有着重要的作用，例如通过传感器智能产品了解环境。

MPU-60X0 是全球首例 9 轴运动处理传感器。它集成了 3 轴 MEMS 陀螺仪，3 轴MEMS 加速度计，以及一个可扩展的数字运动处理器（Digital Motion Processor，DMP），可用 I2C 接口连接一个第三方的数字传感器，例如磁力计。扩展之后就可以通过其 I2C 或SPI 接口输出一个 9 轴的信号（SPI 接口仅在 MPU-6000 可用）。

MPU-60X0 也可以通过其 I2C 接口连接非惯性的数字传感器，例如压力传感器。

　　MPU-60X0 对陀螺仪和加速度计分别用了 3 个 16 位的 ADC,将其测量的模拟量转换为可输出的数字量。为了精确跟踪快速和慢速的运动,传感器的测量范围都是用户可控的。陀螺仪可测范围为 $\pm 250, \pm 500, \pm 1000, \pm 2000°/s$;加速度计可测范围为 $\pm 2, \pm 4, \pm 8,$ $\pm 16g$。一个片上 1024 字节的 FIFO,有助于降低系统功耗,和所有设备寄存器之间的通信采用 400kHz 的 I2C 接口或 1MHz 的 SPI 接口。对于需要高速传输的应用,对寄存器的读取和中断可用 20MHz 的 SPI。另外,片上还内嵌了一个温度传感器和在工作环境下仅有 $\pm 1\%$ 变动的振荡器。

　　芯片尺寸为 4mm×4mm×0.9mm,采用 QFN 封装(无引线方形封装),可承受最大 10 000g 的冲击,并有可编程的低通滤波器。

　　关于电源,MPU-60X0 可支持 VDD 范围 $(2.5\pm 5\%)$V, $(3.0\pm 5\%)$V,或 $(3.3\pm 5\%)$V。另外,MPU-6050 还有一个 VLOGIC 引脚,用来为 I2C 输出提供逻辑电平。VLOGIC 电压可取 $(1.8\pm 5\%)$V 或者 VDD,传感器示意图如图 12-3 所示。

　　本次设计中,采用了 MPU-6050 运动处理传感器(陀螺仪)。它是一个 9 轴陀螺仪,可以对 x、y、z 三个方向的加速度、角速度进行实时反馈。图 12-4 是传感器内部结构图。

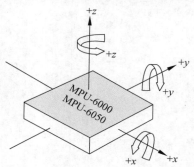

图 12-3　传感器示意图

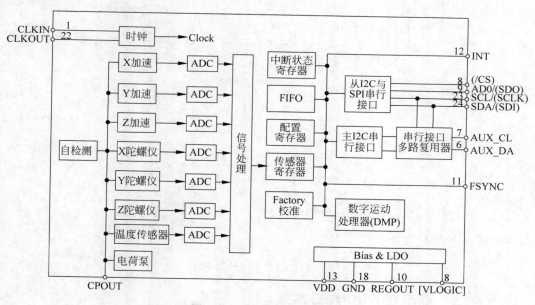

图 12-4　传感器内部结构图

　　由于该方案采用的传感器为高度集成的芯片,所以电路设计部分就相对简单。

12.4.2　人机交互电路设计

　　LD3320 芯片是一款"语音识别"专用芯片。该芯片集成了语音识别处理器和一些外部电路,包括 ADC、DAC、麦克风接口、声音输出接口等。本芯片不需要外接任何的辅助芯片,例如 Flash、RAM 等,直接集成在现有的产品中,即可以实现语音识别/声控/人机对话功能,并且识别的关键词语列表可以任意动态编辑。LD3320 引脚如图 12-5 所示,通信采用的是 SPI 方式。为了使芯片更好地工作,需要在芯片引脚加上外围电路,如图 12-6 所示。

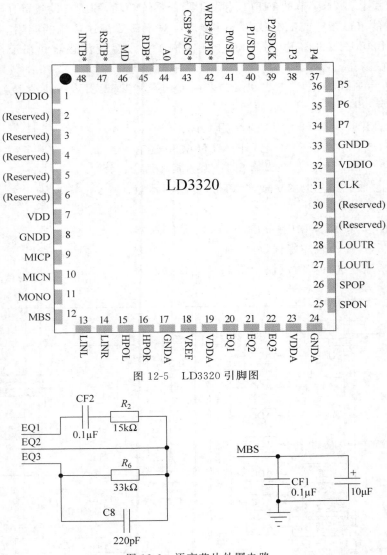

图 12-5   LD3320 引脚图

图 12-6   语言芯片外围电路

12.4.3   MPU-6050 使用方法

平衡车的设计核心就是陀螺仪的使用。本节重点介绍 MPU-6050 陀螺仪的功能和重要寄存器的使用方法。

1. 引脚说明

MPU-6050 的引脚分布如表 12-1 所示。

表 12-1 MPU-6050 的引脚分布

引 脚 编 号	引 脚 名 称	描 述
1	CLKIN	可选的外部时钟输入,如果不用,则连到 GND
6	AUX_DA I2C	主串行数据,用于外接传感器
7	AUX_CL I2C	主串行时钟,用于外接传感器
8	VLOGIC	数字 I/O 供电电压
9	AD0	I2C Slave 地址 LSB(AD0)
10	REGOUT	校准滤波电容连线
11	FSYNC	帧同步数字输入
12	INT	中断数字输出(推挽或开漏)
13	VDD	电源电压及数字 I/O 供电电压
18	GND	电源地
19,21,22	RESV	预留,不接
20	CPOUT	电荷泵电容连线
23	SCL	I2C 串行时钟(SCL)
24	SDA	I2C 串行数据(SDA)
2,3,4,5,14,15,16,17	NC	空

2. SMPRT_DIV 寄存器

SMPLRT_DIV 寄存器的格式如图 12-7 所示。

Bit7	Bit6	Bit5	Bit4	Bit3	Bit2	Bit1	Bit0
SMPLRT_DIV[7:0]							

图 12-7 SMPLRT_DIV 寄存器格式

SMPLRT_DIV 为 8 位无符号数,通过该值将陀螺仪输出分频,得到采样率。该寄存器指定陀螺仪输出频率的分频,用来产生 MPU-6050 的采样率。

传感器的寄存器输出、FIFO 输出、DMP 采样和运动检测都基于该采样率。采样率的计算公式为

$$采样率=陀螺仪的输出频率/(1+SMPLRT\_DIV)$$

当数字低通滤波器没有使能时,陀螺仪的输出频率等于 8kHz,反之等于 1kHz。

3. CONFIG 寄存器

CONFIG 寄存器的格式如图 12-8 所示。

Bit7	Bit6	Bit5	Bit4	Bit3	Bit2	Bit1	Bit0
—	—	EXT_SYNC_SET[2:0]			DLPF_CFG[2:0]		

图 12-8 CONFIG 寄存器格式

(1) EXT_SYNC_SET 为 3 位无符号的值,用于配置帧同步引脚的采样。

(2) DLPF_CFG 为 3 位无符号的值,用于配置数字低通滤波器。

该寄存器为陀螺仪和加速度计配置外部帧同步(FSYNC)引脚采样和数字低通滤波器(DLPF)。通过配置 EXT_SYNC_SET,可以对连接到 FSYNC 引脚的一个外部信号进行采样。FSYNC 引脚上的信号变化会被锁存,这样就能捕获到很短的频闪信号。采样结束后,锁存器将复位到当前的 FSYNC 信号状态。根据表 12-2 定义的值,采集到的数据会替换掉

数据寄存器中上次接收到的有效数据。

表 12-2　EXT_SYNC_SET 配置表

EXT_SYNC_SET	FSYNC
0	Input disabled
1	TEMP_OUT_L[0]
2	GYRO_XOUT_L[0]
3	GYRO_YOUT_L[0]
4	GYRO_ZOUT_L[0]
5	ACCEL_XOUT_L[0]
6	ACCEL_YOUT_L[0]
7	ACCEL_ZOUT_L[0]

数字低通滤波器由 DLPF_CFG 配置，根据表 12-3 中 DLPF_CFG 的值对加速度传感器和陀螺仪滤波进行配置。

表 12-3　DLPF_CFG 配置表

DLPF_CFG	加速度计		陀螺仪		
	带宽/Hz	时延/ms	带宽/Hz	时延/ms	Fs/kHz
0	260	0	256	0.98	8
1	184	2.0	188	1.9	1
2	94	3.0	98	2.8	1
3	44	4.9	42	4.8	1
4	21	8.5	20	8.3	1
5	10	13.8	10	13.4	1
6	5	19.0	5	18.6	1
7	—				8

4. GYRO_CONFIG 寄存器

GYRO_CONFIG 寄存器的格式如图 12-9 所示。

Bit7	Bit6	Bit5	Bit4	Bit3	Bit2	Bit1	Bit0
XG_ST	YG_ST	ZG_ST	FS_SEL[1:0]		—	—	—

图 12-9　GYRO_CONFIG 寄存器格式

（1）XG_ST 设置为 1 时，X 轴陀螺仪进行自我测试。

（2）YG_ST 设置为 1 时，Y 轴陀螺仪进行自我测试。

（3）ZG_ST 设置为 1 时，Z 轴陀螺仪进行自我测试。

（4）FS_SEL 为 2 位无符号的值，用于选择陀螺仪的量程。

这个寄存器用来触发陀螺仪自检和配置陀螺仪的满量程范围。陀螺仪自检允许用户测试陀螺仪的机械和电气部分，通过设置该寄存器的 XG_ST、YG_ST 和 ZG_ST 位可以激活陀螺仪对应轴的自检。每个轴的检测可以独立进行或同时进行。

自检的响应＝打开自检功能时的传感器输出－未启用自检功能时传感器的输出

MPU-6000/MPU-6050 数据手册的电气特性表中已经给出了每个轴的限制范围。当自检的响应值在规定的范围内时,就能够通过自检;反之,就不能通过自检。FS_SEL 根据表 12-4 选择陀螺仪输出的量程。

表 12-4 FS_SEL 配置表

FS_SEL	满量程范围
0	$\pm 250°/s$
1	$\pm 500°/s$
2	$\pm 1000°/s$
3	$\pm 2000°/s$

5. ACCEL_CONFIG 寄存器

ACCEL_CONFIG 寄存器的格式如图 12-10 所示。

Bit7	Bit6	Bit5	Bit4	Bit3	Bit2	Bit1	Bit0
XA_ST	YA_ST	ZA_ST	AFS_SEL[1:0]		—	—	—

图 12-10 ACCEL_CONFIG 寄存器格式

(1) XA_ST 设置为 1 时,X 轴加速度感应器进行自检。

(2) YA_ST 设置为 1 时,Y 轴加速度感应器进行自检。

(3) ZA_ST 设置为 1 时,Z 轴加速度感应器进行自检。

(4) AFS_SEL 为 2 位无符号的值,选择加速度计的量程。

具体细节和上面陀螺仪相似。AFS_SEL 选择加速度传感器输出的量程,如表 12-5 所示。

表 12-5 AFS_SEL 配置表

AFS_SEL	满量程范围
0	$\pm 2g$
1	$\pm 4g$
2	$\pm 8g$
3	$\pm 16g$

6. 加速度计测量寄存器

加速度计主要有 ACCEL_XOUT_H、ACCEL_XOUT_L、ACCEL_YOUT_H、ACCEL_YOUT_L、ACCEL_ZOUT_H 和 ACCEL_ZOUT_L 6 个测量寄存器。

加速度计测量寄存器的格式如图 12-11 所示。

Bit7	Bit6	Bit5	Bit4	Bit3	Bit2	Bit1	Bit0
ACCEL_XOUT[15:8]							
ACCEL_XOUT[7:0]							
ACCEL_YOUT[15:8]							
ACCEL_YOUT[7:0]							
ACCEL_ZOUT[15:8]							
ACCEL_ZOUT[7:0]							

图 12-11 加速度计测量寄存器格式

(1) ACCEL_XOUT 为 16 位二进制补码值,存储最近的 X 轴加速度感应器的测量值。

（2）ACCEL_YOUT 为 16 位二进制补码值,存储最近的 Y 轴加速度感应器的测量值。

（3）ACCEL_ZOUT 为 16 位二进制补码值,存储最近的 Z 轴加速度感应器的测量值。

这些寄存器存储加速感应器最近的测量值。加速度传感器寄存器和温度传感器寄存器、陀螺仪传感器寄存器及外部感应数据寄存器,都由两部分寄存器组成（类似于 STM32F10X 系列中的影子寄存器）:一个是内部寄存器,用户不可见；另一个是用户可读的寄存器。内部寄存器中数据在采样的时候及时得到更新,仅在串行通信接口不忙碌时,才将内部寄存器中的值复制到用户可读的寄存器中,避免了直接对感应测量值的突发访问。在寄存器 ACCEL_CONFIG 中定义了每个 16 位的加速度测量值的最大范围,对于设置的每个最大范围,都对应一个加速度的灵敏度 ACCEL_xOUT,如表 12-6 所示。

表 12-6　加速度计测量最大范围与灵敏度对应关系

AFS_SEL	满量程范围	LSB 灵敏度
0	$\pm 2g$	16384 LSB/g
1	$\pm 4g$	8192 LSB/g
2	$\pm 8g$	4096 LSB/g
3	$\pm 16g$	2048 LSB/g

7. TEMP_OUT_H 和 TEMP_OUT_L 寄存器

TEMP_OUT_H 和 TEMP_OUT_L 寄存器的格式如图 12-12 所示。

Bit7	Bit6	Bit5	Bit4	Bit3	Bit2	Bit1	Bit0
TEMP_OUT[15:8]							
TEMP_OUT[7:0]							

图 12-12　TEMP_OUT_H 和 TEMP_OUT_L 寄存器格式

TEMP_OUT 为 16 位有符号值,存储最近温度传感器的测量值。

8. 陀螺仪测量寄存器

陀螺仪主要有 GYRO_XOUT_H、GYRO_XOUT_L、GYRO_YOUT_H、GYRO_YOUT_L、GYRO_ZOUT_H 和 GYRO_ZOUT_L 6 个测量寄存器。

陀螺仪测量寄存器的格式如图 12-13 所示。

Bit7	Bit6	Bit5	Bit4	Bit3	Bit2	Bit1	Bit0
GYRO_XOUT[15:8]							
GYRO_XOUT[7:0]							
GYRO_YOUT[15:8]							
GYRO_YOUT[7:0]							
GYRO_ZOUT[15:8]							
GYRO_ZOUT[7:0]							

图 12-13　陀螺仪测量寄存器格式

这个和加速度感应器的寄存器相似,对应的灵敏度如表 12-7 所示。

表 12-7 陀螺仪测量最大范围与灵敏度对应关系

FS_SEL	满量程范围	LSB 灵敏度
0	±250°/s	131 LSB/(°/s)
1	±500°/s	65.5 LSB/(°/s)
2	±1000°/s	32.8 LSB/(°/s)
3	±2000°/s	16.4 LSB/(°/s)

9. PWR_MGMT_1 寄存器

PWR_MGMT_1 寄存器的格式如图 12-14 所示。

Bit7	Bit6	Bit5	Bit4	Bit3	Bit2	Bit1	Bit0
DEVICE_RESET	SLEEP	CYCLE	—	TEMP_DIS	CLKSEL[2:0]		

图 12-14 PWR_MGMT_1 寄存器格式

该寄存器允许用户配置电源模式和时钟源。它还提供了一个复位整个器件的位,以及一个关闭温度传感器的位。

(1) DEVICE_RESET 位置 1 后所有的寄存器复位,随后 DEVICE_RESET 自动置 0。

(2) SLEEP 位置 1 后进入睡眠模式。

(3) CYCLE 设置为 1 且 SLEEP 没有设置,MPU-60X0 进入循环模式,为了从速度传感器中获得采样值,在睡眠模式和正常数据采集模式之间切换,每次获得一个采样数据。在 LP_WAKE_CTRL 寄存器中,可以设置唤醒后的采样率和唤醒的频率。

(4) TEMP_DIS 位置 1 后关闭温度传感器。

(5) CLKSEL 位指定设备的时钟源。

时钟源的选择如表 12-8 所示。

表 12-8 时钟源的选择

CLKSEL	时 钟 源
0	内部 8MHz 晶振
1	X 轴陀螺仪
2	Y 轴陀螺仪
3	Z 轴陀螺仪
4	外部 32.768kHz
5	外部 19.2MHz
6	保留
7	停止时钟且定时产生复位

10. WHO_AM_I 寄存器

WHO_AM_I 寄存器的格式如图 12-15 所示。

Bit7	Bit6	Bit5	Bit4	Bit3	Bit2	Bit1	Bit0
—	WHO_AM_I[6:1]						—

图 12-15 WHO_AM_I 寄存器格式

WHO_AM_I 中的内容是 MPU-6050 的 6 位 I2C 地址,上电复位的第 6 位到第 1 位值为110100。

为了让两个 MPU-6050 能够连接在一个 I2C 总线上，当 AD0 引脚逻辑低电平时，设备的地址是 01101000；当 AD0 引脚逻辑高电平时，设备的地址是 01101001。

MPU-6000 可以使用 SPI 和 I2C 接口，而 MPU-6050 只能使用 I2C，其中 I2C 的地址由 AD0 引脚决定。寄存器共 117 个，根据具体的要求，适当地添加。

编程时用到的关于 I2C 协议规范如表 12-9 所示。

表 12-9　I2C 协议规范

信　号	描　述
S	开始标志：SCL 为高时 SDA 的下降沿
AD	从设备地址
W	写数据位(0)
R	读数据位(1)
ACK	应答信号：在第 9 个时钟周期 SCL 为高时，SDA 为低
NACK	拒绝应答：在第 9 个时钟周期，SDA 一直为高
RA	MPU-6050 内部寄存器地址
DATA	发送或接收的数据
P	停止标志：SCL 为高时 SDA 的上升沿

12.4.4　总体软件设计

总体的软件设计主要分为 3 部分：车身状态采集软件设计、PID 车身保持模式软件设计、人机交互模式软件设计。

1. 车身状态采集模式软件设计

车身状态采集模式下，软件设计流程如图 12-16 所示。

车身状态采集模式，主要是对小车所处环境的数据进行采集。在启动该模式的情况下，小车解决了对环境的适应性，保证了小车能更好地适应不同的环境，具有一定的智能化。

图 12-16　车身状态采集模式
软件设计流程

```
int main(void)
{
    PIDInit();
    MotorIOInit();              //初始化电机驱动和 PWM 口的时钟及 I/O 端口模式
    MotorPwmInit();             //初始化驱动电机 PWM
    UsartInit();                //初始化 USART 时钟、I/O、波特率及中断等
    iic_init();                 //初始化 I2C 总线时钟、I/O 端口及相关配置
    TimerInit();                //初始化定时器 3,用于定时采集 MPU6050
    Mpu6050Init();              //初始化 MPU6050,配置相应寄存器
    KongZhi_Gpio_Init();

    while (1)
    {
        ASR_Confin();
    }
}
```

车身状态采集模式，是根据小车上的位置传感器（陀螺仪）内部的 X 轴的角度传感器采

集到的角度偏差,通过对其角度偏差模拟值进行记录并不断地调节,给出环境的最适合角度基准,实现智能车在不同环境下采集不同的基准,为小车的 PID 处理及车身的稳定性打下坚实的基础。

```
void ASR_Confin(void)
{
    if(Sys_Sta)
        {
        //平衡标志,初始化时其为低电平或者在"停止"指令下为低电平
        if(PingHeng_biaozhi)
        {
        //平衡状态
        if(flg_get_senor_data)
        {
        PIDInit();
        //读取陀螺仪的角度值和角加速度的值
        ReadAndProcessMpu6050();
        //将角度值和角加速度的值代入进行卡尔曼滤波计算
        kalman_filter(angle,angle_dot,&f_angle,&f_angle_dot);
        //根据 PID 的计算确定 PWM 的值
        PwmValue = IncPIDCalc(f_angle,f_angle_dot);
        //根据 PWM 的值改变电机的状态
        MotorSet(PwmValue);
        flg_get_senor_data = 0;
        }
        }
        //动作标志,只有在收到"特定的语音"的指令时动作
        else if(DongZuo_biaozhi)
        {
            //前进状态
            if(Car_RunQ)
            {
            if(Car_Run_BiaoZhi == 0)
            {
            //第一次进入改变 PID 的初始设定值
            PIDInit_Car_Run();
            Car_Run_BiaoZhi = 1;
            }
            if(flg_get_senor_data)
            {
            //读取陀螺仪的角度值和角加速度的值
            ReadAndProcessMpu6050();
            //将角度值和角加速度的值代入进行卡尔曼滤波计算
        kalman_filter(angle,angle_dot,&f_angle,&f_angle_dot);
            //根据 PID 的计算确定 PWM 的值
            PwmValue = IncPIDCalc(f_angle,f_angle_dot);
            //根据 PWM 的值改变电机的状态
            MotorSet(PwmValue);
            flg_get_senor_data = 0;
            Car_BK_BiaoZhi = 0;
            }
            }
            //后退状态
            else if(Car_BK)
```

```
            {
            if(Car_BK_BiaoZhi == 0)
            {
            //第一次进入改变 PID 的初始设定值
            PIDInit_Car_BK();
            Car_BK_BiaoZhi = 1;
            }
            if(flg_get_senor_data)
            {
            //读取陀螺仪的角度值和角加速度的值
            ReadAndProcessMpu6050();
            //将角度值和角加速度的值代入进行卡尔曼滤波计算
            kalman_filter(angle,angle_dot,&f_angle,&f_angle_dot);
            //根据 PID 的计算确定 PWM 的值
            PwmValue = IncPIDCalc(f_angle,f_angle_dot);
            //根据 PWM 的值改变电机的状态
            MotorSet(PwmValue);
            flg_get_senor_data = 0;
            Car_Run_BiaoZhi = 0;
            }
        }
      }
    }
    else if(Sys_Cls)
    {
        TIM_SetCompare1(TIM3, 0);
         TIM_SetCompare2(TIM3, 0);
    }
}
```

2. PID 车身保持模式软件设计

PID 车身保持模式软件设计的流程如图 12-17 所示。在该模式下，系统首先对智能车车身相对于接触面的角度进行设定，然后再根据设定的角度，进行特定角度的 PID 调节。设置角度的目的是让智能车身保持平衡。

PID 角度调节是以给定的相对于小车站立面的角度为基准，通过 PID 计算出每次的偏差给电机驱动小车进行角度调节以达到设定的基准角度。

PID 算法函数说明：

智能车通过传感器采集的数据，根据偏差，通过 PID 算法调节电机。

PID 算法软件代码如下。

PID 初始化函数：

```
void PIDInit(void)
{
    sptr -> LastError = 0;          //Error[ -1]
    sptr -> PrevError = 0;          //Error[ -2]
    sptr -> Proportion = 1000;      //比例常数
    sptr -> Integral = 3;           //积分常数
```

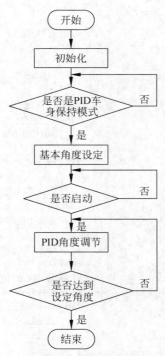

图 12-17　PID 车身保持模式软件设计流程

```
    sptr - > Derivative = 35;          //微分常数
    sptr - > SetPoint = 0;             //设定值初始角度设定
    sptr - > SumError = 0;             //累计误差
}
```

PID 计算函数：

```
/ *******************************************************
名称: void pid(float angle, float angle_dot)
功能: PID 运算
输入参数:
            float angle 倾斜角度
            float angle_dot 倾斜角速度
输出参数: 无
返回值: 无
******************************************************* /
void pid(float angle, float angle_dot)
{
    u32 temp;
    u16 sl, sr;
    TIM_TimeBaseInitTypeDef TIM_TimeBaseStructure;
    TIM_OCInitTypeDef TIM_OCInitStructure;
    now_error = set_point - angle;
    speed_filter();
    speed * = 0.7;
    speed += speed_out * 0.3;
    position += speed;
    position -= speed_need;
if(position < - 60000)
    {
        position = - 60000;
    }
else if(position > 60000)
    {
        position = 60000;
    }
rout = proportion * now_error + derivative * angle_dot -
position * integral2 - derivative2 * speed;
speed_l = - rout + turn_need_l;
speed_r = - rout + turn_need_r;
    if(speed_l > MAX_SPEED)
        {
        speed_l = MAX_SPEED;
        }
          else if(speed_l < - MAX_SPEED)
        {
          speed_l = - MAX_SPEED;
        }
          if(speed_r > MAX_SPEED)
        {
        speed_r = MAX_SPEED;
        }
          else if(speed_r < - MAX_SPEED)
        {
          speed_r = - MAX_SPEED;
```

```
        }
    if(speed_l > 0)
        {
        GPIO_ResetBits(GPIOB, GPIO_Pin_8); //left fr
        sl = speed_l;
        }
    else
        {
        GPIO_SetBits(GPIOB, GPIO_Pin_8);
        sl = speed_l * (-1);
        }
    if(speed_r > 0)
        {
        GPIO_SetBits(GPIOA, GPIO_Pin_3); //right fr
        sr = speed_r;
        }
    else
        {
        GPIO_ResetBits(GPIOA, GPIO_Pin_3);
        sr = speed_r * (-1);
        }
    temp = 1000000 / sl;
    if(temp > 65535)
        {
            sl = 65535;
        }
        else
        {
            sl = (u16)temp;
        }
    temp = 1000000 / sr;
    if(temp > 65535)
    {
        sr = 65535;
    }
    else
    {
        sr = (u16)temp;
    }
}
```

3. 人机交互模式软件设计

人机交互模式是在完成 PID 车身保持的基础上扩展的一个模式，在人机交互模式下主要进行人为控制小车的动作状态和一些娱乐活动。软件设计流程如图 12-18 所示。

进入人机交互模式后，根据接收的指令进行相应的动作，接收的指令都有相对的 MP3 对应动作，根据动作完成与否会播放相应的 MP3 声音。

MPU-6050 传感器初始化函数说明：

MPU-6050 传感器是一个高度集成的芯片，所以使用它需要对相关的寄存器进行相对应的配置。

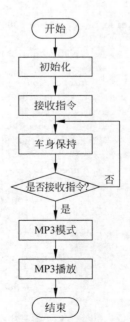

图 12-18　人机交互模式软件
设计流程图

```
#define MPU6050_ADDR   0xd0              //AD0 = 0 时地址
// Bit5 -- Bit3:EXT_SYNC_SET[2:0],Bit2 -- Bit0:DLPF_HPF[2:0]
#define CONFIG   0x1a
#define GYRO_CONFIG   0x1b              //Bit4 -- Bit3:FS_SEL[1:0]
#define ACCEL_CONFIG   0x1c
#define INT_PIN_CFG   0x37
#define MPU6050_BURST_ADDR 0x3b
#define USER_CTLR   0x6a
#define PWR_MGMT1   0x6b
#define PWR_MGMT2   0x6c
#define MPU6050_ID_ADDR   0x75
#define MPU6050_ID   0x68
#define GX_OFFSET   0x01
#define AX_OFFSET   0x01
#define AY_OFFSET   0x01
#define AZ_OFFSET   0x01
/********************************************************
名称: Mpu6050Init(void)
功能: MPU6050 初始化
输入参数: 无
输出参数: 无
返回值: 无
******************************************************** /
void Mpu6050Init(void)
{
    u8 data_buf = 0;
    /* iic bypass 使能 */
    data_buf = 0x02;
    iic_rw(&data_buf, 1, INT_PIN_CFG, MPU6050_ADDR, WRITE);
    /* iic master 禁用 */
    data_buf = 0x00;
    iic_rw(&data_buf, 1, USER_CTLR, MPU6050_ADDR, WRITE);
    /* MPU6050 禁止睡眠模式,8M 晶振工作频率 */
    data_buf = 0x00;
    iic_rw(&data_buf, 1, PWR_MGMT1, MPU6050_ADDR, WRITE);
    /* MPU6050 非待机模式 */
    data_buf = 0x00;
    iic_rw(&data_buf, 1, PWR_MGMT2, MPU6050_ADDR, WRITE);
    /* DLPF */
    data_buf = 0x06;
    iic_rw(&data_buf, 1, CONFIG, MPU6050_ADDR, WRITE);
    /* GYRO +- 2000°/s */
    data_buf = 0x18;
    iic_rw(&data_buf, 1, GYRO_CONFIG, MPU6050_ADDR, WRITE);
    /* ACC +- 4g */
    data_buf = 0x08;
    iic_rw(&data_buf, 1, ACCEL_CONFIG, MPU6050_ADDR, WRITE);
}
    /********************************************************
名称: Mpu6050_get_data(s16 * gx, s16 * gy, s16 * gz, s16 * ax, s16 * ay, s16 * az, s16 *
temperature)
    功能: MPU6050 数据读取
    输入参数:
    s16 * gx 变量指针
```

```
    s16  * gy
    s16  * gz
    s16  * ax
    s16  * ay
    s16  * az
    s16  * temperature
```
输出参数：MPU6050 温度及 3 轴原始数据
返回值：无
```
    ****************************************************** /
    void mpu6050_get_data(s16 * gx, s16 * gy, s16 * gz, s16 * ax, s16 * ay, s16 * az, s16 *
temperature)
    {
    u8 data_buf[14];
    iic_rw(&data_buf[0],14,MPU6050_BURST_ADDR,MPU6050_ADDR,READ);
        * ax = data_buf[0] * 0x100 + data_buf[1];
        * ay = data_buf[2] * 0x100 + data_buf[3];
        * az = data_buf[4] * 0x100 + data_buf[5];
        * temperature = data_buf[6] * 0x100 + data_buf[7];
        * gx = data_buf[8] * 0x100 + data_buf[9];
        * gy = data_buf[10] * 0x100 + data_buf[11];
        * gz = data_buf[12] * 0x100 + data_buf[13];
    }
    / ****************************************************
```
名称：void acc_filter(void)
功能：加速度计数据滤波
输入参数：滤波后的数据
输出参数：无
返回值：无
```
    **************************************************** /
void acc_filter(void)
{
    u8 i;
    s32 ax_sum = 0, ay_sum = 0, az_sum = 0;
        for(i = 1; i < FILTER_COUNT; i++)
            {
                ax_buf[i - 1] = ax_buf[i];
                ay_buf[i - 1] = ay_buf[i];
                az_buf[i - 1] = az_buf[i];
            }
                ax_buf[FILTER_COUNT - 1] = ax;
                ay_buf[FILTER_COUNT - 1] = ay;
                az_buf[FILTER_COUNT - 1] = az;
        for(i = 0; i < FILTER_COUNT; i++)
            {
                ax_sum += ax_buf[i];
                ay_sum += ay_buf[i];
                az_sum += az_buf[i];
            }
                ax = (s16)(ax_sum / FILTER_COUNT);
                ay = (s16)(ay_sum / FILTER_COUNT);
                az = (s16)(az_sum / FILTER_COUNT);
            }
```

智能车的车身角度会通过角度传感器实时地传给 CPU，CPU 通过 PID 计算出需要调节的角度。

```
void ReadAndProcessMpu6050(void)                    //角度读取函数

{
    flg_get_senor_data = 0;
    mpu6050_get_data(&gx,&gy,&gz,&ax,&ay,&az,&temperature);
    acc_filter();
    gx -= GX_OFFSET;
    ax -= AX_OFFSET;
    ay -= AY_OFFSET;
    az -= AZ_OFFSET;
    angle_dot = gx * GYRO_SCALE; // +- 2000 0.060975°/LSB 角加速度
    angle = atan(ay/sqrt(az * az + ax * ax));  //选择 X,Y,Z 轴
    angle = angle * 57.295780;           //180/pi 读取角度
}
```

4. 卡尔曼滤波算法

卡尔曼滤波算法是一个"最优化自回归数据处理算法"。对于解决大部分的问题，它是效率最高甚至是最有用的。其应用广泛，包括机器人导航、控制、传感器数据融合，甚至应用在军事方面，如雷达系统及导弹跟踪等。近年来更应用于计算机图像处理、面部识别、图像分割、图像边缘检测等。状态空间模型，利用前一时刻的估计值和当前时刻的观测值来更新对状态变量的估计，求出当前时刻的估计值，算法根据建立的系统方程和观测方程对需要处理的信号做出满足最小均方误差的估计。

下面给出卡尔曼滤波算法和角度的融合程序：

```
/ ******************************************************
    名称: void kalman_filter(float angle_m, float gyro_m, float * angle_f, float * angle_dot_f)
    功能: 陀螺仪数据与加速度计数据通过滤波算法融合
    输入参数:
    float angle_m 加速度计算的角度
    float gyro_m 陀螺仪角速度
    float * angle_f 融合后的角度
    float * angle_dot_f 融合后的角速度
    输出参数: 滤波后的角度及角速度
    返回值: 无
****************************************************** /
void kalman_filter(float angle_m, float gyro_m, float * angle_f, float * angle_dot_f)
{
    angle += (gyro_m - q_bias) * dt;
    Pdot[0] = Q_angle - P[0][1] - P[1][0];
    Pdot[1] = -P[1][1];
    Pdot[2] = -P[1][1];
    Pdot[3] = Q_gyro;

    P[0][0] += Pdot[0] * dt;
    P[0][1] += Pdot[1] * dt;
    P[1][0] += Pdot[2] * dt;
    P[1][1] += Pdot[3] * dt;

    angle_err = angle_m - angle;
    PCt_0 = C_0 * P[0][0];
```

```
        PCt_1 = C_0 * P[1][0];
        E = R_angle + C_0 * PCt_0;

        K_0 = PCt_0 / E;
        K_1 = PCt_1 / E;
        t_0 = PCt_0;
        t_1 = C_0 * P[0][1];

        P[0][0] -= K_0 * t_0;
        P[0][1] -= K_0 * t_1;
        P[1][0] -= K_1 * t_0;
        P[1][1] -= K_1 * t_1;

        angle += K_0 * angle_err;
        q_bias += K_1 * angle_err;
        angle_dot = gyro_m - q_bias;
        * angle_f = angle;
        * angle_dot_f = angle_dot;
}
********************************************************* /
```

12.5　本章小结

本章的设计与第 11 章有很多重复的地方,本章重点是使用陀螺仪,通过陀螺仪采集角度参数,然后利用 PID 算法实现小车的平衡,从这个角度来说,本章内容可以认为是对 PID 算法的一个加强训练,类似平衡车寻迹、语音提示等功能,读者深刻理解 PID 算法是下一步做复杂控制系统,如四旋翼飞行器的设计等的关键,有兴趣的读者可以尝试去做。

12.6　习题

（1）加速度计和陀螺仪的测量寄存器工作的基本过程是什么？

（2）PID 算法如何通过传感器采集数据？如何根据偏差计算出需要调整的参数？

（3）卡尔曼滤波算法的作用是什么？具体的实现方法是什么？

第 13 章

CHAPTER 13

电子秤设计

13.1　本章导读

　　称重在日常生活中扮演着重要的角色,本章采用 STM32 微处理器完成电子秤设计,主要设计思想是基于 STM32 最小系统板,在此基础上扩展 AD 转换芯片、称重传感器和 TFT 模块。TFT 液晶屏和触控芯片用于实现人机交互,同时外部配备了语音播报功能,读者通过本章案例可以更深入地了解 STM32 的应用方法。

13.2　设计要求

　　多功能电子秤的主要功能包括测重、液晶屏显示、触摸控制、语音播报、实时时钟显示、实时温度显示、单价存储、自动计价、价格累计、去皮、超重报警等功能。具体功能和指标如表 13-1 所示。

表 13-1　测量装置基本功能及技术指标

基 本 功 能	测 量 范 围	分 度 值	误　　差
测重	0~10kg	1g	±1g
实时时钟显示	1970.1.1~2099.12.31	1s	±3s/年
实时温度显示	−55~125℃	0.1℃	±0.5℃
计价	0~999.99 元	0.01 元	0

13.3　设计分析

　　多功能电子秤的系统整体设计框图如图 13-1 所示。

　　其中,主控制器采用 STM32F103RBT6 作为主控芯片,通过 TFT 液晶屏显示数据,以触控的方式操作电子秤,DS18B20 作为温度传感器采集实时温度,播报重量、价格、商品名等信息,使用 Flash 芯片 W25Q32 存储配合语音芯片 WT588D 发音,采用电阻应变片式称重传感器,以 HX711 作为 AD 转换芯片。

　　架构为 Cortex-M3 的 STM32F103RBT6 工作频率为 72MHz,16 位并行连接 TFT 液晶屏,能实现快速刷屏,显示效果良好,通过 SPI 总线连接触控芯片 XPT2046,以单总线方

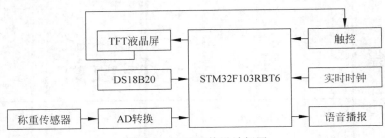

图 13-1 系统整体设计框图

式连接 DS18B20 采集实时温度，一线串口模式控制语音芯片 WT588D 播报重量、价格、商品名等信息，采用型号为 YZC-1B 的电阻应变片式电桥结构的称重传感器，以 24 位的电子秤专用 AD 芯片 HX711 作为 AD 转换芯片。

13.4 设计步骤

本电子秤采用液晶触屏的方式，实现计量的过程。硬件电路设计的核心是传感器的选型和使用，以及触控屏的选择。

13.4.1 主控制器相关电路

STM32F103RBT6 的引脚图及相关接口如图 13-2 所示。

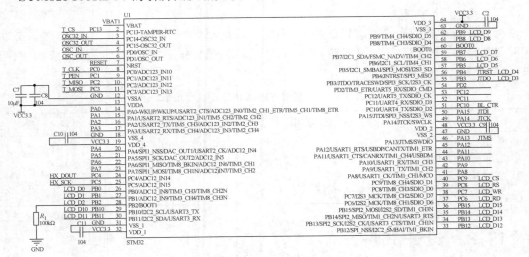

图 13-2 STM32F103RBT6 引脚图

主控芯片外接 8MHz 和 32.768kHz 的石英晶振，最高工作频率达 72MHz。其中，32.768kHz 的晶振作为 RTC 的输入频率，为实时时钟提供精确的频率。外接晶振的硬件电路如图 13-3 所示。

图 13-4 是主控芯片的复位电路和后备电源电路。当系统上电时，电容 C1 充电，此时 RESET 为 0 电位，芯片复位，C1 充满电后，电路相当于断路，RESET 为高电平，进入工作状态。当按键 KP1 按下时，RESET 接地，使 RESET 为 0 电位，产生复位，一般低电平持续

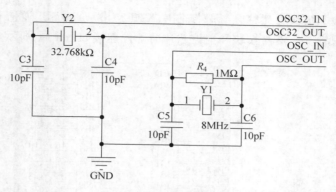

图 13-3　外接晶振电路图

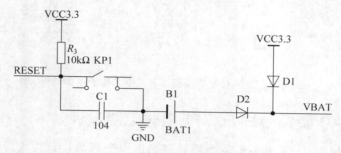

图 13-4　复位电路和后备电源电路

$10\mu s$ 之后,可实现有效复位。后备电池 BAT1 通过二极管 D2 连接到主控芯片的 VBAT 脚,实现系统"掉电不掉时"的功能。

13.4.2　TFT 液晶屏相关电路设计

　　TFT-LCD 即薄膜晶体管液晶显示器。与无源 TN-LCD、STN-LCD 的简单矩阵不同,TFT-LCD 在液晶显示屏的每一个像素上都设置有一个薄膜晶体管(TFT),有效地克服了在非选通时的串扰,使显示液晶屏的静态特性与扫描线数无关,因此大大提高了图像质量。TFT 触控液晶模块如图 13-5 所示。

图 13-5　TFT 触控液晶模块

　　本设计的 TFT-LCD 液晶屏使用的控制芯片为 ILI9320,屏幕尺寸为 2.8 寸,320×250 像素,26 万色真彩,通过 16 位并行方式连接主控芯片。该液晶刷屏速度快,显示效果能满足实际需求。该液晶模块中还整合了触控芯片 XPT2046,通过 SPI 通信和主控芯片连接,以实现快速触摸识别。该液晶模块和主控芯片的硬件连接如图 13-6 所示。

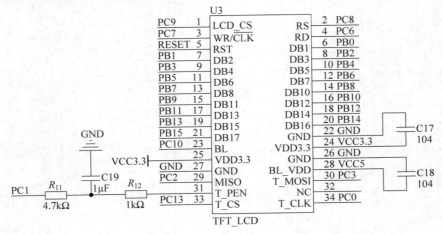

图 13-6 TFT 触控液晶模块和主控芯片的连接电路

13.4.3 AD 转换芯片 HX711 相关电路设计

HX711 是一款 24 位 AD 转换芯片,满足高精度电子秤的设计需求。与同类型其他芯片相比,该芯片集成了包括稳压电源、片内时钟振荡器等其他同类型芯片所需要的外围电路,具有集成度高、响应速度快、抗干扰性强等优点。该芯片降低了电子秤的整机成本,提高了整机的性能和可靠性。

该芯片与后端 MCU 芯片的接口和编程非常简单,所有控制信号由引脚驱动,无须对芯片内部的寄存器编程。输入选择开关可任意选取通道 A 或通道 B,与其内部的低噪声可编程放大器相连。通道 A 的可编程增益为 128 或 64,对应的满额度差分输入信号幅值分别为 ±20mV 或 ±40mV。通道 B 增益则为固定的 64,用于系统参数检测。芯片内提供的稳压电源可以直接向外部传感器和芯片内的 ADC 提供电源,系统板上不需要另外的模拟电源。芯片内的时钟振荡器不需要任何外接器件。上电自动复位功能简化了开机的初始化过程。主要特点如下。

(1) 两路可选择差分输入。

(2) 片内低噪声可编程放大器,可选增益为 64 和 128。

(3) 片内稳压电路可直接向外部传感器和芯片内 ADC 提供电源。

(4) 片内时钟振荡器无须任何外接器件,必要时也可使用外接晶振或时钟。

(5) 上电自动复位电路。

(6) 简单的数字控制和串口通信:所有控制由引脚输入,芯片内寄存器无须编程。

(7) 可选择 10Hz 或 80Hz 的输出数据速率。

(8) 同步抑制 50Hz 和 60Hz 的电源干扰。

(9) 耗电量(含稳压电源电路):典型工作电流<1.7mA,断电电流<1μA。

(10) 工作电压范围:2.6~5.5V。

(11) 工作温度范围:-20~+85℃。

(12) 16 引脚的 SOP-16 封装。

HX711 的硬件电路如图 13-7 所示。

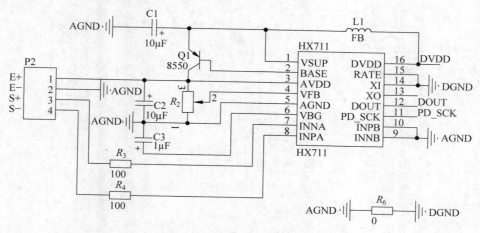

图 13-7 HX711 的硬件电路

图 13-7 中 E＋和 E－分别连接 5V 电源和地线，为芯片供电，S＋和 S－连接称重传感器的输出端。本设计使用 HX711 内部时钟振荡器(引脚 XI 接地)，10Hz 的输出数据速率(引脚 RATE 接地)。芯片供电电压取用 5V。片内稳压电源电路通过片外 PNP 管 8550 和分压可调电阻 R_2 向传感器提供稳定的低噪声模拟电源(图中 E＋和 E－)。通道 A 与传感器相连，通道 B 接地。

13.4.4　WT588D 语音模块相关电路设计

WT588D 语音模块封装有 DIP16、DIP28、DIP18、SSOP20 和 LQFP32 等多种封装形式。它根据外挂或者内置 SPI-Flash 的不同，播放时长也不同，支持 2～32Mb 的 SPI-Flash 存储器，并且内嵌了 DSP 高速音频处理器，处理速度快。WT588D 语音模块内置了 13 位 DAC 和 12 位 PWM 输出，音质较好。PWM 输出可直接推动 0.5W/8Ω 扬声器，推挽电流充沛，且支持 DAC/PWM 两种输出方式及加载 WAV 音频格式。

WT588D 语音模块支持加载 6～22kHz 采样率音频，可通过专业上位机操作软件，随意组合语音，插入静音(插入的静音不占用内存的容量)。一个已加载的语音可重复调用多个地址。该模块含有 20 段可控制地址位，单个地址位最多可加载 128 段语音，可控制地址位最多可加载 500 段用于编辑的语音。

WT588D 语音模块的结构如图 13-8 所示。

WT588D 与主控芯片的硬件连接如图 13-9 所示。

图 13-9 中 P2 为扬声器，与模块的正负 PWM 输出连接，该模块可直接驱动 P2 为 0.5W/8Ω 扬声器。该模块的复位引脚接主控芯片的 PA3 口，本设计使用该模块的一线串口模式，所以只需使用模块的 P03 引脚即可，这里连接 PA2 口。该模块的 VDD 供电为 DC 2.8～5.5V，VCC 为 DC 2.8～3.6V。采用 DC 3.3V 供电时，可以直接短接 VDD 跟 VCC，但考虑到使用环境声音嘈杂，故 VDD 供电 5V 以提供较大的音量。BUSY 引脚连接发光二极管指示模块的工作状态，当模块发音时二极管亮，不发音时不亮。

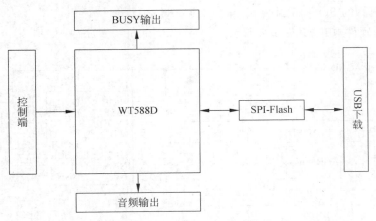

图 13-8　WT588D 语音模块结构

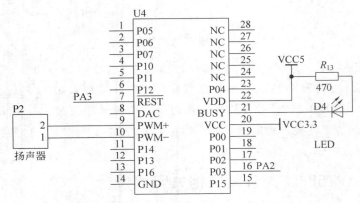

图 13-9　WT588D 与主控芯片的硬件连接图

13.4.5　称重传感器相关电路设计

称重传感器是一种将质量信号转变为可测量的电信号输出的装置。本设计所使用的称重传感器为 YZC-1B 型传感器，该传感器是 10kg 量程的电阻应变片式传感器，在激励电压为 5V 的条件下输出，满量程输出为 10mV，该称重传感器的实物图如图 13-10 所示。

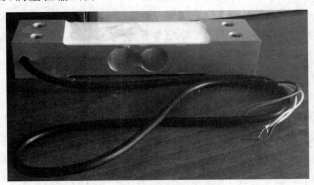

图 13-10　称重传感器实物图

其由电阻应变片搭接的惠斯通电桥贴于铝块载体上构成。外接的 5 根线分别是一根屏蔽线,两根输出线,两根供电线。当载物时铝块发生微小形变,致使贴在上面的电阻应变片也发生形变,从而电阻发生变化,破坏电桥平衡,使电桥输出微弱电压。

压力传感器又称为称重传感器,考虑到使用地点的重力加速度(g)和空气浮力(f)的影响,通过把其中一种被测量(质量)转换成另外一种被测量(电压)来测量质量。压力传感器由敏感元件、转换元件、后续处理部分组成,压力传感器一般应用应变片来实现压力的测量,应变片的制造原理是依据桥式电路,当在桥臂上的电阻满足 $R_1R_3 = R_2R_4$ 时电桥平衡,则输出的电压为零,当电阻有变化的时候,电桥不平衡,有一定的电压输出。可分为单臂电桥、双臂电桥、全臂电桥,其输出的电压与电阻的变化量成近似的线性变化。应变片是很薄的薄片,上表面镶嵌两个有电阻丝制成的电阻,同时下表面也有两个同样的电阻,在连接上形成桥式电路,当应变片上没有压力时,输出的电压为零,当有压力作用时,上边的电阻变大,下面的电阻变小,电桥不平衡,而且是相同的电阻丝,其电阻的变化量相同,输出的电压与电阻的变化量呈线性关系,再经相应的测量电路把这一电阻变化转换为电信号(电压或电流),从而完成将外力变换为电信号的过程。这样就可以测量出压力的大小。

最后设计出的电子秤实物图如图 13-11 所示。

图 13-11　电子秤实物图

13.4.6　软件设计思路及代码分析

软件设计主要包括 TFT 触控液晶模块软件设计、WT588D 语音模块软件设计、传感器软件设计及数据计算等部分。

1. TFT 触控液晶模块部分

(1) 设置 STM32 与 TFT 触控液晶模块相连接的 I/O。

本设计中使用 I/O 端口 PB0～PB15 作为液晶显示的数据接口,采用 16 位并行。当从模块读数据时设置为上拉输入模式,写数据时设置为上拉输出模式。其余并口信号线 CS、

WR、RD、RS 和 SPI 通信接口 MOSI、SCK、CS 都设为推挽输出模式，SPI 的 MISO 和触控标志 PEN 设置为上拉输入模式。

（2）初始化 TFT-LCD 模块。

首先读取 TFT-LCD 的控制芯片的型号，然后根据具体型号向芯片写入一系列的设置，来启动 TFT-LCD 的显示，为后续显示字符和数字做准备。在程序工程中初始化函数为 void LCD_Init(void)。

（3）通过函数将字符和数字显示到 TFT-LCD 模块上。

本设计编写的各个功能函数如下：

```
void LCD_ShowNum(u16 x,u16 y,u32 num,u8 len,u8 size,u8 mode);     //数字显示函数
void LCD_ShowString(u16 x,u16 y,const u8 * p);                    //显示一个字符串
void Show_Str(u16 x,u16 y,u8 * str,u8 mode);                      //汉字显示函数
void LCD_DrawRectangle(u16 x1,u16 y1,u16 x2,u16 y2);              //画矩形函数
```

TFT 触控液晶模块界面如图 13-12 所示。

(a) 开机前的初始化界面　　　　　(b) 使用时的主界面

图 13-12　TFT 触控液晶模块界面

2. WT588D 语音模块部分

一线串口只通过一条数据通信线控制时序，依照电平占空比的不同来代表 0 或 1。先拉低 RESET 复位信号 5ms，然后置高电平，等待 17ms 的时间，再将数据信号拉低 5ms，最后发送数据。高电平与低电平数据占空比为 1∶3，即代表数据位 0；高电平与低电平数据位占空比为 3∶1，代表数据位 1。高电平在前，低电平在后，数据信号先发低位再发高位。发送数据时，无须先发送命令码再发送指令。一线串口模式详细时序图如图 13-13 所示。

D0～D7 表示一个地址或者命令数据，数据中的 00H～DBH 为地址指令，E0H～E7H 为音量调节命令，F2H 为循环播放命令，FEH 为停止播放命令。

（1）设置 STM32 与 WT588D 模块相连接的 I/O。

WT588D 模块的 SDA、REST 设置为上拉推挽输出模式，BUSY 设置为上拉输入模式。

（2）根据 WT588D 模块的时序图编写写数据函数 void send_dat(u8 addr)（由于该模块与主控芯片的连接为单向，所以无须编写读数据函数），具体代码如下：

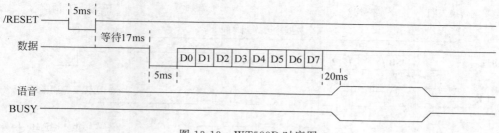

图 13-13　WT588D 时序图

```
void send_dat(u8 addr)
{
    u8 i;
    rst = 0;
    delay_ms(5);                    //复位信号保持低电平 5ms
    rst = 1;
    delay_ms(17);                   //复位信号保持高电平 17ms
    sda = 0;
    delay_ms(5);                    //数据信号置于低电平 5ms
    for(i = 0; i < 8; i++)
    {
        sda = 1;                    //无论是 1 还是 0,sda 都是先高电平
        if(addr & 1)
        {
        //高电平与低电平数据位占空比为 600μs: 200μs,表示发送数据 1
        delay_μs(600);
            sda = 0;
            delay_μs(200);
        }
        else
        {
        //高电平与低电平数据位占空比为 200μs: 600μs,表示发送数据 0
        delay_μs(200);
            sda = 0;
            delay_μs(600);
        }
        addr >> = 1;
        sda = 1;
    }
}
```

（3）将语音合成软件合成的语音碎片通过程序组织起来,形成语音。各函数功能如下：

```
void pronounce_num(u16 t);          //播报 0～9999 任意整数
void pronounce_point3num(u16 t);    //播报小数点后三位数
void pronounce_point2num(u8 t);     //播报小数点后两位数
```

3. HX711 芯片部分

HX711 芯片的数据输入/输出和增益选择时序图如图 13-14 所示。

其中,T_1 为 DOUT 下降沿到 PD_SCK 脉冲上升沿的时间,最小值为 $0.1\mu s$。T_2 为 PD_SCK 脉冲上升沿到 DOUT 数据有效。

（1）设置 STM32 与 HX711 芯片相连接的 I/O。

HX711 芯片的 PD_SCK 设置为推挽输入,DOUT 设置为上拉输入。

（2）根据 WT588D 模块的时序图编写写数据函数 void send_dat(u8 addr)（由于该芯片

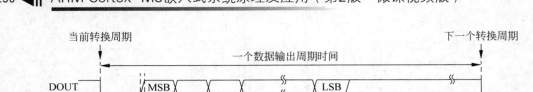

图 13-14　HX711 设置时序图

只需发数据给主控芯片，所以无须编写写入数据函数），具体函数代码如下：

```
u32 Read_HX711(void)
{
    u32 count = 0;
    u8 i;
    AD_sck = 0;
    while(AD_dout);                    //AD_dout 为 1 时，表明 A/D 转换器还未准备好
    for(i = 0; i < 24; i++)
    {
        AD_sck = 1;                    //上升沿
        count = count << 1;
        AD_sck = 0;
        if(AD_dout)
            count++;
    }
    AD_sck = 1;
    count = count^0x800000;
    AD_sck = 0;
    return count;
}
```

（3）滤波部分设计采用中位值平均滤波法，具体代码如下：

```
u32 HX711_val_filtered(void)
{
    u32 Sam[n], tmpmax, tmpmin, sum = 0, Average;
    u8 i;
    for(i = 0; i < n; i++)
    {
        Sam[i] = Read_HX711();
        if(i == 0)
        {
            tmpmax = Sam[0];
            tmpmin = Sam[0];
        }
        if(i > 0)
        {
            if(Sam[i] > tmpmax) tmpmax = Sam[i];
            if(Sam[i] < tmpmin) tmpmin = Sam[i];
        }
```

```
}
for(i = 0; i < n; i++)
{
    if(!(Sam[i] == tmpmax||Sam[i] == tmpmin))//去掉最大值和最小值
    {
        sum = sum + Sam[i];
    }
}
Average = sum/(n - 2);
return Average;
}
```

4. DS18B20 芯片部分

DS18B20 通过单总线和主控芯片连接,时序比较复杂。检测 DS18B20 是否存在的时序如图 13-15 所示。

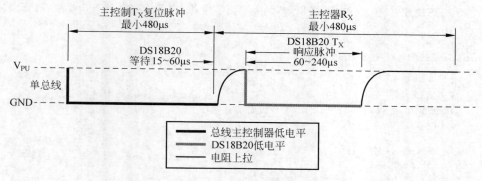

图 13-15　DS18B20 检测时序

首先由主控芯片拉低总线 $480\sim960\mu s$,然后等待 $15\sim60\mu s$,之后芯片自己会拉低总线,主控芯片通过检测是否为低电平来判断是否有 DS18B20 在总线上。具体代码如下:

```
u8 DS18B20_Check(void)
{
    u8 retry = 0;
    DS18B20_IO_IN();                //设置 PA0 输入
    while(DS18B20_DQ_IN&&retry < 200)
    {
        retry++;
        delay_us(1);
    };
    if(retry >= 200)return 1;
    else retry = 0;
    while(!DS18B20_DQ_IN&&retry < 240)
    {
        retry++;
        delay_us(1);
    };
    if(retry >= 240)return 1;
    return 0;
}
```

该函数返回 1,则总线上没有 DS18B20;返回 0,则总线上有 DS18B20。

DS18B20 的写时序如图 13-16 所示。

如果要写"0",则主控芯片拉低总线 $60\sim120\mu s$,在开始拉低总线 $15\mu s$ 后,DS18B20 会

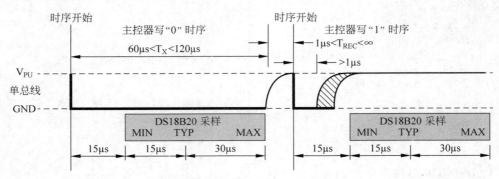

图 13-16 DS18B20 写时序

开始检测总线状态,此时会检测到低电平。如果要写"1",则至少拉低总线 1μs 后释放总线即可,之后 DS18B20 会检测总线状态。写两位数据的间隔要大于 1μs。写函数 void DS18B20_Write_Byte(u8 dat)具体代码如下:

```
void DS18B20_Write_Byte(u8 dat)
{
    u8 j;
    u8 testb;
    DS18B20_IO_OUT();                      //设置 PA0 输出
    for(j = 1; j < = 8; j++)
    {
        testb = dat&0x01;
        dat = dat >> 1;
        if(testb)
        {
            DS18B20_DQ_OUT = 0;        //写 1
            delay_us(2);
            DS18B20_DQ_OUT = 1;
            delay_us(60);
        }
        else
        {
            DS18B20_DQ_OUT = 0;                  //写 0
            delay_us(60);
            DS18B20_DQ_OUT = 1;
            delay_us(2);
        }
    }
}
```

DS18B20 的读时序如图 13-17 所示。

首先主控芯片先拉低总线至少 1μs,然后释放总线并检测总线状态。如果是低电平,则读到的是"0";如果是高电平,则读到的是"1",读两个值之间间隔至少 1μs。本例中读函数 u8 DS18B20_Read_Bit(void)和 u8 DS18B20_Read_Byte(void)代码如下:

```
u8 DS18B20_Read_Bit(void)              //读 1b
{
    u8 data;
    DS18B20_IO_OUT();                  //设置 PA0 输出
```

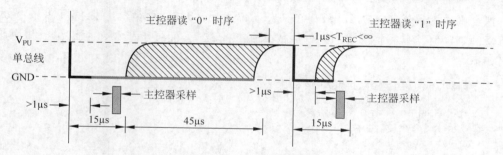

图 13-17　DS18B20 读时序

```
    DS18B20_DQ_OUT = 0;
    delay_us(2);
    DS18B20_DQ_OUT = 1;
    DS18B20_IO_IN();              //设置 PA0 输入
    delay_us(12);
    if(DS18B20_DQ_IN) data = 1;
    else data = 0;
    delay_us(50);
    return data;
}
u8 DS18B20_Read_Byte(void)        //读 1B
{
    u8 i,j,dat;
    dat = 0;
    for(i = 1; i < = 8; i++)
    {
        j = DS18B20_Read_Bit();
        dat = (j << 7)|(dat >> 1);
    }
    return dat;
}
```

5. 数据计算部分

称重传感器有良好的线性度,本设计使用线性拟合软件 CurveExpert 1.3 来拟合 AD
值与实际重量之间的线性函数。CurveExpert 1.3 拟合后绘制的函数关系如图 13-18 所示。

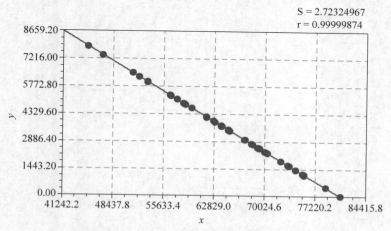

图 13-18　AD 值与实际重量之间的函数关系图

拟合函数为 $y = a + bx$，其中 $a = 17\,668.847$，$b = -0.218\,605\,77$，y 是实际重量，x 是当前重量的 AD 值。只需将采集的 AD 值代入函数中运算，即可求出相对应重量。相应函数代码如下：

```
u32 Weight_Get(s16 zero_point, u32 AD_val)
{
    u32 weight;
    //AD_val 舍弃最后两位
    AD_val = AD_val/100;
    //经拟合的函数
    weight = (u32)( - 0.21860577 * (AD_val + zero_point) + 17668.847);
    return weight;
}
```

通过函数 Weight_Get 计算后所得的重量与实际重量还是有差距的，差距表现为随着实际重量的增加，计算后所得的重量均偏小。针对此微小的非线性问题，本设计采用分段补偿的方法，即以 500 克为单位，每增加 500 克补偿 1 克。

13.5　本章小结

本章实现了电子秤的设计，主要利用 STM32 最小系统和 HX711 高精度传感器，同时采用 TFT 触摸屏设计，方便读者操作。

电子秤设计核心有两部分：一部分是传感器的使用，为了提高精度采用了高精度的 HX711 传感器，另一部分就是触摸屏的使用，TFT 触摸屏使用时设计函数角度灵活。

13.6　习题

(1) 传感器选型的依据及注意事项是什么？
(2) DS18B20 采用单总线采集数据，说明单总线传输的基本方法和步骤。
(3) TFT 触摸屏初始化的步骤和控制方法是什么？

第 14 章
CHAPTER 14

无线电能功率传输系统的设计

14.1 本章导读

随着科技的发展和生活质量的提高,人们对电能传输需求越来越高。电能给人类带来便捷的同时也存在着很多麻烦。

本章利用谐振理论和 PWM 技术研制一种无线短距离电能传输系统。用电设备与电源无须电气连接,使得用电具有良好的安全性和便捷性。

系统采用 STM32F103 控制器,控制全桥逆变器将整流后的直流电进行斩波处理,产生高频交变电能供 LC 谐振电路使用,LC 谐振电路将电能变成磁场能发射出去。相同频率的 LC 谐振电路进入磁场后将磁场能转化成电能存储并供负载使用。发射和接收部分的通信采用 2.4GHz 无线通信模块。

本系统功率为 100W,效率为 81%,具有金属异物检测、过温、过压保护功能,采用传输距离为 10cm 的无线电能传输,可点亮 4 个 25W 的灯泡。

14.2 设计要求

系统具有以下指标和功能。

(1) 保持发射线圈与接收线圈间距离 $x=10$cm,输入直流电压 $U_1=110$V 时,调整负载使接收端输出直流电流 2A,输出直流电压 $U_2 \geqslant 200$V,提高该无线电能传输装置的效率到 80%。

(2) 输入直流电压 $U_1=110$V,输入直流电流不大于 3A,接收端负载为 4 只并联灯泡(25W)。

(3) 加入显示器的供电接入电路和手机充电接入电路,并添加过压保护、过流保护、接入设备检测以及 MOS 管温度检测等。

14.3 设计分析

本章利用谐振理论和电力电子技术,通过多次实验研究一种给负载供电的无线电能功率传输系统。考虑到系统的实用性,系统将传输效率作为第一指标,以增强稳定性为前提,尽可能地增大传输距离。具体研究包括下面三方面。

（1）系统原理的分析与研究。分析研究磁场共振传输方式中,磁场发射强度、频率对传输距离的影响;研究磁场发射频率和接收端 LC 谐振固有频率的匹配程度对系统传输效率的影响;研究怎样匹配谐振频率,降低感抗和容抗带来的损耗。

（2）硬件平台的构建。硬件平台是实现系统原理的依托,对硬件平台的研究是实现无线传输必不可少的一项内容。构建硬件平台要考虑的问题主要包括怎样实现高频磁交变场的产生,线圈在实际的制作中怎样才能达到损耗最小,怎样实现对一些电压、电流的检测和对设备的保护措施以及对控制平台需要搭建哪些硬件。

（3）系统控制机制的研究。主要研究系统的控制机制如何控制流程,比如有异物进入磁场时要停止磁场的输出、接收线圈到达最佳距离进行提示等。还需要加入合理的散热结构,确保系统能够长时间稳定工作。

14.3.1　无线电能传输的基本原理分析

1. 无线电能传输的耦合方式

无线供电有效地解决供电电源的安全接入问题,解决导体接插式连接带来的打火、积碳、不易维护和磨损等问题。无线电能传输技术是电能在传输和接入问题上的革命和创新。根据无线供电的供电方式不同,可将其分为3大类:电磁感应耦合式、磁谐振耦合式和微波辐射式。

1) 电磁感应耦合式

利用电磁感应耦合方式实现电能的无线传输是将能量从发射端传送到接收端的一种无线供电方式,其能量变换类似于变压器的变换原理,主要是将工频交流电经整流滤波后进行斩波处理,也就是经过高频逆变器产生高频交流电。逆变器产生的交流电流经过原边送给一次发射绕组,一次绕组在高频电流的激励下产生的磁链与副边接收绕组交链,根据电磁感应原理,在副边产生感应电动势。该模型可以等效成一个可分离的磁松耦合变压器,原边一次绕组通以高频电流后在副边二次绕组产生同频电功率,利用耦合方式将电能从一侧输送到另一侧,实现电能的无线传输。

在这种传输方式中,电能发射线圈和电能接收线圈存在极强的方向性。当两个线圈垂直时,两线圈的耦合性最差,两线圈平行时耦合性最强。另外,二者的距离对该系统的传输效率也有极大的影响,即负载的位置对传输效率、功率都有极大影响。图 14-1 是这项技术的一种应用,该技术的传输功率可以达到几百千瓦,传输效率能达到 90%,缺点就是传输距离短。

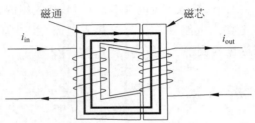

图 14-1　煤矿设备使用的防爆插头结构简图

2）磁谐振耦合式

磁谐振耦合也叫磁场共振耦合,其供电方式是通过近场强耦合技术将电能从一边传输到另一边,简单地说就是利用共振原理。两个相同谐振频率的物体之间能量交换是很强的,不同频率的物体之间几乎不能交换能量。

图14-2是无线电能功率传输基于谐振耦合方式的原理框图。电能的发射部分和接收部分采用两个具有相同频率的感应线圈,电能发射装置产生交变的磁场,有相同频率的感应线圈进入该场时,就会在接收端产生磁谐振,把电能聚集在电容中为负载供电,电能就这样从一端传输到另一端了。

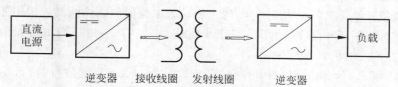

图 14-2　无线电能功率传输基于谐振耦合方式的原理框图

这种方式能在数百米范围实现无线供电,遇到障碍物时也不用担心,传输效率高,功率等级一般是在百瓦级,适用于小功率传输。

3）微波辐射式

微波辐射式供电技术的原理如图14-3所示,由电源提供电力,通过微波转换器将交变电流转换成微波,再通过发射站的微波发射天线送到空间,然后传输到地面微波接收站,转换器将接收到的微波转换成交流电供用户使用。

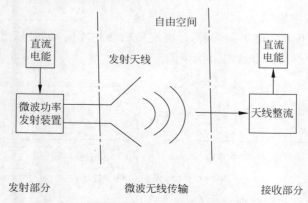

图 14-3　微波辐射式无线电能传输原理框图

利用微波进行无线供电主要分为两部分:能量发送部分和能量接收部分。整个传输过程类似于大功率信号传输,与无线通信系统相比,其存在以下优点。

（1）方向的灵活性。在传输过程中,传输方向可以任意改变。

（2）快速性。能量以光速传播。

（3）低损耗。能量在太空中传播是没有损耗的,在大气层传输较长波长的能量损耗也是微弱的。

4）其他方式的无线电能传输

除了上述传输方式外,无线电能传输还有很多方式,比如超声波传输、激光传输等。超声波式的无线传输是利用超声波作为媒介将电能传输出去的一种方式，由电压效应产生的超声波的频率范围在20kHz到数兆赫兹。利用超声波传输电能的系统同样也包括波发射部分和接收部分。发射部分主要是将电能转换为超声波发射出去，接收部分就是将接收到的超声波能量转换为高频电能，再经过整流、滤波和稳压供负载使用。

激光式无线电能传输同其他方式原理类似，发射再接收。激光的危害比较大，巨大的电能对人体的伤害也是无法想象的，如何控制好激光让其为人类服务，该技术还在研发中。

2. 磁谐振耦合式无线电能传输的基本原理

利用磁谐振耦合方式实现无线电能传输的实质是将两个频率相同的谐振线圈放在一起实现磁场共振现象。如音叉共振实验一样，两个振动频率相同的物体能高效传输能量。当电源发送端的磁场振荡频率和接收端的固有频率相同时，接收端产生共振，实现能量的无线传输。

1）音叉共振实验的基本原理

如图14-4所示，具有相同固有频率的两个音叉，在一方音叉被敲打时，另一方的音叉与之发生共振，能量从一方传到另一方。宏观上，电能的传输方式与此相似。

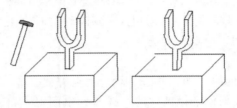

图14-4　音叉共振实验原理图

2）LC谐振的基本原理

LC谐振分为串联和并联谐振两种，虽然它们的结构不同，但是依然存在一些共同的特性，图14-5给出了两种谐振方式电路模型图。

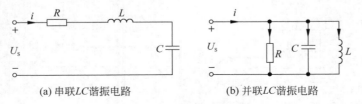

(a) 串联LC谐振电路　　　　(b) 并联LC谐振电路

图14-5　LC谐振电路模型图

（1）串联LC谐振基本原理。

如图14-5(a)所示，根据相量法，电路的输入阻抗表示为

$$Z(\mathrm{j}\omega) = R + \mathrm{j}\left(\omega L - \frac{1}{\omega C}\right) \tag{14-1}$$

频率特性表示为

$$\varphi(\mathrm{j}\omega) = \arctan\left(\frac{\omega L - \dfrac{1}{\omega C}}{R}\right) \tag{14-2}$$

$$\mid Z(\mathrm{j}\omega)\mid = \frac{R}{\cos[\varphi(\mathrm{j}\omega)]} \tag{14-3}$$

当 $\omega = \omega_0$ 时,电路发生串联谐振,能够发生串联谐振的条件为

$$\mathrm{Im}[Z(\mathrm{j}\omega_0)] = X(\mathrm{j}\omega_0) = \omega_0 L - \frac{1}{\omega_0 C} = 0 \tag{14-4}$$

只有电感和电容同时存在时,上述条件才能满足。由式(14-4)可知谐振电路的角频率 ω_0 和固有频率 f_0 分别为

$$\omega_0 = \frac{1}{\sqrt{LC}} \quad f_0 = \frac{1}{2\pi\sqrt{LC}} \tag{14-5}$$

可以看出 RLC 串联电路只有一个谐振频率 f_0,仅与 L、C 有关,与 R 无关。只有输入信号 U_s 的频率与固有频率 f_0 相同(合拍)时,才能在电路中产生谐振。

（2）并联 LC 谐振基本原理。

并联 LC 谐振的电路如图 14-5(b)所示,基本原理与串联的基本一样,它是用导纳推导的,所以这里不再赘述。重要的一点是通过调节电阻可以改变并联 LC 谐振电路的固有频率。

（3）谐振式耦合无线电能传输的基本原理。

本节主要研究基于磁场谐振的无线电能传输。耦合线圈是无线能量传输的核心,匹配调谐电路与耦合线圈相配合,实现共振。在电能发射端,电路产生 LC 谐振,电感会在这种谐振的情况下产生以谐振点频率为频率的交变磁场,就像单只音叉被敲击后,音箱传出声波一样。当固有频率为谐振频率的 LC 电路接近谐振磁场产生共振,能量就从原端传到副端了。

3. 磁场谐振式无线电能传输系统的组成

基于磁场谐振的无线电能传输系统主要由两部分组成:一是电能发射部分,二是电能接收部分。发射部分如图 14-6 所示,主要有整流、斩波、LC 谐振三个环节。

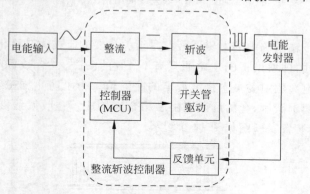

图 14-6 无线电能发射部分框图

工频交流电通过整流后输出直流电,然后经过 MOS 管斩波形成高频交流电后通过电感线圈以磁场的形式发散出去。MCU 的作用是控制 MOS 管进行斩波,这里的反馈单元主要是反馈线圈中的电压、电流以及温度等信息。

接收部分如图 14-7 所示,也是由 LC 谐振线圈、整流和变换器组成。电能通过线圈接收回来,经过整流、变换器处理后为设备供电。

4. 实现传输的关键装置

1) 能量收发线圈

收发线圈是无线电能传输系统的组成核心,如图 14-8 所示。收发线圈直接影响到无线

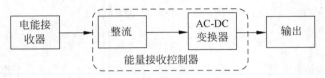

图 14-7　无线电能接收部分框图

电能功率传输的性能,例如传输的功率和效率。线圈的尺寸、大小、线径、材质和周长不仅要满足相同的固有频率以及较高的 Q 值,同时也影响它的传输性能。高频电感的主要特性是电感量、分布电容和损耗电阻。线圈中总的损耗电阻包括直流电阻、高频电阻和介质损耗电阻。直流电阻显而易见,高频电阻是由趋肤效应造成的。高频电流流过铜线,线圈有效面积减小,引起导线电阻增大。在高频情况下有分布电容存在,这是导线与导线之间、导线与绝缘介质之间存在的电容特性。在低频的情况下可以忽略这种效应,但是在高频的电路中分布电容对系统的影响就不可忽略。

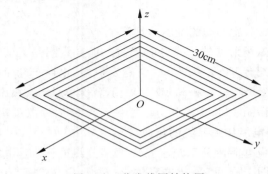

图 14-8　收发线圈结构图

2) 电磁屏蔽

无线电能功率传输系统中的电磁屏蔽也是至关重要的。在大功率传输的过程中会产生数十万毫高斯的磁通,即使设备的主磁通只有 0.1% 的漏磁,也有数百毫高斯的辐射产生,这远远高于国际非电离辐射委员会标准规定的磁通值。为了防止漏磁污染环境,可在收发线圈的边界安装金属屏蔽刷,金属屏蔽刷由多根金属构成。在收发线圈的顶层加盖一层铝箔片来屏蔽磁场,其装置实验图如图 14-9 所示。

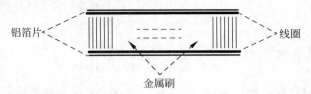

图 14-9　收发线圈的屏磁结构示意图

14.3.2　无线电能传输的特性

1. 频率特性对无线电能传输系统的影响

研究无线电能传输系统的频率特性为提高无线电能传输效率和距离提供有益的参考。为了使问题的分析简便,将激磁线圈的电路反射到发射线圈,相当于向发射线圈加入一个感应电动势,而将负载线圈反射到接收线圈相当于向接收线圈增加了一个反射阻抗。其等效电路如

图 14-10 所示,U_s、R_1 分别为激磁线圈等效到发射线圈的感应电动势和阻抗,R_4 为负载线圈反射到接收线圈的等效阻抗,R_2、R_3 分别为发射线圈、接收线圈的损耗电阻和辐射电阻之和。

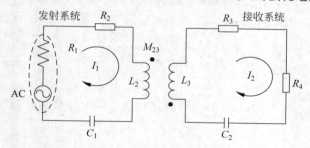

图 14-10　无线供电系统的简化图

设流过发射线圈和接收线圈的电流分别为 I_1、I_2,根据基尔霍夫电压定律(KVL),由图 14-10 可得

$$\dot{U}_s = \left(R_1 + R_2 + j\omega L_2 + \frac{1}{j\omega C_1}\right)\dot{I}_1 - j\omega M_{23}\dot{I}_2 \tag{14-6}$$

$$0 = \left(R_3 + R_4 + j\omega L_3 + \frac{1}{j\omega C_2}\right)\dot{I}_2 - j\omega M_{23}\dot{I}_1 \tag{14-7}$$

令负载阻抗和激励源内阻相同,那么它们的反射阻抗也相同,即 $R_1 = R_4$。因为发射线圈和接收线圈结构相同,所以 $R_2 = R_3$,$L_2 = L_3$,$C_1 = C_2$。为了便于分析,令

$$R_1 + R_2 = R_3 + R_4 = R$$
$$L_2 = L_3 = L$$
$$C_1 = C_2 = C$$
$$M_{23} = M$$

将式(14-7)代入式(14-6),可得

$$\dot{U} = \left(R + j\omega L + \frac{1}{j\omega C}\right)\dot{I}_1 - j\omega M_{23}\dot{I}_2 \tag{14-8}$$

$$0 = \left(R + j\omega L + \frac{1}{j\omega C}\right)\dot{I}_2 - j\omega M_{23}\dot{I}_1 \tag{14-9}$$

引入广义失谐因子 $\xi = Q\left(\dfrac{\omega}{\omega_0} - \dfrac{\omega_0}{\omega}\right)$,其中 Q 为品质因数,$Q = \dfrac{\omega_0 L}{R} = \dfrac{1}{\omega_0 CR}$,同时因为

$$R + j\omega L + \frac{1}{j\omega C} = R\left(1 + \frac{j\omega L}{R} + \frac{1}{j\omega CR}\right)$$

$$= R\left(1 + \frac{j\omega_0 L}{R}\cdot\frac{\omega}{\omega_0} + \frac{1}{j\omega CR}\cdot\frac{\omega_0}{\omega}\right)$$

$$= R\left[1 + jQ\left(\frac{\omega}{\omega_0} - \frac{\omega_0}{\omega}\right)\right]$$

$$= R(1 + j\xi) \tag{14-10}$$

将式(14-10)分别代入式(14-8)和式(14-9),可得

$$\dot{U}_s = R(1 + j\xi)\dot{I}_1 - j\omega M_{23}\dot{I}_2 \tag{14-11}$$

$$0 = R(1+\mathrm{j}\xi)\dot{I}_2 - \mathrm{j}\omega M_{23}\dot{I}_1 \tag{14-12}$$

联立式(14-11)和式(14-12)，解方程组得出

$$\dot{I}_2 = \frac{\mathrm{j}\dfrac{\omega M_{23}}{R}\dot{U}_s\dfrac{1}{R}}{(1+\mathrm{j}\omega)^2 + \left(\dfrac{\omega M_{23}}{R}\right)^2} \tag{14-13}$$

设定耦合因数 $\eta = \dfrac{\omega M_{23}}{R}$，由式(14-13)可得到接收线圈的电压及其模为

$$\dot{U} = \dot{I}_2 R = \frac{\mathrm{j}\dfrac{\omega M_{23}}{R}\dot{U}_s}{(1+\mathrm{j}\omega)^2 + \left(\dfrac{\omega M_{23}}{R}\right)^2} = \frac{\mathrm{j}\eta\dot{U}_s}{(1+\mathrm{j}\omega)^2 + \eta^2} \tag{14-14}$$

$$|U| = \frac{\eta U_s}{\sqrt{(1-\xi^2+(\eta)^2)^2 + 4\xi^2}} \tag{14-15}$$

对接收线圈电压模值求导，令 $\dfrac{\mathrm{d}|U|}{\mathrm{d}\xi}=0$，可知在 $\xi_1=0$ 和 $\xi_{2,3}=\pm\sqrt{\eta^2-1}$ 处得到电压绝对值的最大值

$$|U_{max}| = \frac{U_s}{2} \tag{14-16}$$

接收线圈归一化电压为

$$\alpha = \frac{U}{U_{max}} = \frac{2\eta}{\sqrt{(1+\eta^2)^2 + 2(1-\eta^2)\xi^2 + \xi^4}} \tag{14-17}$$

由式(14-17)得到如图14-11所示的归一化电压的频率响应曲线。由归一化电压 α 与失谐因子 ξ 和耦合因数 η 的关系可知：

(1) 在 $\eta>1$ 处存在频率分裂现象，随着耦合因数 η 的减小，频率分裂也减小并收敛在谐振频率处，在该点 $\eta=1$，称之为临界耦合。

(2) 在 $\eta>1$ 处，虽然存在频率分裂现象，但是不管在哪个谐振频率处，系统均能实现最大传输效率。耦合因数大于临界耦合称为过耦合。在 $\eta<1$ 处，即耦合因数小于临界耦合时称为欠耦合，在欠耦合处，系统传递电能的效率急剧下降。

(3) 临界耦合点代表着系统最大传能距离，即在该点系统仍能实现电能的最大传输效率。

通过对磁耦合谐振式无线电能传输系统频率特性的分析，得出了频率分裂现象的规律和出现条件，即频率分裂现象仅在过耦合区域中存在，并且当发射和接收线圈参数一致时，分裂具有对称性。利用频率分裂规律有利于促进频率跟踪技术的发展，从而进一步提高无线电能传输效率。

2. 能量发射线圈设计对无线电能传输系统的影响

无线电能传输系统中的振荡器一般是由不同材质导线绕制而成的一对线圈。其中，电磁耦合谐振式系统为了获得更高的品质因数一般采用匝数不等的空心线圈。如何设计发射线圈结构以保证能够从电源处获取足够大的功率并在空间产生足够大的磁场强度是该系统设计时要考虑的问题之一。采用不同线圈半径及匝数时，其等效电感、谐振频率与空间磁场

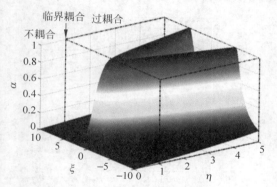

图 14-11　归一化电压频率曲线

强度分布均不相同,可以通过分析不同半径的单匝空心线圈的电气特性,定性地把握在实际中无线电能传输系统线圈设计规律。

如图 14-12 所示,首先建立线圈的轴对称模型,以线圈半径为参数扫描选项,从 $0.01\mathrm{m}$ 到 $0.3\mathrm{m}$,步长为 $0.01\mathrm{m}$,共 30 组,给定固定集中补偿电容的值为 $0.33\mu\mathrm{F}$,并对其进行频域分析以计算等效电感及谐振频率。然后将电路等效为电压源激励,对线圈半径及谐振频率两参数同时扫描求解,从而得到线圈在相同电压幅值激励并保持谐振状态时的空间磁场变化。

图 14-13 描述了在不同半径线圈的中轴线上,点 $(0,-0.3\mathrm{m})$ 至点 $(0,0.3\mathrm{m})$ 处的磁场强度分布,其中磁场强度坐标轴采用对数形式表示。由解析公式可知,线圈平面上方边沿处磁场强度随线圈半径的变化规律与中心处的变化规律相似,因此只需讨论后者的变化情况。由图 14-13 中曲线可知,线圈半径越小,中心轴处磁场强度越大,反之磁场强度越小。当线圈半径较小时,随着空间坐标远离中心,磁场强度迅速衰减;当线圈半径较大时,虽然中心磁场强度较小,但随观测点的远离衰减较缓慢。

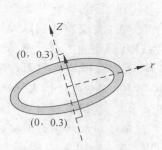

图 14-12　单匝线圈示意图

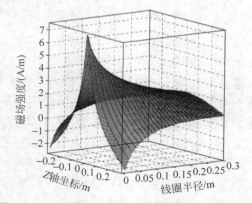

图 14-13　磁场强度随坐标及线圈半径的变化关系

图 14-14 展示了谐振频率及点 $(0,0.3\mathrm{m})$ 处的磁场强度随线圈半径的变化规律。由图 14-14 中曲线可知,一方面,随着半径的增加,线圈的自然谐振频率迅速下降,等效电感量逐步上升,对于电压源驱动电路而言,需要合理选择电路参数以使发射线圈获得足够的驱动电流;另一方面,中心轴线处磁场强度并非始终随着线圈半径的增加而增大,而是在半径小于 $0.2\mathrm{m}$ 时保持正比关系,在大于 $0.2\mathrm{m}$ 时磁场强度逐步趋近于稳定而不再增加。因此在该种驱动模式下,发射线圈最大半径不应超过 $0.2\mathrm{m}$。

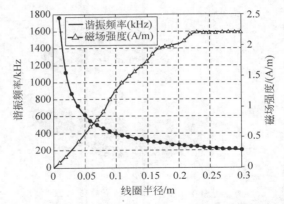

图 14-14　点(0,0.3m)处磁场强度及谐振频率随线圈半径的变化规律

图 14-15 给出了 3 种不同发射线圈结构图与纵剖面绕组关系图，分别为螺旋并绕式、换位并绕式、盘式并绕式结构。线圈统一采用线径为 10mm、厚度为 0.8mm 的紫铜管绕制，并通过环氧绝缘板固定导线以固定匝间距离。为保证 3 组线圈的可比性，在制作过程中内层线圈半径为 0.04m，中间层线圈半径为 0.07m，最外层线圈半径为 0.12m。由于各线圈加工的复杂程度不同，手工加工存在 3%~5% 的误差。

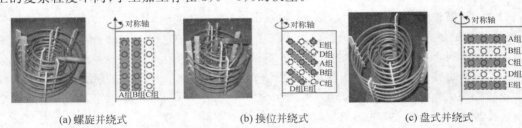

(a) 螺旋并绕式　　　　　　(b) 换位并绕式　　　　　　(c) 盘式并绕式

图 14-15　无线电能传输系统 3 种不同发射线圈结构图

由表 14-1 可知，在上面的 3 种绕线方式中，螺旋并绕式线圈有着电感量最大和谐振频率最小的特点，对应地，加入高频交流电时流过的电流将最小，因此其空间三点处磁场强度均小于其他两种方式。换位并绕式线圈通过 5 组线圈在空间不同位置交替换位以降低每匝线圈电气参量的不平衡性，其等效电感量略大于盘式并绕式线圈，而空间三点处磁场强度均略小于后者。盘式并绕式线圈采用 5 组线圈并绕的方式绕制，每组线圈均为平面盘型渐开结构，正常工作时最外层线圈与最内层线圈将会由于等效电感量小而使电流增大，保证了在最外层线圈上方磁场强度不至于过低，同时加工难度小于换位并绕式线圈，而且空间磁场分布与换位并绕式线圈基本相同，因此该种结构适合作为电压源激励型电磁耦合谐振式无线电能传输系统的发射线圈结构。

表 14-1　线圈参数计算值与测量值

类　　型	螺旋并绕式		换位并绕式		盘式并绕式	
结构	3 组并绕		5 组并绕		5 组并绕	
	每组 5 匝		每组 3 匝		每组 3 匝	
电感量/μH	计算值	测量值	计算值	测量值	计算值	测量值
	1.43	1.70	0.65	0.78	0.64	0.68

续表

类 型	螺旋并绕式		换位并绕式		盘式并绕式	
1 点磁场 强度/(A·m⁻¹)	计算值	测量值	计算值	测量值	计算值	测量值
	66.3	61.7	77.5	69.0	83.5	85.0
2 点磁场 强度/(A·m⁻¹)	计算值	测量值	计算值	测量值	计算值	测量值
	3.7	6.1	16.7	16.0	17.5	20.5
3 点磁场 强度/(A·m⁻¹)	计算值	测量值	计算值	测量值	计算值	测量值
	16.5	12.1	36.4	34.2	38.1	36.2

在确定补偿电容的容值下,为获得较高的传输效率和较远的传输距离,要求线圈的设计具有较好的磁场聚集度和尽量高的谐振频率以增加自身的品质因数。线圈半径越小,其中心磁场强度随着观测点的远离衰减越迅速;当线圈半径大于 $0.2\mathrm{m}$ 时,该点场强将趋于稳定而不再增长。在采用检测发射频率的方法获得触发电路控制信号的大功率电磁耦合谐振式无线电能传输系统中,需要严格控制发射线圈的电感量。螺旋并绕式、换位并绕式及盘式并绕式线圈通过并联的方式在增大了空间磁场强度幅值情况下降低了等效电感的量值。通过数值分析与测量表明,盘式并绕式线圈具有更低的电感量,其在电压源激励的无线电能传输系统工作时能够获得更好的磁场聚集度与更高的品质因数,分析数据和图形能够较为准确地反映磁场强度的变化趋势,因此可以作为无线电能传输系统有效的分析手段以减小设计的盲目性。

3. 电容补偿对无线能量传输系统性能的影响

无线能量传输系统是基于松耦合电磁感应来传输能量的,存在大量漏感,使得系统无功功率增加。为了提高系统的有功功率,一般采用电容补偿,让回路发生谐振,提高系统的传输效率和功率。电容补偿方式有串联补偿和并联补偿两种,所以存在 4 种电容的补偿电路模型,如图 14-16 所示,分别为串-串补偿、并-并补偿、串-并补偿、并-串补偿模型。

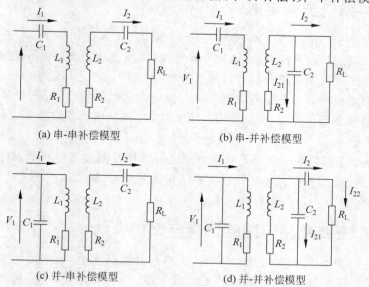

(a) 串-串补偿模型   (b) 串-并补偿模型

(c) 并-串补偿模型   (d) 并-并补偿模型

图 14-16 4 种电容补偿电路模型

为了研究初、次级回路电容补偿对系统性能的影响,实验装置采用铁芯变压器。初、次级绕组铁芯气隙(轴向距离)为 10mm。实验使用频率为 100kHz,保持负载输出功率不变,该无线能量传输系统松耦合变压器的电路参数为初级电感 $L_1=110.76H$，次级电感 $L_2=92.44H$，互感 $M=35.5H$，内阻 $R_1=1.68\Omega$，$R_2=1.23\Omega$，负载电阻为 51Ω。补偿电容的实验选取参数如表 14-2 所示。

表 14-2　补偿电容的实验选取参数

类　　型	串-串补偿	串-并补偿	并-串补偿	并-并补偿
初级补偿电容/μH	13.8	14.8	13.7	14.9
次级补偿电容/μH	27.2	27.2	27.2	27.2

实验过程中，保持负载电压不变，分别测量初级回路输入电压、初级绕组电流和功率因数，具体实验数据见表 14-3。

表 14-3　初、次级同时补偿后输入电压、初级绕组电流和功率因数

类　　型	串-串补偿	串-并补偿	并-串补偿	并-并补偿
输入电压/V	26.5	18.9	20.6	21.8
初级绕组电流/I	27.2	27.2	27.2	27.2
功率因数	0.785	0.964	0.086	0.072

从表 14-3 中可以看出，在初、次级均补偿情况下，发射端输入电压和输入电流均下降，功率因数增加，在串-并补偿中，串-并补偿发射端输入电流相差不大，但输入电压比其他两种情况时低很多，功率因数提高很多，在串-并补偿情况下输入电压最小，功率因数最高。

14.4　设计步骤

14.4.1　系统结构组成

磁场耦合串-并式无线电能功率传输系统的总体设计方案如图 14-17 所示。系统是由整流调压器、逆变控制器、补偿网络、电磁收发线圈、高频整流滤波和通信控制网络组成。其中整流调压器把工频交流电进行处理得到直流电，电流经斩波之后送给 LC 谐振补偿网络，电能由线圈转换成磁场分布在线圈周围。进入磁场内的线圈发生谐振，将电能送给电容存储起来。微控制器驱动逆变驱动器，具有软开关功能，控制驱动器进行零占空比渐进开通，对 MOS 进行保护。

2.4GHz 的无线通信系统主要是对接收端进行管理检测而进行通信设计的。接收端的电压值、电流值、温度值都要由经无线通信系统传回并显示，通过这些信息加以参考，对发射系统进行控制。

14.4.2　主要拓扑电路的选择与设计

在 14.3 节中，我们已经得出结论，在初、次级均补偿情况下，输入电压和初级绕组电流均下降，功率因数都有提高，但在串-并补偿情况下输入电压最小，功率因数最高。所以谐振系统选用串-并式的电容补偿结构。理想情况下，电容补偿就是电容与电感间交替传递电能，电能在电感端被转换成磁场能。LC 谐振系统需要高频的交流电来周期性地不间断地供电，以补充电感消耗的电能，而市电的频率则是 50Hz，这就需要一个频率变换装置，也就是主要的拓扑电路。

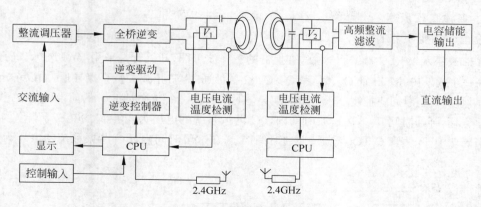

图 14-17　系统方案整体设计图

1. 拓扑电路的选择

高频逆变就是一个斩波的过程,将直流电转换成与谐振频率一致的交流电送到 LC 谐振系统中,所以高频逆变电路的设计将在很大程度上影响系统工作的稳定性和高效性。

高频逆变电路的设计条件如下。

(1) 电路工作频率能达到 300kHz,满足实验设计要求;

(2) 拓扑电路具有功率转换、高效率、低损耗的特点;

(3) 有较高的安全性和稳定性;

(4) 具有抗干扰能力强、控制简单等特点。

目前,根据逆变器主回路拓扑结构的不同,可分为全桥式拓扑、半桥式拓扑、推挽式拓扑、能量注入型谐振式拓扑、自激振荡式谐振拓扑、E 类谐振拓扑等。

全桥式变换器的拓扑电路如图 14-18 所示,其输入和半桥式结构的输入相同,采用倍压或者全桥切换整流电路。其主要优点是:变换器的初级输入电压是 $\pm V_{dc}$ 的方波,而不是半桥结构初级输入电压 $\pm V_{dc}/2$,晶体管承受的关断电压和半桥的完全相同,就是输入最大直流电压,因此晶体管在承受相同的峰值电压和电流的条件下,全桥式变换器的输出功率是半桥式的两倍,为以后实现大功率传输做准备。这里忽略两个开关管的成本,选用全桥式拓扑结构。

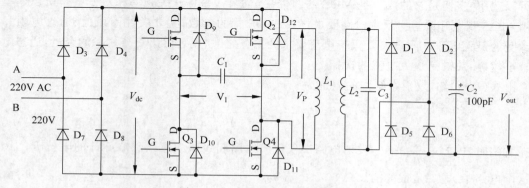

图 14-18　全桥式变换器的拓扑电路

2. 基本工作原理

设全桥式变换器的四个 MOS 管 $Q_1 \sim Q_4$ 对应的 G 极为 $G_1 \sim G_4$，电感 L_1 的电压 V_1 如图 14-18 所示。图 14-19 是全桥式变换器的工作波形图，开关管是采用 PWM 方式进行控制的。在每个周期内，MOS 管 Q_2、Q_3 和 Q_1、Q_4 交替导通，为防止开关管直接导通，加以一定的死区时间，所以导通时间应控制小于半个周期导体时间。在一个开关周期 T 的前半周期中，开关管 Q_1、Q_4 导通，导通时间 T_{on}，在这段时间内，LC 谐振系统的电压为 $V_1 = V_{dc}$，在一个开关周期 T 的后半周期中，开关管 Q_2、Q_3 导通，导通时间 T_{on}，在这段时间内，LC 谐振系统的电压为 $V_1 = -V_{dc}$。

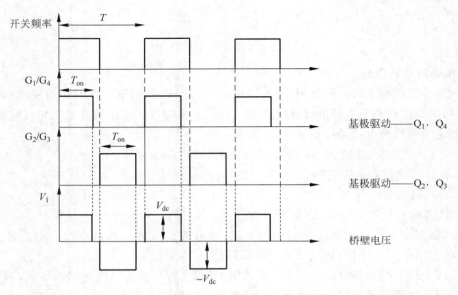

图 14-19　全桥式变换器波形图

3. 开关管的选取

开关管的选取有很多讲究，主要是由开关管的特性决定的。常用的开关管主要有 MOS 管和 IGBT。同 MOS 管相比，IGBT 同时具有 GTR 饱和压降、耐高压和大电流的特点，完全可以选用它，但是它的成本是 MOS 的两倍甚至更高，并且开关频率相对低些。所以这里选用 MOS 管做开关管。根据电路要求选择 MOS 管的参数，主要关注耐压值、通态电阻和可承受的最大电流。耐压值要大于电流要求的三分之一，就是留出三分之一的余量，通态电阻越小越好，关键是最大电流的选择。

由式(14-1)知，发射系统中的阻抗为

$$Z(j\omega) = R + j\left(\omega L - \frac{1}{\omega C}\right) + R_L$$

谐振发生时，$\left(\omega L - \dfrac{1}{\omega C}\right) = 0$，发射电路中仅仅有线圈和线路中可以忽略不计的阻抗 R_L，因此这个电路中，电流是很大的。

根据指标要求，使得 4 只 25W 的灯泡正常工作，至少需要 100W 的输出功率。这里留出三分之一余量，输出功率 $P_o = 135W$，预期效率是 $\eta = 80\%$，则输入功率 $P_{in} = P_o/\eta = (135/0.8)W = 168.75W$，取 170W，所以流过 MOS 管的电流是 $I = P_{in}/V_{dc} = (170/110)A$

＝1.54A。由于谐振电路中电流很大,所以 MOS 管的可承受的电流值要取得大些,这里取20A,至于怎么把电流降下来,将在14.5节调试部分做详细说明。这里选取 IRFP250,电压为 200V,电流为 18A,功率为 180W,就够用了。开关管旁边的二极管是防止管子发热、增加容性的,选取 1N5822 就可以。

14.4.3　MOS 管驱动设计

控制芯片需要提供图 14-19 所示的波形,然而控制器驱动 MOS 管的能量不够,需要设计驱动电路来增强驱动能力。目前,开关管的驱动设计电路主要采用集成芯片,配合外围电路将控制器输出的 PWM 信号转换为同步高压、强能力的驱动信号。

IR2110 芯片是半桥拓扑电路专用功率器件的集成驱动电路,2 片 IR2110 可合成 H 全桥功率 MOS 管驱动器。它的高端悬浮通道采用外部自举电容产生悬浮桥壁上端的驱动电压 V_{ba},与低端通道共用一个外接驱动电源。若采用光耦,这个电源是不可缺少的,这里节约了成本。IR2110 芯片的高压引脚在一侧,低压控制信号在另一侧,具有独立的逻辑地和功率地。栅极门电压范围在 10～20V,高端悬浮电压最高可以被举到 500V。IR2110 的欠压锁定功能非常实用,方便控制器对设备的启动和停止,它的工作电压为 7.4～9.6V,使能欠压锁定功能后,无论控制器给定什么信号,驱动器的输出均是低电平。

1. H 全桥驱动电路

H 全桥驱动电路如图 14-20 所示,它的输出对应连接在全桥拓扑电路中 MOS 管 Q_1～Q_4 上,对应的自举电容是 C_1、C_5、D_1、D_6 是自举快恢复二极管,作用是防止 Q_1、Q_2 导通时高压串入损坏芯片。C_3、C_7 是功率电源 V_{CC} 的滤波电容。R_2、R_{13} 是限流自举电阻,防止自举电容过充或出现低于地电位的情况发生。

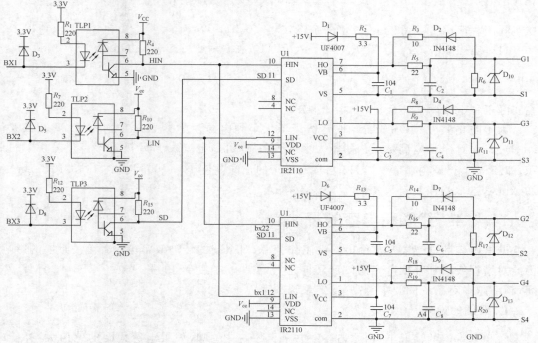

图 14-20　H 全桥驱动电路

电阻 R_5、R_8、R_{16}、R_{19} 是 IR2110 输出通道到 MOS 管栅极间的限流电阻，防止栅极电流过大损坏 MOS 管，取值往往很小，为几欧姆。C_2、C_4、C_6、C_8 是滤波电容，与电阻 R_5、R_9、R_{16}、R_{19} 组成 RC 低通滤波电路，对 IR2110 输出信号进行低通滤波。功率场效应管 IRF640 的栅-源电压容限为 ±20V，而 IR2110 内部没有连接于栅极的限压元件，MOSFET 漏极产生的浪涌电压会通过漏栅极之间的米勒电容耦合到栅极上击穿栅极的氧化层，所以在 MOS 管栅-源极之间加分压电阻和稳压二极管来箝位栅-源极电压，同时防止 IR2110 被 MOS 管短路高压串入损坏。稳压二极管 $D_{10} \sim D_{13}$ 稳压在 18V 左右，分压电阻 R_6、R_{11}、R_{17}、R_{20} 能有效降低栅极电压。快恢复二极管 D_2、D_4、D_7、D_9 是当 IR2110 输出低电平时，给 MOS 管的 G 极电荷提供一个快速释放通道。快恢复二极管可以加快 MOS 管的关断时间，增强桥臂开关管断开后的死区周期，防止桥臂上下直通烧毁管子。电阻 R_5、R_9、R_{16}、R_{19} 是限流电阻，用于限制 MOS 管 G 极释放电流，防止大电流损坏芯片。

2. 自举电容参数的计算

要想让 MOS 管正常工作，自举电容必须提供足够的电荷，让 MOS 管的 G 极导通，并且在高端主开关器件开通期间保持一定的电压。工程上有一个估算公式

$$C_{bs} \geqslant \frac{2Q_g}{V_{CC} - V_{min} - V_{ls} - V_f} \tag{14-18}$$

其中，Q_g 为 MOS 管门极电荷，在 MOS 管手册中可查到；V_{CC} 为充电电源电压；V_{ls} 是下半桥 MOS 管栅源极电压阈值，一般是 $4 \sim 15$V；V_{min} 是 IR2110 芯片的 5 脚和 6 脚之间的最小电压，在芯片 IR2110 手册上可查到，取值 7.4V；V_f 为自举快恢复二极管的正向压降，为 1.5V。

在这里，驱动电源提供 $V_{CC} = 15$V，$Q_g = 146$nC，$V_{min} = 7.4$V，则

$$C_{bs} \geqslant \frac{2 \times 146 \times 10^{-9}}{15 - 7.4 - 2 - 1.5} \mu F = 0.071\,22 \mu F$$

在实际工程应用上要留出 $1 \sim 3$ 倍的余量，$C_{bs} = 0.071\,22 \mu F$。

自举电阻 R_{bs} 应满足 $C_{bs}R_{bs} > t$，由 IR2110 数据手册可知 $t = 100$ns。

$$R_{bs} > \frac{t}{C_{bs}} = \frac{10 \times 10^{-9}}{0.07122 \times 10^{-9}} \Omega = 0.14\Omega$$

在实际工程上取两倍的余量，$R_{bs} = 3.3\Omega$。

为了防止上桥 MOS 管导通时母线高压反串到电源 V_{CC} 烧毁芯片，自举快恢复二极管 D_1、D_6 的设计条件应满足反相耐压大于母线高压峰值，电流大于 G 极电荷与开关频率的乘积，即 $I > fQ_g$。设频率是 200kHz，自举二极管的正向电流 $I > (200 \times 10^3 \times 146 \times 10^{-9})$mA $= 29.2$mA，选取快恢复自举二极管 1N4148 即可。

14.4.4 线圈和电容的设计

谐振电容和电感决定整个电路的工作频率，对系统的传输效率也有着至关重要的影响，因此对谐振线圈和补偿电容的设计显得尤为重要。电能传输的频率在 50kHz 到 1MHz 之间，频率越高对系统的要求越高，选定系统频率为 180kHz。

1. 线圈的设计

在频率一定的情况下，由式（14-5）中 $f_0 = \dfrac{1}{2\pi\sqrt{LC}}$ 知，如果电感线圈的感值大，补偿电

容的容值就必须小,然而感值太小,传输的电能的功率就小,所以设计电感的时候一定要保证电感有足够的感值,能够传输一定的能量。发射电感选取 $70\mu H$。由于电容容量的限制,在市场上仅有标称容值的电容,特殊的电容难以购买,所以将接收线圈的电感减小到 $20\mu H$,方便补偿电容值的匹配。

电感线圈通以高频电流,存在寄生电容 C 的同时自身还带有内阻。寄生电容 C 和内阻 R 越小、电感 L 越大,能量传输效率越高,但随着频率的增加,线圈的寄生电容和内阻会变大,对能量传输效率造成很大影响。所以在设计线圈时必须对谐振线圈进行优化。由 14.4 节知,选用盘式并绕式线圈的效率高些。电感的设计还需考虑趋肤效应,LC 谐振电路中,谐振电流远远大于输入电流,所以除了考虑铜线的线径之外,还需采用多股并绕的方式设计线圈。

在绕制线圈时,其电感量的大小主要取决于线圈的匝数及绕制方式。线圈匝数越多,线径越大,互感线圈电感量就越大。一般来说,系统所需的线圈电感量大小是由具体系统所决定的。高频谐振电路对互感线圈等效电感量的精度要求较高。图 14-21 是线圈设计实物图。

图 14-21　线圈设计实物图

2. 补偿电容的设计

补偿电容的容值是设计补偿电容的主要参数,频率确定为 $f_0 = 180\text{kHz}$,接收端电感值为 $L = 70\mu H$,根据公式 $f_0 = \dfrac{1}{2\pi\sqrt{LC}}$ 知,发射端补偿电容值为

$$C_\text{p} = \frac{1}{4\pi^2 f_0^2 L} = \frac{1}{4 \times 3.14^2 \times 180^2 \times 10^6 \times 70 \times 10^{-6}}\text{F} = 1.117\,989 \times 10^{-8}\text{F}$$

取 $C_\text{p} = 10 \times 10^3 \text{pF}$。

由于各种误差,发射端的补偿电容不是那么准确,那么接收端电感也不可能达到 $20\mu H$,则接收端补偿电容值为

$$C_\text{s} = \frac{1}{4\pi^2 f_0^2 L} = \frac{1}{4 \times 3.14^2 \times 180^2 \times 10^6 \times 20 \times 10^{-6}}\text{F} = 3.912\,963 \times 10^{-8}\text{F}$$

取 $C_\text{s} = 39 \times 10^3 \text{pF}$。

补偿电容器的选择主要体现在额定电量及容量允许的误差、额定工作电压、工作频率。要求电容器在交流电压下工作时必须给出工作频率上限,以检查其发热情况;在脉动电压

下工作时,要给出脉动电压交流分量的振幅和频率。特殊场合应用的电容器还应考虑相应工作条件及量值和工作温度范围,便于进行电容器的发热计算,主要考虑电容器的电容温度系数或电容量的温度特性。

除此之外,电容必须选取无极性的电容。这里发射端电容选取工业的回路吸收电容,接收部分选取普通的聚丙烯电容,要用多个不同容值的聚丙烯电容并接到接收端处。发射部分的电容是不变的,可以焊接到板子上,接收电容是要在调试过程中进行电容的匹配的。

14.4.5　接收端高频整流的设计

接收端输出高频整流设计选取桥式全波整流,与半波整流电路相比,相同的谐振输出下,对二极管的参数要求相同,但是具有输出电压高、脉动小的特点。

与工频整流不同,由于谐振频率相对较高,二极管的反向恢复时间通常较长,1N4007不适用。

快恢复二极管的反相恢复时间很短,在 $5\mu s$ 以下,反相电压一般都在 1200V 以下,功率不大,这个损耗可忽略不计。二极管 UF4007,反向重复峰值电压为 1000V,正向浪涌电流为 30A,正向峰值电压为 1.7V,正向平均电流为 1A,反向恢复时间为 70ns,满足要求。

14.4.6　控制电路的设计

控制系统主要是对拓扑进行 PWM 波信号给定,对线圈的电压、电流、MOS 管的温度进行检测,必要的时候采取断电保护,主控电路图如图 14-22 所示。

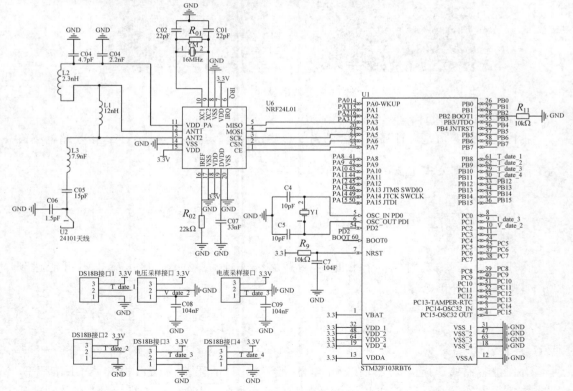

图 14-22　主控电路图

控制系统采用 STM32 控制芯片,和传感器的通信是利用 2.4GHz 通信芯片 IRF24L01 实现的,温度传感器采用 DS18B20,连接如图 14-22 所示,无线模块的 1～5 脚分别接在 STM32 的 PA3～PA7,温度传感器接在 PB8～PB11,电压电流的采集连接在控制器 STM32 提供的 12 位 ADC 的 2 个通道 PC1、PC2 上,其他显示液晶屏和按键很容易设计,图中没有给出。除此之外,接收部分的控制器与图 14-22 一样,区别在于没有温度部分。

14.4.7 程序的设计

硬件部分是躯干,软件设计是灵魂,控制器软件的设计决定整个系统的运行状况。系统的程序设计主要包括发射端程序设计和接收端程序设计。

1. 发射端程序设计

发射端程序设计主要包括 PWM 波形的程序设计、24L01 无线模块的程序设计、AD 采集的程序设计和其他辅助程序设计。发射端控制器运行的流程如图 14-23 所示。

首先检测接收线圈是否在位,有没有工作,通过 2.4GHz 无线通信模块和接收端的控制器进行通信。获得 ID 值后,等待启动按钮,若按钮按下,开始检测桥壁的温度是否达到设定值,若温度过高,则控制器不开通 PWM。为了减少损耗,系统设置两种功率传输状态,桥壁低于极限温度时控制器才开启第一种状态 PWM1,低功率电能输出。之后读取接收端的电压电流数据,根据数值判断负载是否需要提供高功率输出。若是读取的数据高于阈值,则切换到高功率输出状态 PWM2,然后读取发射端的电压电流数据并与阈值做比较,必要时关闭 PWM 功能,防止由于金属异物进入磁场,引起电流突增,烧毁桥壁 MOS 管。

初始化程序设计包括各种模块的初始化,如温度传感器初始化、PWM 初始化、ADC 初始化、24L01 初始化和显示屏初始化。具体流程如图 14-24 所示。

2. 接收端程序设计

与发射端相比,接收部分的程序设计没有 PWM 的程序设计部分。同样,接收端也是用 IRF24L01 和发射控制器进行通信。接收端运行程序框图如图 14-25 所示。

14.4.8 调试与验证

1. 控制板 PWM 波的调试

控制器测 PWM 波的频率决定了系统的传输频率,为了调试方便,配置控制器带四驱的 2 路互补 PWM 互补波形,必须具有频率可变功能,变化范围是 50～200kHz,占空比设置为 30%～40%。波形如图 14-26 所示。

2. 主干拓扑电路的调试

为了避免高压对人体的伤害,对拓扑电路的输入电压先采用低于 36V 的安全电压。调节线圈距离,达到可调范围内的目标距离。接入 24V 电压后,启动控制器的 PWM,占空比不变,调节频率,如果频率和发射端的固有频率一致,电流瞬间增大,会烧毁桥壁 MOS 管,为了保证输入功率够用,让电源的输入频率与谐振频率错开一点,使得输入电流是设定输入电流的三分之二。此时,电路处于刚失谐状态,线圈两端的电压波形是一条不完美的正弦波曲线。

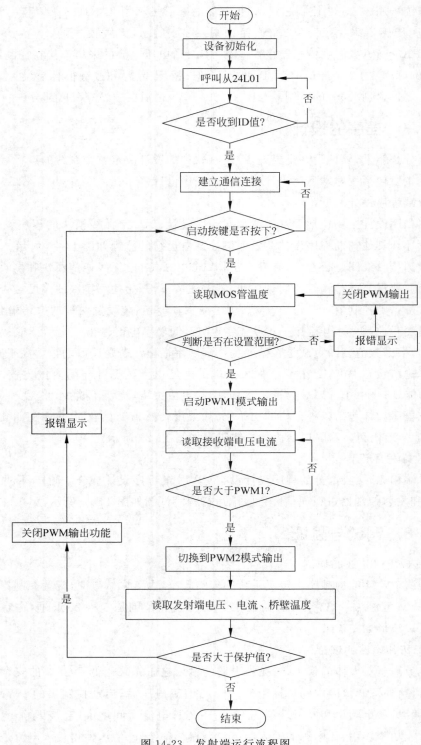

图 14-23　发射端运行流程图

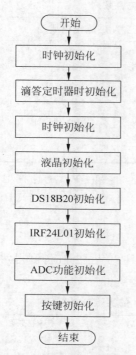

图 14-24 发射端系统初始化流程图

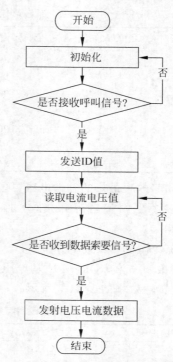

图 14-25 系统接收端运行程序框图

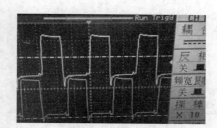

图 14-26 控制器带四驱的 2 路 PWM 互补波形

3. 补偿电容匹配的调试

至此,电路的粗调就结束了,摘掉一个接收端的补偿电容,换成小容量的 CBB 电容一个个并联上去,进行微调。观察输出电压电流表让整个系统达到最佳效率传递能量状态。最后用调压器缓慢地将 15V 直流电调到 110V。

14.4.9 测量结果与结论分析

1. 接收端补偿电容的匹配与效率的关系

除了线圈的设计影响效率,补偿电容的设计同样影响效率。表 14-4 是副边接收端补偿电容容值匹配与效率的关系表,由于计算得出的补偿电容容值不太匹配,这里用多个标称电容并接,本表是为了测试接收边补偿电容匹配达到最佳传输效率而记录的电容容值数据。系统的测试条件为:原边电感值为 $70\mu H$,副边为 $20\mu H$,频率是 $180kHz$,原边电容为 103 聚丙烯高压电容,输入电压为 15V。

表 14-4　系统最佳传输效率与最佳补偿电容数据

输入电压/V	输入电流/A	副边补偿电容/pF	输出电流/A	输出电压/V	效　率
14.6	0.46	3.87×10^4	0.16	35.2	0.808 59
14.6	0.40	3.89×10^4	0.15	32.5	0.814 76
14.6	0.45	3.90×10^4	0.15	34.6	0.816 27
14.6	0.39	3.91×10^4	0.15	31.7	0.847 74
14.6	0.41	3.92×10^4	0.15	32.9	0.834 45
14.6	0.40	3.93×10^4	0.16	32.3	0.814 96
14.6	0.56	3.94×10^4	0.15	39.3	0.803 34

由表可知,效率最好的补偿电容容值为 3.91×10^4 pF,这个容值在市场标称电容中比较好找,可找多个聚丙烯电容并接,分别为 103×3 个、472×1 个、333×1 个、102×1 个、101×1 个。

2. 系统传输距离及效率分析

系统谐振频率为 180kHz,驱动电压为 110V,负载为 4 只 25W 灯泡时,测得两线圈在不同距离下的传输效率如表 14-5 所示。

表 14-5　传输距离与收发功率及传输效率 η 的实验数据

传输距离/cm	发射功率/W	接收功率/W	传输效率 η/%
2	170.3	19.1	11.2
4	170.5	41.1	24.1
6	170.6	54.8	32.1
8	171.1	94.7	55.4
10	172.1	139.6	81.2
12	170.9	102.7	60.1
14	169.6	62.3	36.7
16	169.3	39.3	23.2
18	169.4	31.4	18.5

由表 14-5 可得出:在发射功率基本不变时,接收功率和传输效率会随着距离的增加变化为先增加后减小,与上述理论研究保持一致。其所对应的效率曲线如图 14-27 所示。传输效率在 10cm 处最高,为 81%。

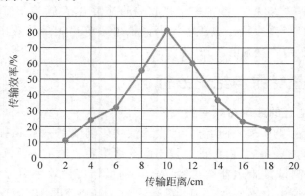

图 14-27　对应的效率曲线

14.5　本章小结

本章设计实现了一个近距离无线充电装置,设计内容较为完整,从电能无线传输的基本原理入手,研究了电能无线传输的基本特性及四种电容补偿电路模型。本章介绍磁耦合谐振式无线供电技术的基本原理及传输机理,着重研究了无线供电系统传输特性及实验装置的研制方法,通过理论研究和实验分析得出提高磁耦合无线供电系统传输效率、输出功率及传输距离的有效途径和方法。

14.6　习题

(1) 常用无线电能传输方式有哪些? 各自的特点是什么?
(2) 全桥逆变电路的基本工作原理是什么?
(3) 影响无线传输效率的因素主要包含哪些?

参 考 文 献

［1］　冯新宇.ARM Cortex-M3 体系结构与编程［M］.2 版.北京：清华大学出版社,2017.

［2］　刘火良,杨森.STM32 库开发实战指南［M］.北京：机械工业出版社,2013.

［3］　ALIENTEK 战舰 STM32 开发板库函数教程［EB/OL］.（2010-12-19）［2019-11-10］.http://www.
openedv.com/.